电力行业"十四五"规划教材
职业教育电力技术类专业系列

U0655589

发电厂电气设备

主　编　朱文强　谢珍贵

副主编　韩绪鹏　林鸿敏

参　编　陈子涵　魏嘉泉

主　审　余建华　吴　靓

中国电力出版社
CHINA ELECTRIC POWER PRESS

内 容 提 要

本教材系统介绍发电厂电气主系统的构成，以及主要电气设备的工作原理、技术性能、选型原则与二次图纸识读方法。内容编排循序渐进：从电弧产生与熄灭原理入手，引导读者认识电气设备及载流导体；分析中性点运行方式；阐述电气主接线设计要点；通过短路电流计算为设备选型提供依据，并详解配电装置布置方法；同时引入新型电力系统设备知识，建立初步认知。教材以典型工程实例贯穿始终，生动展现电气设备的实际工程应用。

本教材可作为高等职业技术教育电力技术类专业教学用书，也可供工程技术人员培训参考及现场查阅使用。

图书在版编目（CIP）数据

发电厂电气设备 / 朱文强，谢珍贵主编. -- 北京：
中国电力出版社，2025. 8（2026. 1重印）. -- ISBN 978-
7-5239-0159-5

Ⅰ. TM621.7

中国国家版本馆 CIP 数据核字第 2025Z9P329 号

出版发行：中国电力出版社
地　　址：北京市东城区北京站西街 19 号（邮政编码 100005）
网　　址：http://www.cepp.sgcc.com.cn
责任编辑：张　旻（010-63412536）
责任校对：黄　蓓　李　楠
装帧设计：赵姗姗
责任印制：吴　迪

印　　刷：北京雁林吉兆印刷有限公司
版　　次：2025 年 8 月第一版
印　　次：2026 年 1 月北京第二次印刷
开　　本：787 毫米×1092 毫米　16 开本
印　　张：15.5
字　　数：384 千字
定　　价：55.00 元

前　言

　　党的二十大精神提出要加强生态环境保护，积极稳妥推进碳达峰碳中和，加快规划建设新型能源体系。2023 年 7 月，中央全面深化改革委员会第二次会议审议通过了《关于深化电力体制改革加快构建新型电力系统的指导意见》，提出要加快构建清洁低碳、安全充裕、经济高效、供需协同、灵活智能的新型电力系统。为适应新型电力系统的发展和新技术、新设备、新工艺、新规范的使用，教材必须与现代职业教育改革和生产实际相适应，充分体现时代特色和"互联网+"的应用，以进一步培养符合电力产业发展所急需的技术技能型人才。本书在编写过程中紧紧围绕着培养新型电力技术应用型人才的目标，以具体工程项目为导向，做到适当前沿，本着理论适度够用、强化实践技能和具体应用的原则，对部分理论内容进行了删减，增加了新设备、新技术的介绍。本书可作为现代高等职业技术教育电力类专业的必修课程教材，也可供工程技术人员培训、查阅使用。

　　全书共分十三个学习情境，并以具体的工程项目为学习导向。其中学习情境一、学习情境四、学习情境八由福建水利电力职业技术学院魏嘉泉编写，学习情境二由国网福建省寿宁供电公司林鸿敏编写，学习情境三、学习情境七由福建水利电力职业技术学院陈子涵编写，学习情境五、学习情境六、学习情境十、学习情境十二、学习情境十三由福建水利电力职业技术学院朱文强编写，学习情境九由福建水利电力职业技术学院谢珍贵编写，学习情境十一由广西电力职业技术学院韩绪鹏编写。全书由朱文强统稿，由武汉电力职业技术学院余建华、广东水利电力职业技术学院吴靓主审。

　　在本书编写过程中，参阅了书末所列的参考文献，以及国内有关制造厂、设计院、电力施工企业的说明书、图纸和运行规程等技术资料，特别是得到了山东泰开直流技术有限公司的大力支持，在此，一并谨致诚挚谢意。

　　由于时间仓促，编者水平有限，书中疏漏和不足之处在所难免，恳请读者批评指正。

编　者

2025 年 6 月

目　　录

学习情境一 发电厂电气部分概况

本学习情境主要了解世界电力及我国电力工业发展概况，通过我国电力工业建设的伟大成就，树立自信，增强爱国主义情绪；掌握电力系统的基本概念及发电厂、变电站的常见类型；了解发电厂、变电站常用电气设备；掌握额定电压的确定方法。

任务一 电力工业发展简况

一、世界电力工业发展简史

电力工业起源于 20 世纪后期。1875 年，巴黎北火车站建成世界上第一座火电厂，为附近照明供电。1879 年，美国旧金山实验电厂开始发电，它是世界上最早出售电力的电厂。20 世纪 80 年代，英国和美国建成了世界上第一批水电站。1913 年，全世界的年发电量达 500 亿 kW·h，电力工业已作为一个独立的工业部门，进入人类的生产活动领域。电力工业就是将一次能源如煤炭、石油、天然气、核燃料、水能、风能、太阳能等经发电设施转换成电能，再通过输电、变电与配电系统供给用户作为能源的工业部门。

1850 年，马克思在看到一台电力机车模型后，就曾预言："蒸汽大王在前一个世纪中翻转了整个世界，现在它的统治已到末日，另外一个更大得无比的革命力量——电力将取而代之。"一百多年的历史充分证实了马克思预言的正确性。

1875 年，巴黎北火车站建成世界上第一座火电厂，安装经过改装的格拉姆直流发电机，为附近照明供电。

1882 年，美国建成纽约珍珠街电厂，装有 6 台直流发电机，总容量 900 马力（约 670kW），以 110V 直流电供电灯照明。这是世界上第一座较正规的电厂。

1881 年，英国的戈德尔明建成世界上第一座水电站。

1890 年，英国建成从 Deptford 到伦敦 11km 的 10kV 线路（第一条高压交流电力线路）。

1891 年，德国建成从 Lauffen 到法兰克福 170km 的 15kV 线路（第一条三相交流输电线路）。

进入 20 世纪 90 年代，水电站的规模发展到万 kW 级以至十万 kW 级，如美国尼亚加拉水电站（1895 年），设计容量为 14.7 万 kW，是商业性水电站的发端。

20 世纪巴西和巴拉圭合建的伊泰普水电站，如图 1-1 所示，我国三峡电站建成前这是世界上最大的水电站，装机容量为 1400 万 kW，年发电量为 948 亿 kW·h。

20 世纪初，为适应电力工业发展的需要，电工制造业生产出了万 kW 级的机组，如瑞士勃朗-鲍威力有限公司生产的 1.5 万 kW 机组（1902 年），美国西屋电气公司生产的 1 万 kW 机组。

1913 年，全世界的年发电量已达 500 亿 kW·h，电力工业已作为一个独立的工业部门，进入人类的生产活动领域。交流输电各电压等级首次出现的时间见表 1-1，交流输电各电压等级下输电线路的波阻抗与输送容量见表 1-2。

图 1-1　伊泰普水电站

表 1-1　　　　　　　　　　　交流输电各电压等级首次出现的时间

电压等级/kV	10	50	110	220	287	380	525	735	1150
首次出现年份	1890	1907	1912	1926	1936	1952	1959	1965	1985

表 1-2　　　　　　　　　　交流输电各电压等级下输电线路的波阻抗与输送容量

系统电压 U/kV	220	330	500	750	1000	2000
波阻抗/Ω	400	303	278	256	250	250
输送容量 P/MW	121	360	900	2200	4000	16000

　　20 世纪三四十年代，美国成为电力工业的先进国家，拥有 20 万 kW 的机组 31 台，容量为 30 万 kW 的中型火电厂 9 座。同一时期，水电机组达 5 万～10 万 kW。1934 年，美国开工兴建的大古力水电站，计划容量是 888 万 kW，从 1941 年开始发电，至 20 世纪 80 年代中期其一直是世界上最大的水电站。1950 年，全世界发电量增至 9589 亿 kW·h，是 1913 年的 19 倍。

　　1986 年，全世界发电量火电占 63.7%，水电占 20.3%，核电占 15.6%。

　　自 20 世纪 70 年代以来，世界各国的电力工业从电力生产、建设规模、能源结构到电源和电网的技术都发生了较大变化。进入 20 世纪 90 年代后，其发展逐渐形成了以下三个突出的动向。

　　（1）世界发电量的年增长率趋缓，但一些发展中国家，特别是亚洲国家仍维持较高的电力增长速度。

　　（2）电力技术的发展向效率、环保的更高目标迈进。

　　（3）电力管理体制和经营方式发生变革，由垄断经营逐步转向市场开放。

　　二、我国电力工业发展简史

　　（一）我国电力工业发展历程

　　1882 年 7 月 26 日，上海成立了上海电气公司，安装了第一台以蒸汽机带动的直流发电机，正式发电，从单厂到外滩沿街架线，供给照明用电，这是我国第一座火电厂。它和世界上第一座火电厂——于 1875 年建成的法国巴黎火车站火电厂相距仅 7 年，和美国的第一座火电厂——旧金山实验火电厂相距 3 年，和英国的第一座火电厂——伦敦霍尔篷火电厂同年建成，这说明当年我国电力建设和世界强国差距并不大。我国水力发电始于 1912 年农历 4 月 12 日，在云南昆明附近的螳螂川上建成了石龙坝水电厂，装有两台 240kW 的水轮发电机组。以上这些是人们公认的我国电力工业的起点。

但是，从 1882 年 7 月上海第一台发电机组发电开始到 1949 年中华人民共和国成立，在 60 多年中经历了辛亥革命、土地革命、抗日战争和解放战争，这时期电力工业发展迟缓，全国发电设备的总装机容量为 184.86 万 kW（当时排世界第 21 位），年发电量仅为 43.1 亿 kW·h（当时排世界第 25 位），人均年占有发电量不足 10kW·h。当时我国的电力系统大多是大城市发、供电系统，跨地区的有东北中部和南部的 154kV、220kV 电力系统（分别以丰满、水丰和镜泊湖等水电厂为中心）及冀北电力系统。

中华人民共和国成立后电力工业有了很大的发展，尤其是 1978 年以后，改革开放、发展国民经济的正确决策和综合国力的提高，使电力工业取得了突飞猛进、举世瞩目的辉煌成就。

1972 年，第一条 330kV 超高压输电线路建成，从刘家峡水电站至汉中，全长 534km。随后 330kV 线路延伸到陕甘宁青 4 个省区，形成西北跨省联合电网。

1981 年，第一条 500kV 超高压输电线路投入运行，从河南平顶山姚孟火电厂到湖北武昌凤凰山变电所，中国成为世界上第 8 个拥有 500kV 超高压输电的国家。

1989 年，中国第一条 ±500kV 直流输电线路（葛洲坝—上海，1080km）建成投入运行，实现华中电力系统与华东电力系统互连，形成中国第一个跨大区的联合电力系统。

到 1995 年年末，全国年发电量已达到 10000 亿 kW·h，仅次于美国，跃居世界第二位；全国发电设备总装机容量达 2.1 亿 kW，当时居世界第三位。

从 1996 年起，我国发电装机容量和年发电量跃居世界第二位，超过了俄罗斯和日本，仅次于美国，成为名副其实的电力大国。半个多世纪的风雨历程，铸造了中华人民共和国的繁荣昌盛，50 多年的艰苦奋斗，成就了我国电力工业的灿烂辉煌。

2005 年 9 月，西北电网建成 750kV 青海官亭—甘肃兰州线超高压输变电工程（140.7km），中国输电技术提高到了一个新的水平。2008 年 12 月 30 日，我国首条 1000kV 输电线路（山西长治晋东南变电站—南阳—湖北荆门变电站）投运，线路全长 645km，实现华北和华中电网互连，这是我国电力工业发展史上一个新的里程碑。我国西北 750kV 输变电示范工程在目前世界上同级工程中海拔最高，工程本期线路长 146km，总投资 14.6 亿元，变电总容量为 300 万 kVA。该工程的建设将有助于发挥我国西北水、火电优势，推动我国"西电东送"北通道的形成，带动地方经济发展，提升我国输变电设备技术和制造水平。

2008 年，220kV 及以上变电容量为 13.9 亿 kVA。截至 2009 年 7 月，220kV 及以上输电线路长度达到 37.5 万 km，跃居世界第一位。

2010 年 7 月 8 日，向家坝—上海 ±800kV 特高压直流输电示范工程投入运行，这是我国自主研发、自主设计和自主建设的、世界上电压等级最高、输送容量最大、送电距离最远、技术水平最先进的直流输电工程，是我国能源领域取得的世界级创新成果，代表了当今世界高压直流输电技术的最高水平。该工程的正式投运，标志着国家电网在超远距离、超大规模输电技术上取得了全面突破，也标志着国家电网全面进入特高压交直流电网时代，为推动电力布局从就地平衡向全国乃至更大范围统筹平衡转变，从根本上解决长期存在的煤电运输紧张矛盾奠定了坚实的基础，是转变我国电力发展方式的关键工程。

（二）我国的行业之最

1．世界上最大电网

截至 2023 年年底，全国 220kV 及以上输电线路回路长度达到 92 万 km，其中交流线路

86.6 万 km，直流线路 5.4 万 km。目前，我国电网规模已居世界第一，同时中国是全球唯一能够建设±1100kV 特高压直流输电的国家。

　　2．全球最大装机规模

　　截至 2023 年年底，全国全口径发电装机容量为 29.2 亿 kW，其中，非化石能源发电装机容量为 15.7 亿 kW，占总装机容量比重 2023 年首次突破 50%，达到 53.9%。分类型看，水电 4.2 亿 kW，其中抽水蓄能 5094 万 kW；核电 5691 万 kW；并网风电 4.4 亿 kW，其中，陆上风电 4.0 亿 kW，海上风电 3729 万 kW；并网太阳能发电 6.1 亿 kW。

　　3．全球最大发电量

　　截至 2023 年年底，我国发电量达到了 9.4 万亿 kW·h，远超美国的 4.4 万亿 kW·h 和印度的 1.9 万亿 kW·h，稳居全球第一。2024 年前三个季度，全国可再生能源发电量已达 2.51 万亿 kW·h，同比增加 20.9%，约占全部发电量的 35.5%。其中，风电和太阳能发电量合计达 13490 亿 kW·h，同比增长 26.3%，显示了可再生能源在中国电力结构中的比重不断提升。

　　4．全球最早运行百万 kW 级超超临界空冷机组

　　2010 年 12 月 28 日，由中国华电集团公司投资建设的华电宁夏灵武发电有限公司二期工程 3 号机组顺利通过 168 小时满负荷运行，标志着具有我国独立知识产权的世界首台百万 kW 级超超临界空冷机组正式投产，这将彻底改写中国空冷机组技术设备依赖进口的历史，预示着我国空冷电站设备设计制造和电力工业技术等级达到世界先进水平。

　　5．全球最大水电站

　　2012 年 7 月 4 日，随着最后一台 70 万 kW 机组正式并网发电，三峡电站全面建成投产，累计发电量超过 5600 亿 kW·h。三峡水电站位于中国重庆市市区到湖北省宜昌市之间的长江干流上，包括左岸电站 14 台、右岸电站 12 台、地下电站 6 台 70 万 kW 巨型机组和电源电站 2 台 5 万 kW 机组，总装机容量达 2250 万 kW，是目前世界上最大的水电站。三峡大坝位于宜昌市上游不远处的三斗坪，大坝高程 185m，水库总库容 393 亿 m^3。工程于 1994 年正式开工建设，首台 70 万 kW 机组于 2003 年 7 月并网发电。

　　（三）展望

　　在全球应对气候变化和碳达峰碳中和背景下，以化石能源为主的传统能源供应体系面临巨大挑战，世界各国均将降碳控碳作为主要施政纲领，欧美国家甚至提出了新的"碳关税壁垒"，化石能源发电特别是煤电在一些国家开始逐步退出历史舞台，新的低碳、零碳能源发电品种大规模发展。为保障能源总量平稳供应，按照目前技术和经济发展趋势，替代电源将主要以资源丰富、易获取且成本快速下降的风电、太阳能发电等新能源为主。大力发展新能源已成为全球应对气候变化、推动能源转型的一致共识。据国际可再生能源署（IRENA）和能源环境智库 Ember 统计，截至 2022 年年底，全球风电、光伏装机分别达到 8.99 亿 kW、10.53 亿 kW，风电和光伏发电年度发电量贡献了 12% 的电力消费总需求，发电量增量贡献了 80% 的电力消费新增需求。

　　2020 年 9 月，在第七十五届联合国大会一般性辩论上，习近平主席向世界宣布，中国力争在 2030 年前实现碳达峰，2060 年前实现碳中和。为实现能源低碳转型、确保"双碳"目标如期达成，近年来我国加速推进新能源发展。党的十八大以来，我国新能源装机规模保持年均 28% 的快速增长态势。截至 2024 年年底，我国新能源装机规模达到 14.5 亿 kW，占

全国发电总装机的 42%，风电、光伏发电累计装机容量连续多年位居全球首位。2024 年，全国新增新能源发电装机 3.55 亿 kW，占全国新增发电装机的 82.4%。全年新能源发电量达到 1.8 万亿 kW·h，占全部发电量的 18.2%。未来，随着风电、光伏技术经济性进一步提高，新能源的度电成本将全面低于传统电源，发展势头持续强劲。

2023 年 7 月，中央全面深化改革委员会第二次会议审议通过了《关于深化电力体制改革加快构建新型电力系统的指导意见》，提出要加快构建清洁低碳、安全充裕、经济高效、供需协同、灵活智能的新型电力系统，调节能力建设是落实"灵活智能"的关键举措，亟需加强源网荷储各侧调节资源及系统智能化调度能力建设，为新时代能源电力发展指明了科学方向，也为全球电力可持续发展提供了中国方案。《中共中央国务院关于完整准确全面贯彻新发展理念做好碳达峰碳中和工作的意见》和国务院《2030 年前碳达峰行动方案》对新型电力系统的功能和作用也提出了明确要求，即"提高电网对高比例可再生能源的消纳和调控能力""推动清洁电力资源大范围优化配置"。

实现"双碳"目标是一场广泛而深刻的变革，不是轻轻松松就能实现的。建设以新能源为主体的新型电力系统更是一项漫长而艰苦卓绝的工作。

任务二　发电厂认知

一、水力发电

水力发电过程其实就是一个能量转换的过程。

江河水流一泻千里，蕴藏着巨大能量，把天然水能加以开发利用转化为电能，就是水力发电。构成水能的两个基本要素是流量和落差，流量由河流本身决定，直接利用河水的动能利用率会很低，因为不可能在整个河流的截面布满水轮机。

水力利用主要利用势能，利用势能必须有落差，但河流自然落差一般沿河流逐渐形成，在较短距离内水流自然落差较低，需通过适当的工程措施，人工提高落差，也就是将分散的自然落差集中，形成可利用的水头。

因此在天然的河流上，修建水工建筑物，集中水头，然后通过引水道将高位的水引导到低位置的水轮机，使水能转变为旋转机械能，带动与水轮机同轴的发电机发电，从而实现从水能到电能的转换。发电机发出的电再通过输电线路送往用户，形成整个水力发电到用电的过程。水力发电原理如图 1-2 所示。

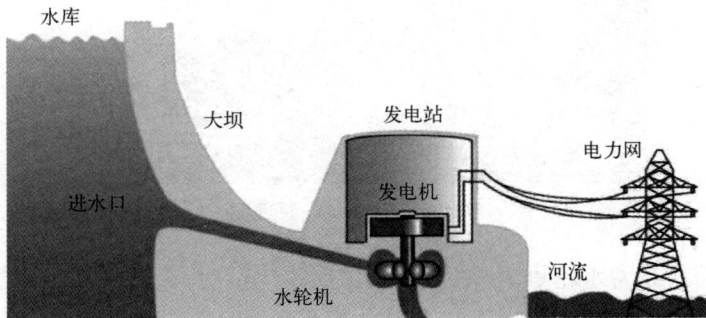

图 1-2　水力发电原理

　　具体说来，水力发电主要是利用河流、湖泊等位于高处具有势能的水流至低处，将其中所含势能转换成水轮机的动能，再以水轮机为原动力，推动发电机产生电能。

　　水力发电厂所发出的电力电压较低，要输送给距离较远的用户，就必须将电压经过变压器增高，再由架空输电线路输送到用户集中区的变电站，最后降低为适合家庭用户、工厂用电设备的电压，并由配电线输送到各个工厂及家庭。

　　在水电行业中，一般将水电站上下游水位差值称为"水头"。依照水头的形成方式，可以将水电站分为坝式水电站、引水式水电站、混合式水电站等常规电站和抽水蓄能电站、潮汐电站等新型水电站。

（一）常规水电站

1．常规水电站型式

（1）筑坝发电方式。在落差较大的河段修建水坝，建立水库蓄水提高水位，在坝外安装水轮机，水库的水流通过输水道（引水道）到坝外低处的水轮机，水流推动水轮机旋转带动发电机发电，然后通过尾水渠到下游河道，这就是筑坝建库发电的方式，如图 1-3 所示。

　　坝内水库水面与坝外水轮机出水面有较大的水位差，水库里大量的水通过较大的势能进行做功，可获得很高的水资源利用率。采用筑坝集中落差的方法建立的水电站称坝后式水电站，主要有坝后式水电站与河床式水电站。

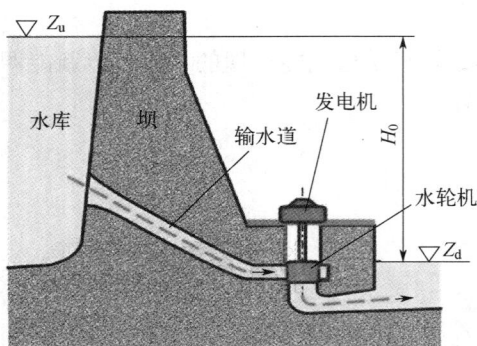

图 1-3　筑坝建库发电原理图

　　（2）引水发电方式。在河流高处建立水库蓄水提高水位，在较低的下游安装水轮机，通过引水道把上游水库的水引到下游低处的水轮机，水流推动水轮机旋转带动发电机发电，然后通过尾水渠到下游河道，引水道会较长并穿过山体，这就是一种引水发电的方式，如图 1-4 所示。

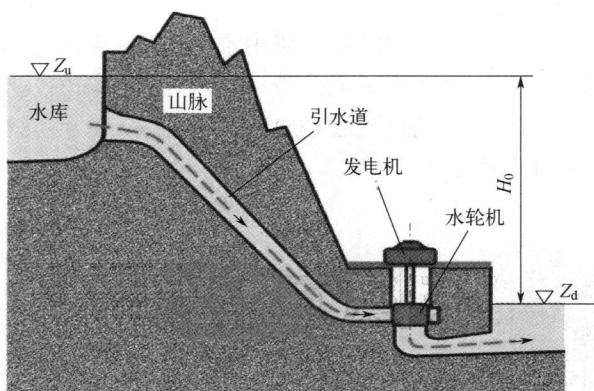

图 1-4　引水发电原理图

　　上游水库水面与下游水轮机出水面有较大的水位差，水库里大量的水通过较大的势能进行做功，可获得很高的水资源利用率。采用引水方式集中落差的水电站称为引水式水电站，其主要包括压引水式水电站与无压引水式水电站两种。

2．水力发电特点

（1）水力发电的优势。

1）安全清洁。与化石燃料等其他能源不同，它是清洁绿色能源。

2）可再生。由于水流按照一定的水文周期不断循环，从不间断，因此水力资源是一种可再生能源。所以水力发电的能源供应只有丰水年份和枯水年份的差别，而不会出现能源枯竭问题。但当遇到特别的枯水年份时，水电站的正常供电可能会因能源供应不足而遭到破坏，出力大为降低。

3）发电成本低。水力发电只是利用水流所携带的能量，无须再消耗其他动力资源。而且上一级电站使用过的水流仍可为下一级电站利用。另外，由于水电站的设备比较简单，其检修、维护费用也较同容量的火电厂低得多。若计及燃料消耗在内，火电厂的年运行费用约为同容量水电站的 10 倍～15 倍。因此水力发电的成本较低，可以提供廉价的电能。

4）灵活高效。水力发电的主要动力设备——水轮发电机组，不仅效率较高，而且启动、操作灵活。它可以在几分钟内从静止状态迅速启动投入运行；在几秒钟内完成增减负荷的任务，适应电力负荷变化的需要，而且不会造成能源损失。因此，利用水电承担电力系统的调峰、调频、负荷备用和事故备用等任务，可以提高整个系统的经济效益。

5）综合效益好。由于筑坝拦水形成了水面辽阔的人工湖泊，控制了水流，因此兴建水电站一般都兼有防洪、灌溉、航运、水产养殖、给水以及旅游等多种效益。

（2）水力发电的缺点。

1）一次性投资大。兴建水电站土石方和混凝土工程巨大，而且会造成相当大的淹没损失，需支付巨额移民安置费用。其工期也较火电厂建设长，会影响建设资金周转。即使由各受益部门分摊水利工程的部分投资，水电的单位 kW 投资也比火电高出很多。但在以后运行中，年运行费的节省会逐年抵偿。最大允许抵偿年限与国家的发展水平和能源政策有关。抵偿年限小于允许值则认为增加水电站的装机容量是合理的。

2）失败的风险。由于洪水泛滥，水坝阻挡了大量的水，自然灾害、人为破坏、施工质量，这些都可能会对下游区域和基础设施造成灾难性的后果。这样的故障可能会影响电力供应和动植物，也可能造成很大的损失和人员伤亡。

3）生态系统破坏。大型水库造成大坝上游大面积淹没，有时会破坏低地、河谷森林和草原，同时也会影响厂区周边的水生生态系统，对鱼类、水鸟和其他动物也产生很大的影响。

（二）抽水蓄能电站

实现"碳达峰、碳中和"目标，构建以新能源为主体的新型电力系统，是党中央、国务院作出的重大决策部署。2020 年 12 月 12 日，习近平总书记在气候雄心峰会上宣布：到 2030 年中国风电、太阳能发电总装机容量将达到 12 亿 kW 以上。风、光等新能源的大规模开发及其发电的波动性、间歇性特点，决定电力系统需建设大量调节电源，结合我国能源资源禀赋条件等综合研判：抽水蓄能是当前技术最成熟、经济性最优、最具大规模开发条件的电力系统绿色低碳清洁灵活调节电源，与风电、太阳能发电、核电、火电等配合效果较好。当前及未来一段时期我国电力系统需要建设大规模的抽水蓄能电站。加快发展抽水蓄能电站是构建以新能源为主体的新型电力系统的迫切要求，是保障电力系统安全稳定运行的重要支撑，是可再生能源大规模发展的重要保障。

1．抽水蓄能电站的定义和原理

抽水蓄能电站是利用电力系统剩余电力抽水到高处储存，在电力系统电力不足时放水发电的水电站。与常规水电站不同，抽水蓄能电站既是发电厂，又是用电户。它通常由上水库、下水库、输水道、厂房及开关站等部分组成。按开发方式不同，抽水蓄能电站可以分为纯抽水蓄能电站和混合式抽水蓄能电站。沂蒙抽水蓄能电站如图1-5所示。

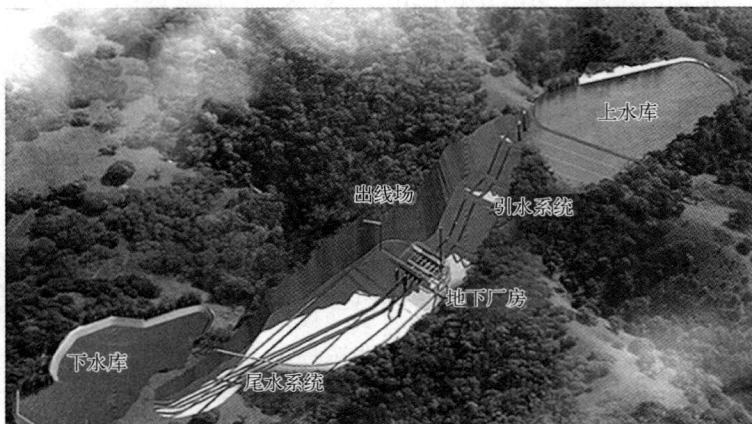

图1-5　沂蒙抽水蓄能电站

纯抽水蓄能电站，其上水库没有（或几乎没有）天然径流来源，其发电量全部来自抽水蓄存的水能，发电的水量等于抽水蓄存的水量，仅需少量天然径流，补充蒸发和渗透损失，补充水量主要来源于上下水库的天然径流。我国大部分已建和在建抽水蓄能电站均属于这种类型，如广州抽水蓄能电站、天荒坪抽水蓄能电站等。

混合式抽水蓄能电站，厂内既设有抽水蓄能机组，也设有常规水轮发电机组。上水库有天然径流来源，既可利用天然径流发电，也可从下水库抽水到上库后再根据需要发电。其上水库一般建于河流上，下水库可设在现有梯级电站或另择址建设。如1993年建成的潘家口抽水蓄能电站，装有1台15万kW的常规机组和3台单机容量9万kW的可逆式抽水蓄能机组；2006年建成投产的吉林白山抽水蓄能电站，利用下游梯级红石水库做下库，白山水库做上库，安装了2台15万kW抽水蓄能机组。

2．抽水蓄能电站的功能

抽水蓄能电站具有调峰填谷、调频、调相、储能、事故备用、黑启动等多种功能，是保障电力系统安全、可靠、稳定、经济运行的有效途径。

（1）调峰填谷。电力负荷在一天之内是波动的，抽水蓄能电站在用电高峰期间发电，在用电低谷期间抽水填谷，可以改善燃煤火电机组和核电机组的运行条件，减少弃风弃光量，保证电网稳定运行，提高电网综合效益。

例如，国网新源北京十三陵抽水蓄能电站担当了调峰发电、抽水填谷等任务，降低了电网的峰谷差率，减轻了燃煤火电调峰机组的调峰任务，不但为电力系统节约了固定运行费用和燃料费用，而且对电网的稳定运行起到了十分重要的作用。

（2）调频。电网频率要求控制在（50±0.2）Hz，为此，电网所选择的调频机组必须快速灵敏，以便随电网负荷瞬时变化而调整出力。抽水蓄能机组具有迅速而灵敏的开、停机性能，特别适宜于调整出力，能很好地满足电网负荷急剧变化的要求。

京津唐电网在兴建抽水蓄能电站后，其调频任务由原来的燃煤火电机组承担改为由抽水蓄能电站机组承担，目前电网第一、第二调频厂分别为十三陵抽水蓄能电站、潘家口抽水蓄能电站，电网周波合格率年均接近100%，对电网调频发挥了很大的作用。

（3）调相。在交流电路中，由电源供给负载的电功率有两种；一种是有功功率，另一种是无功功率。有功功率是保持用电设备正常运行所需的电功率，也就是将电能转换为其他形式能量（机械能、光能、热能）的电功率。无功功率比较抽象，它是用于电路内电场与磁场的交换，并用来在电气设备中建立和维持磁场的电功率。它不对外做功，而是转变为其他形式的能量。凡是有电磁线圈的电气设备，要建立磁场，就要消耗无功功率。电力系统无功电力不足会造成电力系统电压下降，影响电力系统的供电质量和安全可靠运行。抽水蓄能电站可通过发电工况和抽水工况进行快速调相，能很好地服务于电力系统无功平衡，保障电力系统安全稳定运行。

（4）储能。抽水蓄能电站就像一个"用水做成的巨型充电宝"，当电力系统中各类电源总发电量大于负荷需求时，抽水蓄能电站通过从下水库抽水至上水库的方式，将电能转化为水的势能储存起来，在负荷高峰时再将水能转化为电能。特别是在风电、光伏等新能源装机占比较大的新型电力系统中，由于风、光资源不可控的特点更需要"巨型充电宝"配合运行，减少弃风弃光，提高清洁可再生能源的利用效率。

丰宁抽水蓄能电站，装机容量为360万kW，有世界最大"充电宝"之称，项目投产后可将京津冀地区不稳定的光伏、风电等清洁能源输出的电能，转变成稳定的绿色电能，可满足260万户家庭一年的用电，对实现北京冬奥会承诺的100%清洁能源供电具有重要意义。

（5）事故备用。在电网发生故障或负荷快速增长时，要求有快速响应电源能承担紧急事故备用和负荷调整功能，抽水蓄能电站因其快速灵活的运行特点，是承担紧急事故备用的首要选择。

华东电网是我国的受端电网之一，主要接受西部电力和三峡电力，而输电通道发生事故在所难免，这会对受端电网产生巨大冲击。天荒坪抽水蓄能电站自从首台机组投产以来，已经快速启动多次，保证了电网的安全稳定运行。例如，2003年4~5月三峡龙政直流先后三次跳闸，需紧急启动事故备用，天荒坪抽水蓄能电站机组的快速启动投入，使电网频率在短时间内迅速恢复到正常范围内，避免了较大事故的发生。

（6）黑启动。整个电力系统因故障停运后，系统全部停电（不排除孤立小电网仍维持运行），处于全"黑"状态，无法正常运行。抽水蓄能机组作为启动电源，可在无外界帮助的情况下，迅速自启动，并通过输电线路输送启动功率带动电力系统内的其他机组，从而使电力系统在发生事故后的最短时间内恢复供电能力，因此其被誉为点亮电网的"最后一根火柴"。

3．抽水蓄能电站效益

（1）环境友好。抽水蓄能电站是生态环境友好型工程，可支持新能源大规模发展和消纳利用，减少化石能源消耗，降低二氧化碳、二氧化硫和氮氧化物的排放，有利于应对气候变化和生态环境保护。

（2）推动地方经济发展。抽水蓄能电站的建设和运行，将增加地方税收、改善基础设施、拉动就业、巩固脱贫攻坚成果，促进地方经济社会可持续发展。

二、火力发电

火力发电一般是指利用石油、煤炭和天然气等燃料燃烧时产生的热能来加热水，使水变成高温、高压水蒸气，然后再由水蒸气推动发电机来发电的方式的总称。以煤、石油或天然气作为燃料的发电厂统称为火力发电厂（火电厂）。

火力发电厂的主要设备系统包括：燃料供给系统、给水系统、蒸汽系统、冷却系统、电气系统及其他一些辅助处理设备。

火力发电的重要问题是提高热效率，办法是提高锅炉的参数（蒸汽的压强和温度）。20世纪90年代，世界上最好的火电厂能把40%左右的热能转换为电能；大型供热电厂的热能利用率也只能达到60%～70%。此外，火力发电大量燃煤、燃油，会造成环境污染，也成为日益引人关注的问题。

燃煤电厂为火力发电厂，如图1-6所示，它采用煤炭作为一次能源，利用皮带传送技术，向锅炉输送处理过的煤粉，煤粉燃烧加热锅炉使锅炉中的水变为水蒸气，经一次加热之后，水蒸气进入高压缸。为了提高热效率，应对水蒸气进行二次加热，水蒸气进入中压缸，利用中压缸的蒸汽去推动汽轮发电机发电。已经做过功的蒸汽一部分从中间段抽出供给炼油、化肥等兄弟企业，其余部分流经凝汽器水冷，成为40℃左右的饱和水作为再利用水。40℃的饱和水经过凝结水泵、低压加热器到除氧器中，此时为160℃左右的饱和水，经过除氧器除氧，利用给水泵送入高压加热器中，其中高压加热器利用再加热蒸汽作为加热燃料，最后流入锅炉进行再次利用。以上就是一次生产流程。

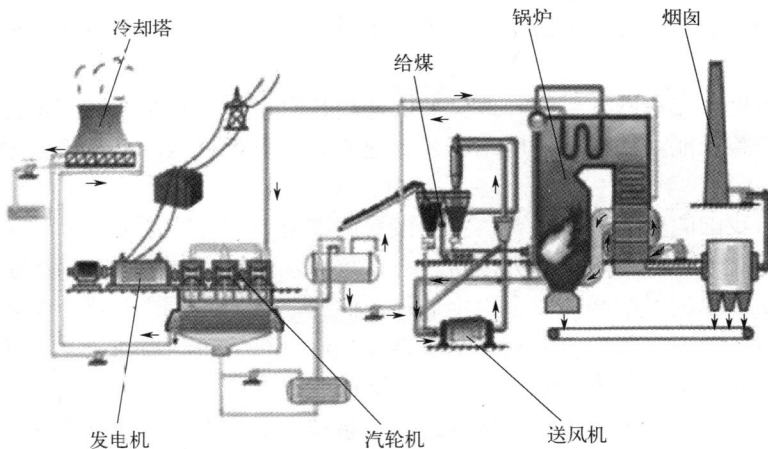

图1-6　燃煤电厂示意图

火力发电厂的主要生产系统包括汽水系统、燃烧系统和电气系统，现分述如下。

（一）汽水系统

火力发电厂的汽水系统是由锅炉、汽轮机、凝汽器、高低压加热器、凝结水泵和给水泵等组成，包括汽水循环、化学水处理和冷却系统等，汽水系统如图1-7所示。

水在锅炉中被加热成蒸汽，经过热器进一步加热后变成过热的蒸汽，再通过主蒸汽管道进入汽轮机。由于蒸汽不断膨胀，高速流动的蒸汽推动汽轮机的叶片转动从而带动发电机。

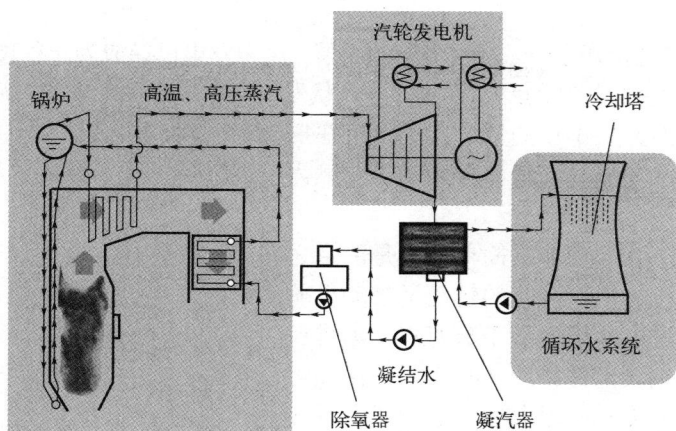

图 1-7　汽水系统

为了进一步提高热效率，一般都从汽轮机的某些中间级后抽出做过功的部分蒸汽，用以加热给水。在现代大型汽轮机组中都采用这种给水回热循环。此外，在超高压机组中还采用再热循环，即把做过一段功的蒸汽从汽轮机的高压缸的出口全部抽出，送到锅炉的再热汽中加热后再引入汽轮机的中压缸继续膨胀做功，从中压缸送出的蒸汽，再送入低压缸继续做功。在蒸汽不断做功的过程中，蒸汽压力和温度不断降低，最后排入凝汽器并被冷却水冷却，凝结成水。凝结水集中在凝汽器下部由凝结水泵打至低压加热，再经过除氧器除氧，给水泵将预加热除氧后的水送至高压加热器，经过加热后的热水打入锅炉，在过热器中把已经加热到过热的蒸汽，送至汽轮机做功，这样周而复始不断地做功。

在汽水系统中的蒸汽和凝结水，由于疏通管道很多并且还要经过许多的阀门设备，难免会产生跑、冒、滴、漏等现象，这些现象都会或多或少地造成水的损失，因此我们必须不断地向系统中补充经过化学处理过的软化水，这些补给水一般都补入除氧器中。

（二）燃烧系统

燃烧系统是由输煤、磨煤、粗细分离、排粉、给粉、锅炉、除尘、脱流等组成。煤是由皮带输送机从煤场，通过电磁铁、碎煤机然后送到煤仓间的煤斗内，再经过给煤机进入磨煤机进行磨粉，磨好的煤粉被空气预热器的热风打至粗细分离器，粗细分离器将合格的煤粉（不合格的煤粉送回磨煤机）经过排粉机送至粉仓，给粉机将煤粉打入喷燃器送到锅炉进行燃烧。而烟气经过电除尘脱出粉尘再将烟气送至脱硫装置，经过脱硫的气体经过吸风机送到烟筒排入天空。

（三）发电系统

发电系统是由副励磁机、励磁盘、主励磁机（备用励磁机）、发电机、变压器、高压断路器、升压站、配电装置等组成。发电是由副励磁机（永磁机）发出高频电流，副励磁机发出的电流经过励磁盘整流，再送到主励磁机，主励磁机发出电后经过调压器以及灭磁开关经过碳刷送到发电机转子，发电机转子通过旋转其定子线圈便感应出电流，强大的电流通过发电机出线分为两路，一路送至厂用电变压器，另一路则送到 SF_6 高压断路器，由 SF_6 高压断路器送至电网。

三、风力发电

风电是重要的清洁能源之一，经过多年的发展，风力发电已经成为一种技术比较成熟、成本低于火电、发电时间持续提高的发电模式，与光伏发电一道，堪称未来的"清洁能源双雄"。

对于运用大自然无处不在的风，人类一直在探索和创新，从最早利用风来驱动帆船，到后来运用风来推动水车灌溉农田，再到现在的风力发电，可以说，风能为我们的衣食住行都提供了能量。

回到风力发电，其原理非常简单，就是能量之间的相互转换。首先风能带动风叶快速转动，将风能转化成机械能，风叶的转动又带动机舱里面的发电机产生电能，然后再通过升压等一系列操作后通过电网输送到千家万户，零排放的清洁电源由此诞生。

风力发电机的主要部件如图1-8所示，由图可以看出，风力发电的两个核心部件是风叶和发电机（机舱），这是将风能转换为机械能再转换为电能的主要功臣，也是风力发电成本的大头。其余部件还有支撑风叶和机舱的塔筒，以及地面和海上的基础平台，以上四个部件构成了我们常见的风力发电机组。

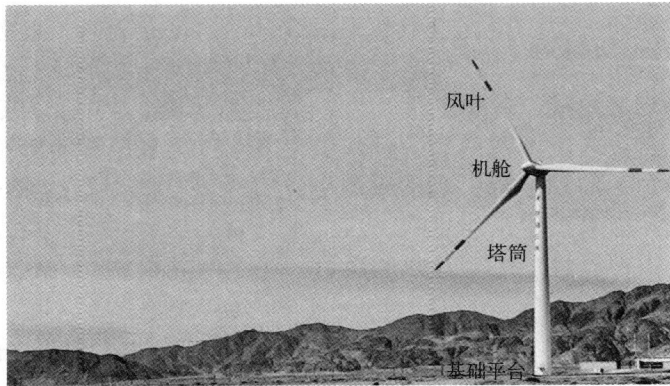

图 1-8　风力发电的主要部件

虽然风力发电机组发电原理简单，组件构成也不多，但其中的技术含量却不低，包括部件的稳固性和耐久性、电能的转换效率等，特别是海上风电项目的建造技术、发电技术和输电技术（海底电缆），都具有较高的技术含量，这也导致风力发电行业比光伏发电行业的进入门槛更高，发展护城河也相对更宽。

我们日常观察风力发电设备，可以发现一个有趣的现象，那就是风叶的转动速度不快，这如何能够发出大规模的风电呢？其实，整体风叶转动的速度确实不算快，大概4s转动一圈，但是由于风叶非常长，高达几十米甚至上百米。以50m长的风叶来估算，相当于叶尖在4s时间里运行了314m，速度高达78.5m/s（262km/h），相当于高铁的速度，进而带动电机高速转动，快速发电。为了防止暴风损坏风叶和电机等部件，风力发电机组还会配备刹车装置，在风叶转得太快时进行刹车。同时还会安装传感器，实时捕捉风向、风力大小等信息，以此来不断调整风叶、电机等组件的运行状况，最大化利用风能，实现更高效率发电。

四、太阳能发电

2030年前碳达峰、2060年前碳中和目标的提出，预示着以太阳能光伏发电为主要推动力的新能源时代已经来临。太阳能是最清洁、最安全和最可靠的能源。利用太阳光来发电有两类方式：

一类是太阳光直接发电，叫作太阳能光伏发电；另一类是太阳光间接发电，又叫太阳能光热发电。

（一）光伏发电

1．光伏发电的原理

太阳能光伏发电技术是利用太阳能电池方阵将太阳能辐射能转换为电能的光电技术，光伏发电原理如图 1-9 所示。

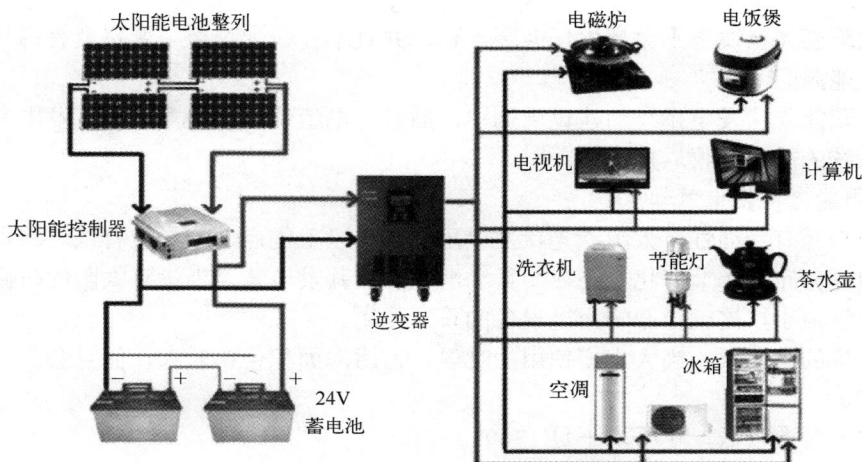

图 1-9　光伏发电原理

太阳能电池工作原理的基础是半导体 PN 结的光生伏打效应。所谓光生伏打效应，就是当物体受到光照时，物体内的电荷分布状态发生变化而产生电动势和电流的一种效应。当太阳光或其他光照射到半导体 PN 结时，就会在 PN 结两边出现电压，叫做光生电压。

太阳能发电系统由太阳能电池板、太阳能控制器、蓄电池（组）组成。若输出电源为交流 220V 或 110V，还需要配置逆变器。

各部分作用如下。

（1）太阳能电池板：太阳能电池板是太阳能发电系统中的核心部分，也是太阳能发电系统中价值最高的部分。其作用是将太阳的辐射能转换为电能，或送往蓄电池中存储起来，或推动负载工作。太阳能电池板的质量和成本将直接决定整个系统的质量和成本。

（2）太阳能控制器：太阳能控制器的作用是控制整个系统的工作状态，并对蓄电池起到过充电保护、过放电保护的作用。在温差较大的地方，合格的控制器还应具备温度补偿功能。其他附加功能，如光控开关、时控开关都应当是控制器的可选项。

（3）蓄电池：一般为铅酸电池，小微型系统中，也可用镍氢电池、镍镉电池或锂电池。其作用是在有光照时将太阳能电池板所发出的电能储存起来，到需要的时候再释放出来。

（4）逆变器：很多场合都需要提供 220VAC、110VAC 的交流电源，但太阳能的直接输出一般都是 12VDC、24VDC、48VDC，为能向 220VAC 的电器提供电能，需要将太阳能发电系统所发出的直流电转换成交流电，因此需要使用 DC-AC 逆变器。在某些场合，当需要使用多种电压的负载时，也要用到 DC-DC 逆变器。

2．太阳能光伏发电的优点

（1）太阳能是取之不尽、用之不竭的洁净能源，此外，不会受到能源危机和燃料市场不稳定因素的影响。

（2）太阳能随处可得，所以太阳能光伏发电对于偏远无电地区尤其适用，同时会降低长距离电网的建设和输电线路上的电能损失。

（3）太阳能的产生不需要燃料，运行成本大大降低。

（4）除了跟踪式外，太阳能光伏发电没有运动部件，因此不易损毁，安装相对容易，维护简单。

（5）太阳能光伏发电不会产生任何废弃物，并且不会产生噪声、温室及有毒气体，是很理想的洁净能源。

（6）太阳能光伏发电系统的建设周期短，而且发电组件的使用寿命长、发电方式比较灵活，发电系统的能量回收周期短。

3．太阳能光伏发电的缺点

任何事物都有两面性，太阳能光伏发电虽然具有以上优点，但是也有以下缺点。

（1）地理分布、季节变化、昼夜交替会严重影响其发电量，当没有太阳的时候就不能发电或者发电量很小，这就会影响用电设备的正常使用。

（2）能量的密度低，当大规模使用的时候，占用的面积会比较大，而且会受到太阳辐射强度的影响。

（3）发电时数较低，年平均不足 1300h。

（4）精准预测系统发电量比较困难。

（5）相比于风力发电，光伏发电占用土地面积较大。

（二）光热发电

太阳能光热发电的原理是，通过反射镜将太阳光汇聚到太阳能收集装置，利用太阳能加热收集装置内的传热介质（液体或气体），再加热水形成蒸汽带动或者直接带动发电机发电。

在太阳能光热发电中，有一种称为聚光太阳能发电（简称 CSP）的技术，如图 1-10 所示，其先用抛物镜将阳光聚集到充满合成油的吸热管上，等到合成油被阳光加热到约 400℃时，再将热油输送至热交换器里，通过热交换器加热循环水，产生水蒸气，推动涡轮转动，从而带动发电机发电。太阳能光热发电与常规火力发电原理是类似的，只是热能不是来自煤炭的燃烧，而是来自太阳光，因此非常洁净。

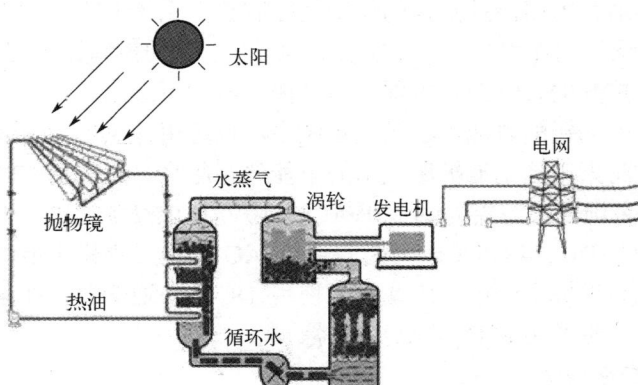

图 1-10 聚光太阳能光热发电

光热发电的优点为：在辐照连续的条件下，太阳能热发电站可以直接产生与火电站完全相同的满足电网品质要求的交流电，保证电网的电压和频率稳定。采用太阳能光热发电技术，避免了昂贵的硅晶光电转换工艺，可以大大降低太阳能发电的成本。而且，这种形式的太阳能还有一个其他形式太阳能无法比拟的优势——太阳能所烧热的水可以储存在巨大的容器中，在太阳落山后几个小时仍然能够带动涡轮发电。

光热发电的缺点为：辐射能本身具有随季节、白天时段不同而不连续变化的特点，受天气条件影响较大。

五、核能发电

核电站的开发和建设始于 20 世纪 50 年代，如今已经步入第四代核电系统。

核电站就是利用核能生产电能的发电站。核电站以核反应堆来代替火电站的锅炉，以核燃料在核反应堆中发生特殊形式的"燃烧"所产生的热量来加热水使之变成蒸汽。蒸汽通过管路进入汽轮机，推动汽轮发电机发电。核电站之外，再通过高压电线就能把生产的电力传输出去。一般来说，核电站的汽轮发电机及电器设备与普通火电站相似，其奥妙主要在于能量发生侧。核电站除了关键设备——核反应堆外，还有许多与之配合的重要设备。核电站系统示意图如图 1-11 所示。

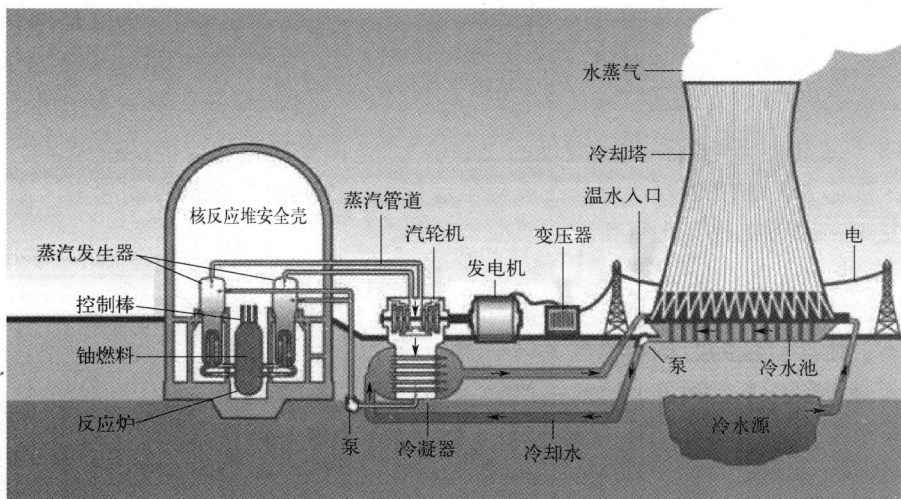

图 1-11 核电站系统示意图

1．核电站结构与重要设备

核电站的系统和设备通常由两大部分组成：核的系统和设备，又称为核岛；常规的系统和设备，又称为常规岛。还有一些配套设施来保护核电站安全和周围环境不受破坏，核电站的整体结构和设备还是非常复杂的。以压水堆为例，下面我们简单介绍一些重要的设备。

堆本体——最核心的能量发生装置。简单说来，堆芯就是一组核燃料按照一定方式组装而成的部件。堆芯外围需要一些支持结构来保持稳定性和定位各个组件。最外侧是一个坚固的压力容器支撑和包容堆芯和堆内构件，承受一回路的高压。反应堆不能无休止地工作，因此就要用到控制棒驱动机构带动控制棒在堆芯内上下运动，从而实现启停、功率调节等功能。

冷却剂系统，又称为一回路主系统，反应堆、主泵、蒸汽发生器、核稳压器都属于冷却剂系统设备。它最主要的功能是热量载出，就是在反应堆正常运行时将核反应的热量从堆芯带到蒸汽发生器。此外，它还可以在停堆后带走衰变热保护安全、防止放射性物质扩散、溶解化学毒物等。反应堆冷却剂系统流程图如图1-12所示。

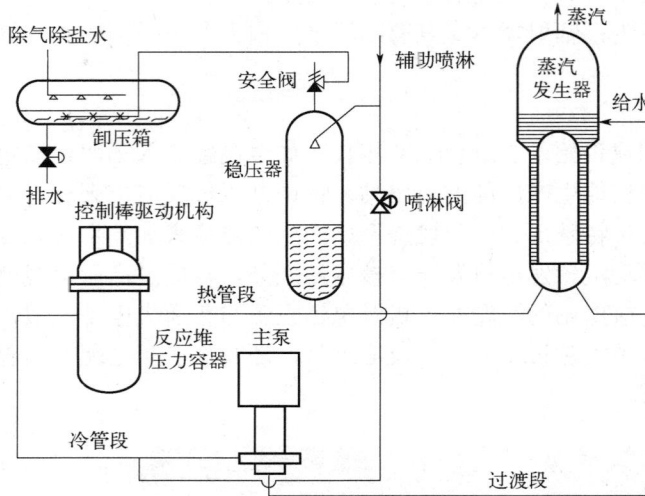

图1-12　反应堆冷却剂系统流程图

一回路冷却剂泵（主泵）是反应堆的"心脏"，是压水堆核电厂的关键设备之一，它一般采用单级离心泵。它的主要功能是在反应堆运行时让一回路冷却剂流动起来，把热量交给二回路去发电，然后把冷却剂重新送回反应堆加热。

2．核电站的特点

与传统的火力发电站相比，核电站具有以下一些十分明显的优势。

（1）不会排放巨量的污染物质到大气中。

（2）无碳排放，不会加重地球温室效应。

（3）核燃料的能量密度比化石燃料高几百万倍，一座1000万kW的核能电厂一年只需30吨的铀燃料。

（4）燃料费用所占总成本的比例较低，核能发电的成本不易受国际经济形势的影响，故发电成本较为稳定。

但核电站也存在以下一些明显的缺点。

（1）核电厂会产生放射性废料和乏燃料，必须慎重处理，严重事故时的放射性泄漏是危害巨大的。

（2）核电厂热效率较低，释放的废热对环境的热污染较严重。

（3）核电站的投资成本太大，电力公司的财务风险较高。

（4）兴建核电站常易引发政治分歧。

六、生物质能发电

（一）生物质能原理

生物质是指利用大气、水、土地等通过光合作用而产生的各种有机体，即一切有生命的可以生长的有机物质统称为生物质。生物质能，就是太阳能以化学能形式储存在生物质中的能量形式，即以生物质为载体的能量。它直接或间接来源于绿色植物的光合作用，可转化为常规的固态、液态和气态燃料，取之不尽、用之不竭，是一种可再生能源，同时也是唯一一种可再生的碳源。生物质能的转换技术主要包括直接氧化（燃烧）、热化学转换和生物转换。生物质能发电技术是以生物质及其加工转化成的固体、液体、气体为燃料的热力发电技术，其发电机可以根据燃料的不同、温度的高低、功率的大小分别采用煤气发动机、斯特林发动机、燃气轮机和汽轮机等。

（二）生物质能发电特点

基于生物资源分散、不易收集、能源密度较低等自然特性，生物质能发电与大型发电厂相比，具有如下特点。

（1）生物能发电的重要配套技术是生物质能的转化技术，且转化设备必须安全可靠、维修保养方便。

（2）利用当地生物资源发电的原料必须具有足够的储存量，以保证持续供应。

（3）所有发电设备的装机容量一般较小，且多为独立运行的方式。

（4）利用当地生物质能资源就地发电、就地利用，不需外运燃料和远距离输电，故生物质能发电适用于居住分散、人口稀少、用电负荷较小的农牧区及山区。

（5）生物质发电所用能源为可再生能源，污染小、清洁卫生，有利于环境保护。

（三）生物质能发电形式

生物质能的发电形式有以下几种。

1. 直接燃烧发电技术

生物质直接燃烧发电是一种最简单也最直接的方法，但是由于生物燃料密度较低，其燃料效率和发热量都不如化石燃料，因此通常应用于大量工、农、林业生物废弃物需要处理的场所，并且大多与化石燃料混合或互补燃烧。显热，为了提高热效率，也可以采取各种回热、再热措施和各种联合循环方式。

目前，在发达国家，生物质燃烧发电占可再生能源（不含水电）发电量的70%。我国生物质发电也具有一定的规模，主要集中在南方地区。

2. 甲醇发电技术

甲醇作为发电燃料，是当前研究开发利用生物能源的重要课题之一。日本专家采用甲醇气化-水蒸气反应产生氢气的工艺流程，开发了以氢气作为燃料的燃气轮机带动发电机组发电的技术。甲醇发电的优点除了低污染外，其成本也低于石油发电和天然气发电，因此十分具有吸引力。利用甲醇的主要问题是燃烧甲醇时会产生大量的甲醛（比石油燃烧多5倍），一般认为甲醛是致癌物质，且有毒，刺激眼睛，目前对甲醇的开发利用存在分歧，因此应对其危害进行进一步研究观察。

3. 城市垃圾发电技术

相关数据显示，目前我国城市生活垃圾堆存量已超过80亿t，占地80多万亩，占地量以平均每年4.8%的速度持续增长。因为土地资源的局限，传统的填埋式处理方式，日渐显现出其不足的一面。面对"垃圾围城"的困境，作为可再生能源发电的一种形式，垃圾发电正让原本给我们制造麻烦的垃圾，变成能产生电能的宝贵资源，让资源得到更为高效地利用，让我们的生活环境变得更为干净、健康。

可以将垃圾焚烧发电的过程比喻成人吃饭。垃圾由密封垃圾车运送到主厂房的垃圾卸料大厅后，先倾卸至一个容积 1 万多立方米的"大碗"内储存 5～7 天，待垃圾中的水分和渗滤液干后，再用两只"大手"将垃圾送入焚烧炉的"大嘴"。为防止垃圾臭气外溢，垃圾储存坑完全密封，坑内的空气被风机抽入焚烧炉内助燃。被焚烧炉"吃"进肚子的垃圾，在炉排上需要经干燥、着火、燃烧、燃烬四个阶段。垃圾在高温焚烧中产生的热能转化为高温蒸汽，推动涡轮机转动，使发电机产生电能。

垃圾焚烧发电的节能减排效果明显。据了解，利用垃圾焚烧发电，每年可节省煤炭5000 万～6000 万 t。每吨垃圾不仅可以生产 280 度电，同时还可生产大量的水蒸气，供周边的企业和居民使用。垃圾发电不仅有利于实现城市生活垃圾处理设施的标准化、规范化，缓解处理城市生活垃圾的压力，还杜绝了多余垃圾因进入垃圾填埋场进行处理而产生的污水、废气等二次污染，改善了人居环境质量。

4．生物质燃气发电技术

生物质燃气发电系统主要由气化炉、冷却过滤装置、煤气发动机、发电机四大主机构成，其工作流程为：首先将生物燃气冷却过滤送入煤气发动机，将燃气的热能转化为机械能，再带动发电机发电。

5．沼气发电技术

沼气发电系统分为纯沼气电站和沼气-柴油混烧发电站两种。按规模沼气发电站可分为50kW 以下的小型沼气电站、50～500kW 的中型沼气电站和 500kW 以上的大型沼气电站三种。沼气发电系统主要由消化池、气水分离器、脱硫化氢及二氧化碳塔（脱硫塔）、储气柜、稳压箱、发电机组（即沼气发动机和沼气发电机）、废热回收装置、控制输配电系统等部分构成。沼气发电系统的工艺流程是消化池产生的沼气经气水分离器、脱硫化氢及二氧化碳的塔（脱硫塔）净化后，进入储气柜，再经稳压箱进入沼气发动机驱动沼气发电机发电。发电机排出的废水和冷却水所携带的废热经热交换器回收，作为消化池料液加温热源或其他热源再加以利用。发电机所产生的电流经控制输配电系统送往用户。

任务三　电力系统发展简况

一、电力系统

为了提高供电的可靠性和经济性，目前广泛地将分散于各地区的众多发电厂用电力网连接起来并联工作，以期实现大容量、远距离的输送，将电能输送到远方的电力负荷中心。这些由发电厂、升压变电站、输电线路、降压变电站及电力用户所组成的统一整体，称为电力系统。由电力系统和带动发电机转动的动力装置所构成的整体称为动力系统。其中，由各类升压变电站、输电线路、降压变电站组成的电能传输和分配的网络称为电力网。动力系统、电力系统和电力网示意图如图 1-13 所示。

1．发电厂

发电厂是电力系统的中心环节，它是把其他形式的一次能源转变成二次能源的一种特殊工厂。按发电厂所用能源划分可分为火力发电厂、水力发电厂、核能发电厂、风力发电站、潮汐发电站等，此外还有地热发电站、太阳能发电站、垃圾发电站和沼气发电站等。按发电厂的规模和供电范围又分为区域性发电厂、地方发电厂和自备专用发电厂等。

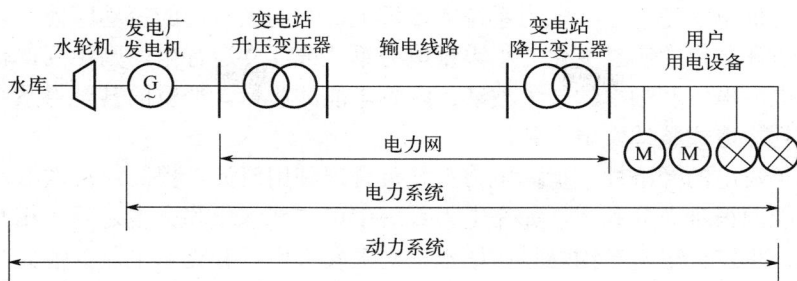

图 1-13　动力系统、电力系统和电力网示意图

2．变电站

变电站是汇集电源、升降电压和分配电力的场所，是联系发电厂和用户的中间环节。变电站有升压和降压之分。升压变电站通常是发电厂升压站部分，紧靠发电厂。降压变电站通常远离发电厂而靠近负荷中心。根据变电站在电力系统中所处的地位和作用，可分为如下几种。

（1）枢纽变电站。枢纽变电站位于电力系统的枢纽点，电压等级一般为 330kV 及以上，联系多个电源，出线回路多，变电容量大。全站停电后将造成大面积停电，或系统瓦解，枢纽变电站对电力系统运行的稳定和可靠性起着重要作用。

（2）中间变电站。中间变电站位于系统主干环线或系统主要干线的接口处，电压等级一般为 220～330kV，汇集 2～3 个电源和若干线路，高压侧以穿越功率为主，同时降压向地区用户供电。全站停电后将引起区域电网的解列。

（3）地区变电站。地区变电站是一个地区和一个中、小城市的主要变电站，电压等级一般为 110～220kV。全站停电后将造成该地区或城市供电的紊乱。

（4）企业变电站。企业变电站是大、中型企业的专用变电站，电压等级一般为 35～220kV，1～2 回进线。

（5）终端变电站。终端变电站位于配电线路的终端，接近负荷处，高压侧 10~110kV 引入线，经降压后向用户供电。

3．电力网

电力网是由变电站和不同电压等级的输电线路所组成，其作用是输送、控制和分配电能。按供电范围、输送功率和电压等级分为地方电力网和区域电力网。地方电力网一般电压等级为 110kV 及以下。区域电力网则为 110kV 以上，供电范围广，输送功率大。10kV 及以下的电力网一般称为配电网。电力网按结构特征又分开式和闭式电力网两种。凡用户只能从单方向得到供电的叫开式电力网；用户可从两个或两个以上方向得到供电的叫闭式电力网。按电压等级电力网分为低压（1kV 及以下）、高压（1～330kV）、超高压（330～1000kV）和特高压（1000kV 以上）几种。

二、电力系统的优越性

把分散于各地区的发电厂通过电力网与分散在各负荷中心的用户连接起来形成电力系统后，发电、供电和用电就构成了一个整体，在技术和经济上具有以下一系列优点。

（1）提高了电力网运行的可靠性。系统中一个发电厂发生故障时，其他发电厂照样可以向用户供电，一条输电线路发生故障时，用户还可以从系统中的不同部分取得电源，因而具有合理结构的电力系统的可靠性大为增高。

（2）提高了供电的稳定性。电力系统容量较大，个别大负荷的变动即使有较大的冲击，也不会造成电压和频率的明显变化。小容量电力系统或孤立运行电站则不同，较大的冲击负荷很容易引起电网电压和频率的较大波动，影响电能的质量。严重的甚至将系统冲垮，即系统或机组间解列，造成整体供电中断。

（3）提高了发电的经济性。扩大电力系统可合理利用资源，提高经济效益。如果没有电力系统，很多能源很难充分利用，如在电力系统中可实现水电和火电之间的相互调剂：丰水期可多发水电，少发火电，节约燃料；枯水期则多发火电以补充水电。其他如具有不同调节性能和特性的水电站之间，以及风力、潮汐、太阳能和核电站等，只有与较大的系统相接，才能相互配合，实现经济调度，达到合理利用资源、提高经济效益的目的。

联成和扩大电力系统可提高发电的平均效率和其他经济指标。只有在大的电力系统内才能采用大容量的机组，从而获得较高的发电效率、较低的相对投资和较低的运行维护费用。此外，在电力系统内的各发电厂之间可以合理地分配负荷，可以让效率高的机组多发电，在提高平均发电效率上实现经济调度。

联成和扩大电力系统可减小总装机容量。电力系统中的综合最大负荷常小于各发电厂单独供电时各片最大负荷的总和。这是因为不同地区间负荷性质的差别、负荷的东西时差和南北季差等，有利于错开各地区的高峰负荷，减小系统中的综合最大负荷，从而减小总工作容量。每座孤立运行电站至少要有一台备用机组，以备工作机组检修或故障时投入运行，保障继续供电。在电力系统中，各发电厂的机组之间可以相互备用，还可以错开检修时间，故系统的备用容量只需系统总容量的 10%～15%，远小于各发电厂孤立运行时单站的备用容量之和。系统总装机容量（等于工作容量加备用容量）的减小，降低了电站的综合投资和电能生产费用。

三、电力系统运行的特点及运行要求

电能的生产、输送和使用本身所固有的特点，以及连接成电力系统后出现的新问题，决定了电力系统的运行与其他工业生产过程相比具有以下不同点。

（1）电能难以储存，电能的生产、分配、输送、再分配直至使用必须在同一时刻完成，即在任一时刻，在系统中必须保持电能的生产、输送和使用处于一种动态的平衡状态。如果在系统运行中发生了供电与用电的不平衡，系统运行的稳定性就会遭到破坏，甚至发生事故，给电力系统及国民经济造成严重损失。

（2）正常输电过程和故障过程都非常迅速。由于电能是以电磁波的形式传播的，其传播速度为光速，因此不论是正常输电过程还是发生故障过程都非常迅速，这就要求有一系列能对系统进行灵敏而迅速的监测、控制和保护的装置，将操作或故障引起的系统变化限制在尽可能小的范围之内。

（3）电力系统的地区性特点较强，组成情况不尽相同，因此在系统规划设计与运行管理时应从实际出发，针对各个系统的特点来分别进行。

（4）电能生产与国民经济、人民生活的关系密切，电能供应的中断或不足，不仅将直接影响生产，造成人民生活秩序的紊乱，在某些情况下，甚至会酿成极其严重的社会性灾难。

基于上述特点，对电力系统运行有下列基本要求。

1．保证供电的安全可靠性

保证供电的安全可靠性是对电力系统运行的基本要求。所谓电力系统的可靠性是指确保用户能够随时得到供电。这就要求从发电到输电以及配电，每个环节都必须保证安全可靠，

不发生故障，以保证连续不断地为用户提供电能。为此，要保证电力系统中各元件的质量，及时进行设备的正常维护及定期的检修与试验，加强和完善各项安全技术措施，提高电力系统的运行和管理水平，杜绝可能发生的直接或间接的人员责任事故。

目前，要绝对防止事故的发生是不可能的，而各用户对供电可靠性的要求也不一样。通常按重要性将用户分为Ⅰ、Ⅱ、Ⅲ三类来区别对待，以保证其相应的供电可靠性。

（1）Ⅰ类用户：对这类负荷停止供电，会带来人身危险，设备损坏，产生大量废品，长期破坏生产秩序，给国民经济带来巨大的损失或造成重大的政治影响。

对Ⅰ类用户通常应设置两路以上相互独立的电源供电，其中每一路电源的容量均应保证在此电源单独供电的情况下就能满足用户的用电要求，确保当任何一路电源发生故障或检修时，都不会中断对用户的供电。即Ⅰ类用户要求有很高的供电可靠性。

（2）Ⅱ类用户：对这类负荷停止供电，会造成大量减产，城市公用事业和人民生活受到影响等。

对Ⅱ类用户应设置专用供电线路，条件许可时也可采用双回路供电，并在电力供应出现不足时优先保证其电力供应。

（3）Ⅲ类用户：一般是指短时停电不会造成严重后果的用户，如工厂附属车间、小城镇、小加工厂等。

当系统发生事故，出现供电不足的情况时，应首先切除Ⅲ类用户的用电负荷，以保证Ⅰ、Ⅱ类用户的用电。

2．保证电能的良好质量

衡量电能质量的指标是频率、电压和波形，当系统的频率、电压和波形不符合电气设备的额定值要求时，往往会影响设备的正常工作，造成振动、损耗增加，使设备的绝缘加速老化甚至损坏，危及设备和人身安全，影响用户的产品质量等。因此要求系统所提供电能的频率、电压和波形必须符合其额定值的规定。电压的允许变化范围见表 1-3。

表 1-3　　　　　　　　　　　　电压的允许变化范围

线路额定电压	正常运行电压允许变化范围
35kV 及以上	$\pm 5\% U_e$
10kV 及以下	$\pm 7\% U_e$
低压照明及农业用电	$(+5\% \sim -10\%) U_e$

我国规定的电力系统的额定频率为 50Hz，大容量系统允许频率偏差±0.2Hz，中小容量系统允许频率偏差±0.5Hz。电力系统的频率主要取决于有功功率的平衡，电压主要取决于无功功率的平衡，可通过调频、调压和无功补偿等措施来保证频率和电压的稳定。

通常，要求电力系统的供电电压（或电流）的波形为严格的正弦形，发电机和变压器的设计制造部门已考虑了这一要求，但在电能输送和分配过程中也要保证波形不发生畸变，应注意避免或消除电力系统中可能出现的其他谐波源（如整流装置、输电线路的电晕等）。

3．保证足够的发电功率和发电量

电力对国民经济有强烈的制约作用，电力必须先行，最大限度地满足用户的用电需要，为国民经济的各个部门提供充足的电力。故电力系统要超前搞好规划设计，不断增加投入，同时也要充分挖掘设备潜力，最大限度地向用户提供需要的电力。

4．保证电力系统运行的稳定性

电力系统在运行过程中不可避免地会发生短路事故，如果电力系统的稳定性较差时，局部事故的干扰有可能导致整个系统的全面瓦解，而且需要长时间才能恢复，严重时会造成大面积、长时间停电。因此，必须保证电力系统运行的稳定性，做到合理地配置系统参数，自动装置应灵敏可靠、调度合理、快速果断地处理事故。

5．保证电力系统运行的经济性

要使电能在生产、输送和分配过程中效率高、损耗小、成本低，必须降低一次能源消耗率、厂用电率和线损率，使这三个指标达到最小。电能成本的降低不仅节省了能源，还将有助于用户生产成本的降低，因而会给整个国民经济带来效益。要实现经济运行，除进行合理规划设计之外，还应对整个系统实施最佳经济调度。

综上所述，保证对用户不间断地供给充足、优质而又经济的电力，是电力系统的基本任务。

任务四　发电厂电气设备概述及额定参数

一、主要电气设备

发电厂和变电站主要有下列电气设备。

（一）一次设备

直接参与生产、输送和分配电能的电气设备称为一次设备，它通常包括以下五类。

1．能量转换设备

发电机、变压器、电动机等属此类。其中的发电机和主变压器是电站的心脏，简称主机主变。

2．开关设备

这类电器用于电路的接通和开断。当电路中通过电流，尤其通过很大的短路电流时，要开断电路很不容易，需要具备足够的灭弧能力。按作用及结构特点，开关电器又分为以下几种。

（1）断路器。不仅能接通和开断正常的负荷电流，也能关合和开断短路电流。它是作用最重要、构造最复杂、功能最完善的开关电器。

（2）熔断器。不能接通和开断负荷电流，它被设置在电路中专用于开断故障短路电流，切除故障回路。

（3）负荷开关。允许带负荷接通和开断电路，但其灭弧能力有限，不足以开断短路电流。将负荷开关和熔断器串联在电路中便大体上相当于断路器的功能。

（4）隔离开关。主要用于设备或电路检修时隔离电源，造成一个可见的、足够的空气间距。

断路器和熔断器都能在其电路故障时开断一定的短路电流以切除故障电路，故称其为保护电器。

断路器和负荷开关能接通和开断一定的负荷电流，称其为操作电器。

隔离开关没有灭弧能力，不能开断负荷电流。若在负荷电流下错误地切开隔离开关，叫做带负荷拉闸，会引起电弧短路，是一种严重的误操作，要尽量避免。

3．载流导体

该类设备有母线、绝缘子和电缆等，用于电气设备或装置间的连接，通过强电流，传递功率。母线是裸导体，需要用绝缘子支持和绝缘。电缆是绝缘导体，并具有密封的封包层以保护绝缘层，外面还有铠装或塑料护套以保护封包。

4．互感器

互感器分为电压互感器和电流互感器，分别将一次侧的高电压或大电流按变比转变为二次侧的低电压或小电流，以供给二次回路的测量仪表和继电保护与自动装置。

5．电抗器和避雷器

电抗器主要用于限制电路中的短路电流，避雷器则用于限制电气设备的过电压。

（二）二次设备

对电气一次设备的工作状况进行监测、控制和保护的辅助性电气设备称为二次设备。例如各种电气仪表、继电器、自动控制设备、信号及控制电缆等。二次设备不直接参与电能的生产和分配过程，但对保证主体设备正常、有序地工作和发挥其运行经济效益，起着十分重要的作用。

一次设备主要用于高电压、大电流回路，二次设备则用在低电压、小电流回路。但一次设备中的小容量用电设备也多为低电压。有些设备类别一次和二次都有，例如熔断器、负荷开关、母线、电缆等，名字相同，原理也相近，但实物结构大有差异。部分低压设备与高压设备属于同一类别，在电路中的作用基本相同，但名字不同，如低压断路器叫自动开关，隔离开关叫闸刀开关等。至于常见的低压胶盖开关、钢壳开关、转换开关、接触器等，都属于负荷开关这一类别，只是某些开关增加了一些功能，例如有的转换开关可以切换电源等。

二、电气设备的额定参数

用以表明电气设备在一定条件下的长期工作最佳运行状态的特征量的值叫作额定参数。各类电气设备的额定参数主要有额定电压、额定电流和额定容量。

（一）额定电压

电气设备的额定电压是按长期正常工作时具有最大经济效益所规定的电压。为使电气设备实现标准化和系列化生产，我国交流电力网和电气设备的额定电压如表 1-4 所示。

表 1-4　　　我国交流电力网和电气设备的额定电压（线间电压，单位 kV）

用电设备额定电压与电力网额定电压	发电机额定电压	变压器额定电压		
		原边绕组		副边绕组
		接电力网	接发电机	
	0.23	0.22	0.23	0.23
	0.40	0.38	0.40	0.40
3	3.15	3	3.15	3.15 及 3.3
6	6.3	6	6.3	6.3 及 6.6
10	10.5	10	10.5	10.5 及 11
35		35		38.5
60		60		66
110		110		121
220		220		242
330		330		363
500		500		550
750		750		825

1．用电设备和电力网的额定电压

我国用电设备的额定电压与电力网的额定电压是相等的。但实际中，由于输送电能时在线路和变压器等元件上产生的电压损失，会使线路上各处的电压不相等，使各点的实际电压偏离额定电压，即线路首端的电压将高于额定电压，线路末端的电压将低于额定电压，其电压分布如图 1-14 所示。

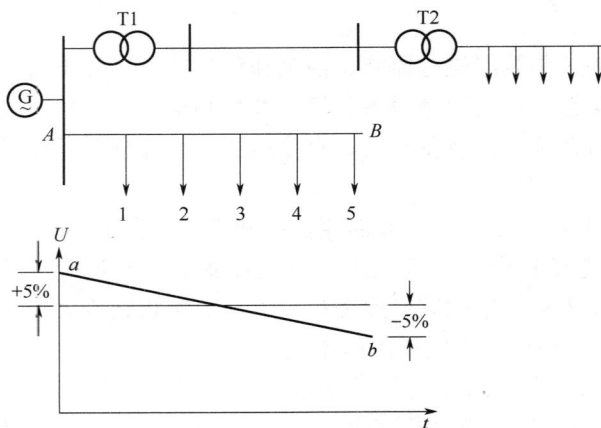

图 1-14　额定电压的解释图

设发电机在额定电压下运行，供电给电力网 ab 部分，由于线路有电压损失，负荷 1-4 点将接收到不同的电压，而且负荷是变化的，电力网中各点电压也非恒定不变，实际上电力网各点电压随距离和时间而变，但设备的额定电压不可能按上述变化的电压来制造，设备生产必须标准化。用电设备的额定电压只能力求接近实际的工作电压。一般规定，用电设备的工作电压允许在额定电压的±5%范围内变动，而沿线的电压降一般允许为 10%。因此，若取电力网首端和末端电压的算术平均值，即 $U_e=(U_a+U_b)/2$ 作为用电设备的额定电压，就能满足上述要求，这个电压也就是电力网额定电压。

2．发电机额定电压

发电机总是处于电力网首端，其额定电压比电力网高 5%，即 $UG_e=1.05U_e$。允许线路电压降 10%，从而保证用电设备的工作电压均在±5%以内。

发电机单机容量越大，采用的额定电压越高。其中 6.3kV 电压等级广泛应用于容量 20000kW 以下至 500kW 甚至更小的中小型发电机，而 3.15kV 等级现已很少采用。

3．变压器额定电压

变压器在电力系统中具有发电机和用电设备的双重性。变压器的一次绕组是从电网接收电能，故相当于用电设备；其二次绕组是输出电能，相当于发电机。因此规定：变压器一次绕组的额定电压等于用电设备的额定电压。但是，当变压器的一次绕组直接与发电机的出线端相连时，其一次绕组的额定电压应与发电机额定电压相同，即 $U_1=1.05U_e$。变压器的二次绕组（通常指空载电压）比同级电力网的额定电压高 10%，即 $U_2=1.1U_e$。但是，10kV 及以下电压等级的变压器的阻抗压降在 7.5%以下，若线路短，线路上压降小，其二次绕组额定电压可取 $1.05U_e$。

（二）额定电流

电气设备的额定电流是指周围介质在额定环境温度时，其绝缘和载流导体及其连接的长期发热温度不超过极限值所允许长期通过的最大电流值。

我国采用的周围介质额定温度如下：电力变压器和大部分电器（如断路器、隔离开关、互感器等）的额定周围空气温度为 40℃。敷设在空气中的母线、电缆和绝缘导线等为 25℃。埋设地下的电力电缆的额定泥土温度为 25℃。

（三）额定容量

额定容量的规定条件与额定电流相同。变压器额定容量用视在功率（kVA）表示。发电机的原动机只能提供有功功率，所以一般以有功功率（kW）表示。当其额定容量用视在功率表示时，需表明功率因数（$\cos\phi$）。电动机也多用有功功率表示。

习题与思考题

1-1　什么是发电厂、变电站、电力系统及电力网？

1-2　试述火电厂、水电厂、核电厂、光伏电厂的基本生产过程及其特点。

1-3　电力系统有哪些优越性？电力系统运行要满足哪些基本要求？

1-4　电能质量的主要指标是什么？

1-5　什么是一次设备和二次设备？它们各包含哪些内容？

1-6　一次设备的额定电压是如何规定的？

学习情境二　电弧的基本理论

本学习情境掌握电弧的形成及熄灭条件，熟悉电弧形成的物理过程、特性；掌握直流电弧及交流电弧的特性及熄灭条件；掌握开关电器常用的熄弧方法；了解电气触头的类型、工作条件。

开关电器是用来接通或开断电路的电气设备。在发电厂与变电站中运行的发电机、变压器、进出线等回路，经常需要投入运行或退出运行，因此在发电厂与变电站中需装设必要的开关电器。当开关电器触头切断有电流通过的电路时，在开关触头间就会产生电弧，尽管触头已经分开，但电流还是会通过电弧继续流通，只有触头间的电弧熄灭后，电流才真正切断。电弧的温度很高，很容易烧毁触头，或使触头周围的绝缘材料遭受破坏。如果电弧燃烧时间过长，开关内部压力过高，有可能使电器发生爆炸事故。因此，当开关触头间出现电弧时，必须尽快予以熄灭。本章以电弧的熄灭为重点，主要讲述电弧形成和熄灭的物理过程、电弧的特性、直流和交流电弧的特点，以及灭弧的基本方法。

任务一　电弧的形成和熄灭

一、电弧的危害

电弧实际上是一种气体放电现象，是指在某些因素作用下，开关触头间气体强烈游离、由绝缘变为导通的过程。电弧形成后，电源会不断地输送能量，维持它的燃烧，并产生很高的温度，电弧燃烧时，中心区温度可达到 10000℃ 以上，表面温度也有 3000～4000℃，同时会发出强烈的白光，故称弧光放电。电弧的危害很大，主要有以下几种危害。

（1）如果电弧较长时间不能熄灭，将会延长开关电器切断故障的时间，引起电器被烧毁甚至有爆炸的可能，危及电力系统的安全运行，造成人员的伤亡和财产的重大损失。

（2）电弧温度很高，即使作用很短的时间，触头表面也会剧烈熔化和蒸发。同时，与电弧接触的绝缘材料（包括油、瓷、有机绝缘材料等）将被严重烧损，导致设备损坏。

（3）在充油开关电器中，电弧将使绝缘油强烈分解，产生大量气体，其温度和压力会迅猛升高，易引起着火甚至爆炸。

（4）电弧可能使触头熔焊，破坏电器设备的正常工作，也会产生高次谐波，干扰附近的通信。

所以，对于开关电器中的电弧，必须采取措施，使其迅速熄灭。另外，电弧也有可利用的一面，如电弧焊、电弧熔炼、弧光灯等。

二、电弧的形成

电弧是气体导电现象，直流电弧的组成如图 2-1 所示，在断路器触头开断、电网电压较高、开断电流较大的情况下，均可能在触头间形成电弧（由绝缘气体或绝缘油受热分解出的气体游离产生的自由电子导电），这时伴随着强光和高温（可达数千度甚至上万度）。

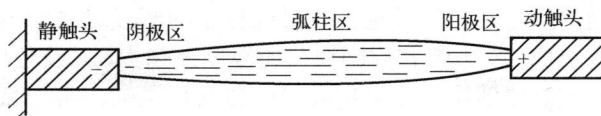

图 2-1　直流电弧的组成

触头周围的介质是绝缘的，电弧的产生说明绝缘介质变成了导电的介质，发生了物态的转化。任何一种物质都有三态，即固态、液态和气态，这三态随温度的升高而改变。当物质变为气态后，若温度再升高，一般要到 5000℃ 以上，物质就会转化为第四态，即等离子体态。任何等离子体态的物质都是以离子状态存在的，具有导电的特性。因此，电弧的形成过程就是介质向等离子体态的转化过程。

电弧的产生和维持是触头间中性质点（分子和原子）被游离的结果。游离就是中性质点转化为带电质点。从电弧形成的过程来看，游离过程主要有以下四种形式。

（1）热电子发射。在触头互相分离时，触头之间的接触压力及接触面积逐渐缩小，接触电阻显著增大，接触处剧烈发热，即电极上由于大电流逐渐中断而出现炽热点，促使电极的表面有自由电子发射出来，形成热电子发射，使空隙的自由电子数目增多。

（2）强电场发射。当开关动、静触头分离的瞬间，触头间距离 d 很小，在外施电压的作用下，触头间会出现很高的电场强度 $E = \dfrac{U}{d}$，当电场强度超过 3×10^6 V/m 时，阴极表面的自由电子在电场力的作用下被强行从金属表面拉出进入触头间隙，称为强电场发射。

在热电子发射和强电场发射的共同作用下，触头间隙中的自由电子数目逐步增多。

（3）碰撞游离。触头间隙中的自由电子在强电场作用下加速，以极高的速度向阳极运动，沿途撞击介质中的中性分子或原子，使之游离出自由电子，进而产生连锁反应式的碰撞，使间隙中的自由电子数量迅速增加，触头间隙绝缘能力越来越弱，导电能力越来越强，在触头间隙两端电压的作用下间隙介质被击穿，由此而产生电弧，这一过程称为碰撞游离。

（4）热游离。当电弧高达 3000℃ 及以上时，弧道内的中性质点也以极高速度运动，在发生相互剧烈的碰撞下，中性质点分解成自由电子和正离子，这种现象称为热游离，热游离使电弧得以维持和发展。

在游离进行的同时，还存在着一个相反的过程，即自由电子和正离子在一定的条件下互相中和而成中性质点，这种现象称为去游离。去游离的结果，减少了弧道中的自由电子数量，如果去游离十分剧烈，则电弧将不能维持燃烧而导致熄灭。带电粒子的消失是因为复合和扩散两种物理现象造成的。

（1）复合去游离。复合是异性带电粒子彼此靠近聚合在一起，异电性电荷互相中和的现象。电子的运动速度远大于离子，所以电子和正离子直接复合的可能性很小，但是电子先附着在中性质点上形成负离子，负离子的运动速度比较小，正负离子的复合就比较容易。

既然复合过程只在离子运动的相对速度不大时才有可能，若利用液体或气体吹弧，或将电弧挤入绝缘冷壁做成的窄缝中，就能迅速冷却电弧，减小离子的运动速度，加强复合过程，此外增加气体压力使气体密度增加，也是加强复合过程的措施。

（2）扩散去游离。扩散是弧柱内带电粒子逸出弧柱以外进入周围介质的一种现象。扩散是由于带电离子不规则的热运动，以及电弧内带电粒子的密度远大于电弧外，电弧中的温度远高于周围介质的温度造成的。电弧和周围介质的温度差越大，以及带电粒子的密度差越大，扩散作用就越强。在高压断路器中，常采用高压气体吹拂电弧，带走弧柱中逸出的大量带电粒子，以加强扩散作用，扩散出来的正负离子，因冷却而加强复合，成为中性质点。

　　游离和去游离是电弧燃烧中的两个相反过程，游离过程使弧道中的带电离子增加，有助于电弧的燃烧；去游离过程能使弧道中的带电离子减少，有利于电弧的熄灭。当这两个过程达到动态平衡时，电弧稳定燃烧。

三、电弧的熄灭

　　由电弧的形成过程可提出熄灭电弧的基本方法：削弱游离作用，加强去游离作用，其主要措施如下。

　　（1）提高触头的开断速度。第一批自由电子是依靠断口间的高电场强度产生的，提高触头的运动速度或增加断口的数目，可以缩短触头达到绝缘要求开距所需要的时间，即减少间隙处于高电场强度下的时间，使自由电子不足而迫使电流减小，过程中注入间隙中的能量也小，间隙温度较低，使电弧不易形成。

　　（2）冷却电弧。用冷却绝缘介质降低电弧的温度，削弱热发射和热游离作用以熄灭电弧。在高压断路器中常用的绝缘介质有 3 种：油、SF_6 和压缩空气（高密度空气），分别称为油断路器、六氟化硫断路器和压缩空气断路器。

　　（3）增大绝缘介质气体压力。它可使气体密度增加，缩短分子和离子运动的自由程，降低热游离的概率，增大复合的概率，促使电弧熄灭。在高压断路器中，有高强度绝缘材料做成的半封闭的特制空腔，称为灭弧室，触头套入其中，可使绝缘气体或绝缘油分解后产生的气体保持很高的压力。

　　（4）吹弧。采用绝缘介质吹弧，使电弧拉长、增大冷却面、提高传热率，并强行迫使弧道中游离介质扩散，流入新鲜介质以促使电弧熄灭。采用合理的灭弧室结构以引导介质的流动，可以实现吹弧。

　　（5）将触头置于真空密室中。由于在触头间隙真空中中性质点稀少，使断路器分断时不能维持电弧燃烧，因此称这种断路器为真空断路器，它是一种可以频繁操作的高压断路器。

任务二　直流电弧的特性及熄灭

一、直流电弧的特性

　　在直流电路中产生的电弧叫直流电弧。直流电弧的特性可用沿弧长的电压分布和伏安特性表示。

1. 电弧电压沿弧长的分布

　　电弧形成后，电弧电压沿弧长的分布可以分为三个部分，如图 2-2 所示。即

$$U_h = U_1 + U_2 + U_3 \tag{2-1}$$

式中　　U_h——电弧在全长上的压降，V；

　　　　U_1——阴极区压降，V；

　　　　U_2——弧柱区压降，V；

　　　　U_3——阳极区压降，V。

直流电弧的伏安特性如图 2-3 所示。

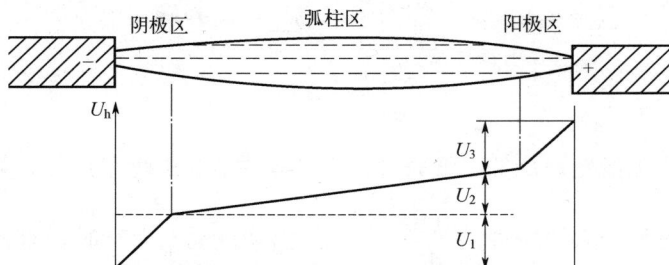

图 2-2　直流电弧电压沿弧长分布

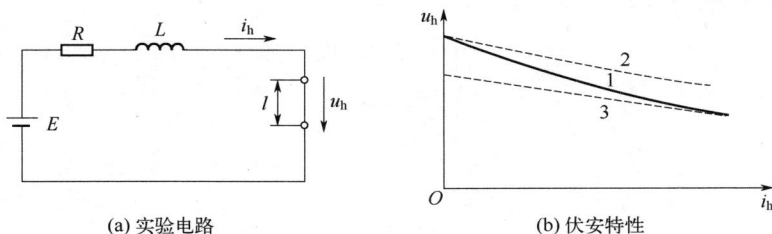

(a) 实验电路　　　　　　　　　(b) 伏安特性

图 2-3　直流电弧的伏安特性

由于电弧端部靠近触头的区段（阴极区和阳极区）比中心区段（弧柱）温度低，自由电子的密度小，因此导电率低，电位梯度大。特别是阴极区，由于堆积了许多正离子，电位梯度最高。一般在靠近阴极 $10^{-4}\,\mathrm{cm}$ 的区间内可形成一个近似为常数的压降。而阳极区主要是接收从弧隙中来的电子，只要在高温下才发射少量电子，所以其电位梯度较阴极区小。弧柱区压降与电流大小、弧隙长度、介质种类及其状态（介质压力、介质流动方式及流速等）有关。

2．伏安特性

在弧隙距离（即电弧长 l ）确定的条件下，电弧电压与电弧电流的关系，即伏安特性 $U_{\mathrm{h}} = f(i_{\mathrm{h}})$ ，如图 2-3 所示。如果用图 2-3（a）的实验电路，在弧长 l 不变的条件下，改变电源电压以改变电弧电流，就可以得出如图 2-3（b）所示的电弧的伏安特性。曲线 1 表示电源电压缓慢变化时电弧的端电压与电弧电流的关系，曲线中的每一个点代表弧道中的复合与游离处于动态平衡状态的情况，常称曲线 1 为静特性。其特征是间隙的导电能力随热游离的增强而上升，其电弧的电阻将随电流的上升而下降。曲线 2 表示迅速升高电源电压的情况：由于在每一个电流值下停留的时间不足，热游离处于上升阶段而尚未进入该电流下的稳定状态，因此与曲线 1 相比，各点出现弧道电阻较高、压降较大的情况。曲线 3 为电源电压迅速下降的情况：由于在每个电流值下停留的时间不足，热游离处于下降阶段而尚未进入稳定状态，从而出现弧道电阻降低、电弧压降较小的情况。曲线 2、3 为电弧的动态特性，由于热惯性的存在，即温度的变化滞后于电流的变化，使电弧的伏安特性与电源电压的变化方向和变化速度有关。如图 2-3 电路的电压平衡方程为：

$$L\frac{\mathrm{d}i_{\mathrm{h}}}{\mathrm{d}t} + i_{\mathrm{h}}R + u_{\mathrm{h}} = E \tag{2-2}$$

由于电弧压降 u_h 的非线性，可采用图解的方法确定电路的工作状态，如图 2-4 所示。其中电感压降 $L\dfrac{di_h}{dt} = E - (i_h R + u_h) = \Delta u$，称为剩余电压，由其确定电流的变化，有：

$$\frac{di_h}{dt} = \frac{1}{L}\Delta u \qquad\qquad (2\text{-}3)$$

其中 $\dfrac{di_h}{dt} = 0$ 是电弧稳定燃烧的必要条件，图 2-4 中 A、B 两点具有此条件。电弧能承受干扰保持稳定燃烧的另一必要条件为 $\dfrac{d\Delta u}{di_h} < 0$，当出现扰动 i_h 上升时，有 $\Delta u < 0$ 迫使 i_h 下降恢复到原有的工作状态。图 2-4 中仅 B 点满足此条件，即 B 点是电弧的稳定燃烧点。由此而确定电弧稳定燃烧的充分条件为：

$$\begin{cases} E = i_h R + u_h \\ \dfrac{du_h}{di_h} + R > 0 \end{cases} \qquad\qquad (2\text{-}4)$$

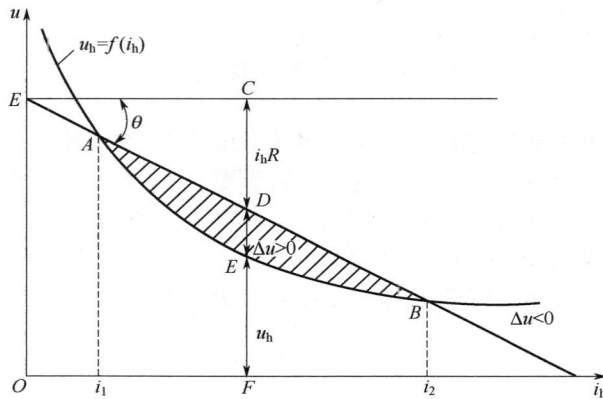

图 2-4　直流电弧的稳定燃烧点图解确定

（1）电源电压等于电阻压降与电弧压降之和。

（2）电路的动态电阻为正。当电弧的动态电阻处于负值区时，外电路电阻的存在是保证电弧稳定燃烧的必要条件。

在 A 点若电流 i 略有减小，则 $(E - i_h R) < u_h$，电弧电流将会继续减小，直至熄灭。由方程（2-2）也不难看出，当 $(E - i_h R) < u_h$ 时，$\dfrac{di_h}{dt} < 0$，即电流是减小的，于是可以判断电弧最后要熄灭。由此，我们得到直流电弧熄灭的条件为 $(E - i_h R) < u_h$。

二、直流电弧的灭弧方法

如能保证 $\Delta u < 0$，则能保持 $\dfrac{di_h}{dt} < 0$ 从而使电弧熄灭，因此消耗电压，即增加电阻压降和电弧压降是低压开关熄灭电弧的有效方法。其具体措施如下。

（1）拉长电弧。如图 2-5 所示，当电弧长度为 l_0 时在 B 点稳定燃烧，如将其拉长经 l_1（临界状态）至 l_2，由于 u_h 的增加而总有 $\dfrac{di_h}{dt} < 0$，电弧熄灭。

（2）开断电路时在电路中逐级串入电阻。如图 2-6 所示。当外电路电阻为 R_0 时，电弧在 B 点稳定燃烧，若在外电路中串入电阻使外电路电阻变为 R_1，则电弧会因 $\Delta u < 0$ 而熄灭。采用此种措施时应注意限制电流的变化速度以防止过电压，否则不能达到灭弧的目的。因此由 R_0 变至 R_1 时，需逐级串入电阻。

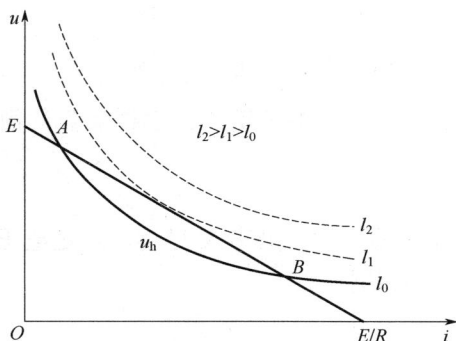

图 2-5　拉长电弧灭弧

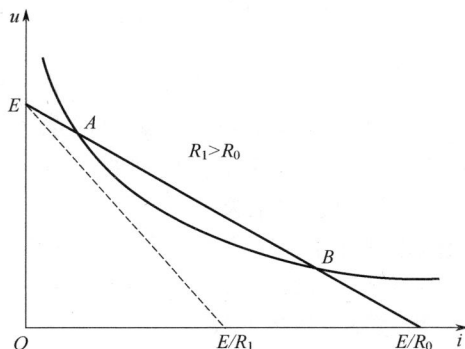

图 2-6　外电路逐级串入电阻灭弧

（3）在断口上装灭弧栅。由电压沿弧长分布可知，要使短电弧稳定燃烧，外加电压必须大于阴极和阳极电压降之和。因此，可利用许多平行排列的金属片把长电弧分割成一系列串联的短电弧，如图 2-7 所示。因为每一个短电弧都有一个阴极和阳极电压降，总的电弧电压便大为增加，选择合适的金属片数目，使加到开关触头间的电压小于所有短电弧电极电压降的总和，则电弧会迅速熄灭。低压开关的灭弧常采用此方法。

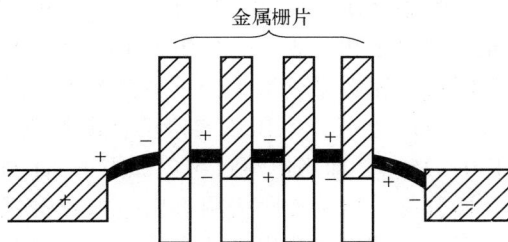

金属栅片

图 2-7　金属栅片分割短弧灭弧

任务三　交流电弧的特性及熄灭

一、交流电弧的伏安特性

交流电弧的特性为：电弧电流和电弧电压都是周期性变化的，且每一周期内都有两次过零；在电弧电流过零时，电弧自然熄灭，在电流过零后，电弧重燃。由于电流变化速率很快，电弧的热游离和去游离都跟不上变化，所以交流电弧的伏安特性为动特性。根据交流电弧的伏安特性，可得到交流电弧电流及电压变化的波形图，如图 2-8 所示。图中 A 点燃弧电压，在燃弧后电弧温度升高，游离过程加强，电弧电压下降。以后电弧电流由最大值开始下降，当电流下降到一定值后，由于去游离增强，电弧电压反而升高，最后电流过零，电弧熄灭，B 点电压称为熄弧电压。因为电流下降时，去游离跟不上电流变化，所以熄弧电压总是小于燃弧电压，电流过零后在反方向重燃，其伏安特性与正半周相同。交流电弧的伏安特性如图 2-9 所示。

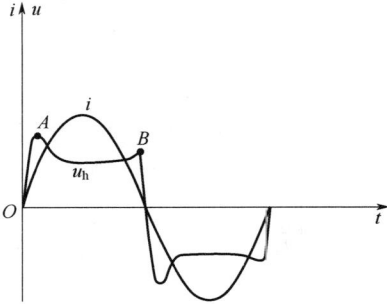

图 2-8　交流电弧的电压电流波形图

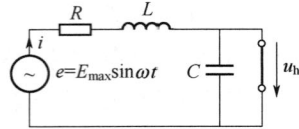

图 2-9　交流电弧的伏安特性

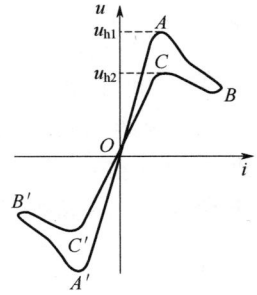

因交流电弧在电流过零时就自然熄灭，故研究交流电弧的关键不是怎样熄弧的问题，而是在电流过零时电弧不再重燃的问题。

二、交流电弧的熄灭

交流电弧在电流过零时，同时存在着两个过程。一是介质强度恢复过程，二是电压恢复过程。电弧能否重燃，就取决于这两个过程的竞争状态如何。

1．弧隙介质强度的恢复

电弧电流过零时电弧熄灭，而弧隙的绝缘能力要恢复到绝缘的正常状态尚需一定的时间，此恢复过程称为弧隙介质强度的恢复过程，以耐受的电压 $u_d(t)$ 表示。弧隙介质强度恢复过程 $u_d(t)$ 主要由断路器灭弧装置的结构和灭弧介质的性质所决定，随断路器型式而异。

弧隙介质强度的恢复过程是一个比较复杂的过程。在电弧电流过零之前，弧隙中的空间充满了电子和正离子。当电弧电流过零熄灭后，电极极性发生改变，弧隙中的电子迅速奔向新阳极，比电子质量大一千多倍的正离子，相对电子而言则基本未动，所以在新阴极附近形成正空间电荷。电压主要降落在阴极附近的薄层空间。根据实验，此薄层空间的耐压约为 150～250V。即当电流过零电弧熄灭后，弧隙在 0.1～1ms 的短暂时间内能出现 150～250V 的介质强度。这种在阴极附近出现电介质强度突然升高的现象称为近阴极效应。由于近阴极效应而在弧隙中立即出现的介质强度，称为起始介质强度。

由于近阴极效应，在电弧电流过零时，介质强度恢复过程不是由零开始的，而是由起始强度开始的。起始介质强度的大小与介质冷却有关，还与电弧电流大小有关。电弧电流越大，即电弧温度越高，介质强度恢复越慢。相反，对电弧冷却越好，温度下降越快，介质强度恢复就越快。

在低压开关电器中，常常利用近阴极效应熄灭电弧。但在高压断路器中，近阴极效应所起的作用就无足轻重了，而起决定作用的是弧柱中的去游离过程。所以高压断路器普遍利用气体或液体吹动电弧来加强弧柱的冷却，以加快介质强度的恢复。

2．弧隙电压的恢复过程

弧隙电压恢复过程是在电弧电流自然过零时，弧隙电压由熄弧电压过渡到电源电压的过程。处在恢复过程中的弧隙电压称为恢复电压，用 $u_r(t)$ 表示。电压恢复过程除了和开关电器的特性有关外，还和电路参数、电源电压有关。一般恢复电压由两部分组成：在电压恢复过程中，首先出现在弧隙两端的是具有过渡过程特性的电压，称为瞬态恢复电压 u_{tr}，如图 2-10 所示，它存在的时间很短，然后，弧隙两端的电压就是电源电压，称为工频恢复电压 u_{sr}，如图 2-10 所示。

工频恢复电压可以说是电弧熄灭以后加在弧隙上的恢复电压稳态值。而瞬态电压则是从熄弧电压过渡到稳态值之间的暂态分量。瞬态恢复电压 u_{tr} 与工频恢复电压 u_{sr} 合起来，称为恢复电压 $u_r(t)$。

在电弧电流过零时，电弧由于失去能量会自然暂时熄灭。此时，弧隙中间同时存在着两个恢复过程，即介质强度恢复过程 $u_d(t)$ 和电源电压恢复过程 $u_r(t)$。如果电源恢复电压高于介质强度，弧隙就会被击穿，电弧重燃。反之，如果恢复电压低于介质强度，电弧便熄灭。可见，开断交流电路时，熄灭电弧的条件为：

$$u_d(t) > u_r(t) \tag{2-5}$$

若将两个恢复过程置于同一坐标图，如图 2-11 所示。当恢复电压按曲线 u_{r1} 变化时，在 t_1 时刻之后，由于恢复电压大于介质强度，电弧就重燃。当按 u_{r2} 曲线变化时，电弧就会熄灭。

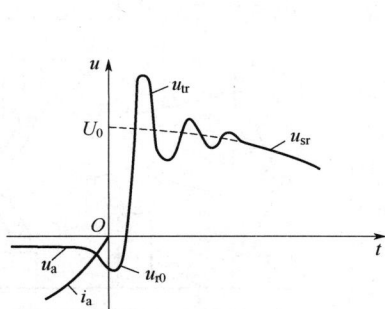

图 2-10　恢复电压的组成

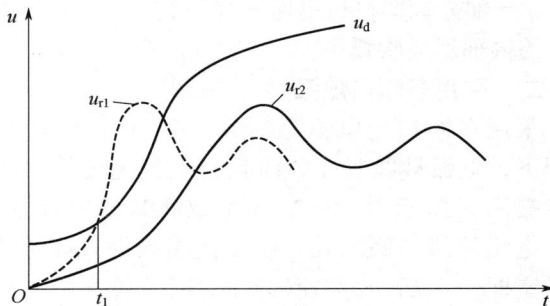

图 2-11　介质强度与恢复电压曲线

任务四　熄灭电弧的基本方法

由交流电弧的特性可知，交流电流每个周期有两次通过零点，电弧两次自然暂时熄灭，因此熄灭交流电弧的主要问题是如何防止电弧重燃。当交流电流过零时，如果采取措施使弧隙介质的绝缘能力达到不会被外加电压击穿的程度，则在下半周电弧就不会重燃而会最终熄灭。即电流过零后电弧是否重燃，取决于弧隙中去游离过程和游离过程的竞争结果。

为此，在开关电器中，广泛采用下面几种方法来熄灭电弧。

一、吹弧

利用气体或油吹动电弧，广泛应用于各种电压的开关电器，特别是高压断路器中。吹弧时电弧被拉长变细，弧隙的电导下降，电弧的温度下降，热游离减弱，复合加快。按吹弧气流的产生方法和吹弧方向的不同，吹弧可分为以下几种。

1．空气中交流电弧的熄灭

（1）在开关电器中，常制成各种形式的灭弧室，使气体或液体产生较高的压力，有力地吹向电弧。吹动电弧的方式有纵吹和横吹两种，如图 2-12 所示。纵吹主要使电弧冷却变细，加大介质压强，加强去游离，使电弧熄灭。而横吹可将电弧拉长，增加弧柱表

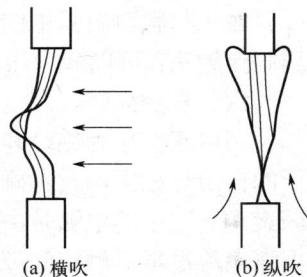

(a) 横吹　　　(b) 纵吹

图 2-12　吹弧方式

面积使冷却加强，熄弧效果较好。不少断路器是采用纵横混合吹弧的方式，效果更好。

（2）空气断路器是利用压缩空气（空气压力为2～3MPa）来吹弧，一般采用纵吹方式。纵吹灭弧室可分为单向和双向两种。单向纵吹结构简单，双向纵吹灭弧能力强，开断容量大。

2．六氟化硫气体吹弧

六氟化硫（SF_6）气体是一种不可燃的惰性气体，它的热导率随温度的不同而变化，其绝缘性能是相同条件下空气绝缘性能的2～3倍，它的灭弧能力要比空气高100倍左右，是比较理想的灭弧介质。当用它吹弧时，采用不高的压力和不太大的吹弧速度就能熄灭高压断路器中的电弧。由于六氟化硫断路器具有开断容量大、电寿命长、开断性能好、无火灾危险等优点，因此受到用户的普遍欢迎。

3．产气管吹弧

产气管由纤维、塑料等有机固体材料制成，电弧燃烧时与管的内壁紧密接触，在高温作用下，一部分管壁材料迅速分解为氢气、二氧化碳等，这些气体在管内受热膨胀，增高压力，向管的端部形成吹弧。

二、采用多断口熄弧

采用多断口把电弧分割成许多小弧段，在相等的触头行程下，电弧被拉长了，而且拉长的速度也成倍增加，因而能提高灭弧能力。图2-13是双断口的灭弧方式。110kV以上电压等级的断路器，往往把相同型式的灭弧室（每个灭弧室即一个断口）串联起来，用于较高的电压等级，称为组合式或积木式结构。

三、采用短弧原理灭弧

在交流电弧电流过零时，阴极附近几乎立即出现150～250V的介质强度，这种现象叫近阴极效应。在低压开关电器中，广泛地利用近阴极效应，将长电弧分割成许多短弧，短弧阴极的介质强度总值大于加在触头上的电压，能把电弧熄灭。这种灭弧方法常用于低压开关电器中。其灭弧装置是一个金属栅灭弧罩，利用将电弧分为多个串联的短弧的方法来灭弧。

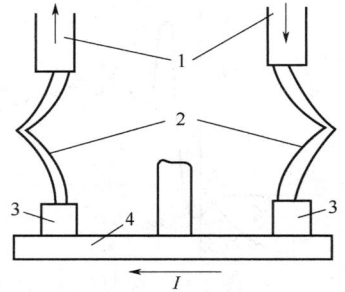

图2-13 双断口断路器
1—静触头；2—电弧；
3—动触头；4—横担

四、固体介质的狭缝狭沟灭弧

低压开关电器中也广泛应用狭缝灭弧装置。触头间产生电弧后，在磁吹装置产生的磁场作用下，将电弧吹入由灭弧片构成的狭缝中，把电弧迅速拉长的同时，使电弧与灭弧片的内壁紧密接触，对电弧的表面进行冷却和吸附，产生强烈的去游离。

五、利用耐高温金属材料制作触头灭弧

触头材料对电弧中的去游离也有一定影响，用熔点高、导热系数和热容量大的耐高温金属制作触头，可以减少热电子发射和电弧中的金属蒸汽，减弱了游离过程，有利于熄灭电弧。

六、真空灭弧

利用真空作为绝缘和灭弧介质是非常理想的灭弧方法。由于真空间隙内的气体稀薄，分子的自由行程大，发生碰撞的概率很小，因此，碰撞游离不是真空间隙击穿产生电弧的主要因素。真空中的电弧是由触头电极蒸发出来的金属蒸汽形成的，具有很强的扩散能力，因而电弧电流过零后触头间隙的介质强度能很快恢复起来，使电弧迅速熄灭。目前真空断路器已在电力系统中得到广泛应用。

任务五 电 气 触 头

一、概述

电气触头是指两个或几个导体间相互接触的部分。例如，母线或导线的接触处及开关电器中的动、静触头，统称为电气触头。特别是开关电器中的触头，它是开关电器的执行元件，因此它的工作可靠与否，直接影响开关电器的质量。在运行中，触头的工作状态不良，往往是造成设备严重事故的主要原因。所以，触头必须具备以下要求：结构可靠；具有良好的导电性能和接触性能，即触头必须有较低的电阻值；通过规定的电流而不过热；具有足够的抗熔焊和抗电弧烧伤的性能；通过短路电流时，具有足够的动稳定性和热稳定性。

触头的质量在很大程度上取决于触头的接触电阻值，因为触头在正常工作和通过短路电流时的发热都与其接触电阻有关。实际上，触头间的接触面并不是全部接触，而仅仅是某些突出点的接触。触头的表面加工状况、表面氧化程度、接触压力及接触情况都会影响接触电阻的数值。

开关电器触头间的接触压力一般是利用触头本身的弹性或附加的弹簧产生的。利用触头本身的弹性不能保证一定的压力，因而也不能保证规定的接触电阻值，当多次接通或断开后，弹性触头可能变形，造成接触不良。一般采用在触头上附加弹簧的方法，使接触压力增加，这样接触电阻较小而且稳定。

用金属材料制成的触头在空气中容易氧化，对接触电阻有很大的影响。金属表面的氧化物一般都是不良导体，氧化程度越严重，氧化层越厚，接触电阻越大。氧化程度与温度有关，当温度在 60℃ 以上时，氧化最为强烈。因此，在可断触头的结构上，可使触头接通或断开时造成较大的摩擦，将触头表面的氧化层自动净化以减小接触电阻。

二、触头的分类

（1）平面触头。这种触头在受到很大的压力时，接触点数和实际接触面仍然较小，自动净化能力弱，压强小，接触电阻较大，只限于低压开关中使用，如闸刀开关和插入式熔断器等。

（2）线触头。在高、低压开关电器中普遍采用线触头。线触头是两个触头间的接触面为线接触，如柱面与平面接触，或两个柱面接触。线接触压力强度较大，在同一压力下，线触头比平面触头的实际接触点多。线触头在接通或断开时，一个触头沿另一个触头的表面滑动，接触压力较大，氧化层易被自净，可减小接触电阻。

（3）点触头。其是指两个触头接触面为点接触，如球面和平面接触，或者两个球面的接触。它的优点是接触点更加固定，接触压力更大，接触电阻稳定；缺点是接触面积小，不易散热。这种触头一般应用在工作电流和短路电流较小的情况，如用于继电器和开关电器的辅助触点。

三、触头结构

1．可断触头

可断触头广泛应用于高低压开关电器中，按其结构的不同，可分为刀形触头、对接式触头、指形触头、梅花形触头。

（1）刀形触头：广泛应用于高压隔离开关和低压刀形开关中，其接触状况可分为面接触和线接触两种。

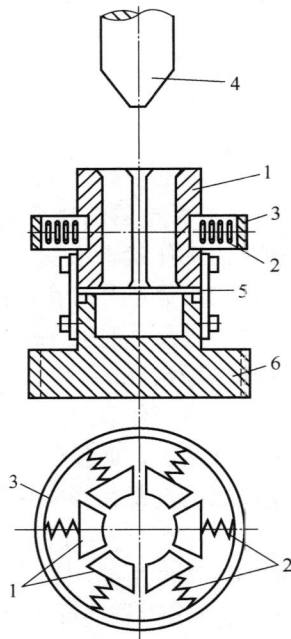

图 2-14 梅花形触头
1—静触头片；2—弹簧；3—环；
4—动触头；5—挠性连接条；
6—触头底座

（2）对接式触头：其结构简单，断开速度比梅花形触头快。但其接触面不稳定，随压力的改变而变化较大；接通和断开时容易发生弹跳；无自净能力，易被电弧烧伤。因此它只适用于额定电流 1000A 以下场合。

（3）指形触头：它由装在载流导体两侧的接触指、楔形触头和夹紧弹簧组成。其特点是动稳定性较好，接通和断开过程中有自净作用。但不易与灭弧室配合，工作表面易受电弧烧损。它在一些新型隔离开关中应用较多。

（4）梅花形触头：又叫插座式触头，其结构如图 2-14 所示。它的静触头是由多片梯形触指组成的插座，动触头是圆形铜导电杆。接通时，导电杆插入插座里，由强力弹簧或弹簧钢片把触指压向导电杆，利用插座的内径与导电杆的外径适当配合，使每片触指内圆的两棱边与圆杆形成线接触，所以接触面工作非常可靠。在接通和断开过程中，导电杆与触指摩擦，使接触面得到自净，所以接触电阻比较稳定。由于导电杆运动方向与触头间的压力方向垂直，因此接通时触头的弹跳小。又由于触指片间以及触指与导电杆之间的电流是同一方向的，电动力趋向于使触指压紧导电杆，因此短路时具有很好的动稳定性。但是由于梅花形触头较复杂，导致允许通过的电流受到限制，断开时间也较长。

2．固定触头

固定触头是指连接导体之间不能相对移动的触头，如母线之间、母线与电器的引出端头的连接等。固定触头的接触表面都应有适当的防腐措施，以防止外界的侵蚀，保证可靠性和耐久性。防腐的方法一般是在触头连接后，在外面涂以绝缘漆或中性凡士林油等。

3．滑动触头

滑动触头是指被连接的导体总是保持接触，能由一个接触面沿着另一个接触面滑动的触头，如电机中的滑环和碳刷、滑线电阻等。

习题与思考题

2-1 什么是碰撞游离、热游离、去游离？它们在电弧的形成和熄灭过程中起何作用？

2-2 直流电弧稳定燃烧的条件是什么？灭弧栅和灭弧室在灭弧原理上有何差别？

2-3 交流电弧电流有何特点？熄灭交流电弧的条件是什么？

2-4 在直流和交流电弧中，将长电弧分割成短电弧灭弧是利用了什么原理？

2-5 电气触头主要有哪几种接触形式？各有什么特点？

学习情境三　发电厂一次设备与载流导体

理解高压开关电器的类型、型号、结构特点；重点掌握各类断路器的工作原理以及用途；掌握隔离开关、高压负荷开关、高压熔断器的作用以及工作原理；掌握互感器的作用、工作原理以及接线方式；掌握母线、电缆、绝缘子、限流电器的工作原理、结构及应用；掌握各类低压开关电器的工作原理及应用。

任务一　高压开关电器

高压开关电器是发电厂、变电所等各类配电装置中不可缺少的电气设备。开关电器的作用是：正常工作情况下可靠地接通或断开电路；在改变运行方式时进行切换操作；当系统中发生故障时迅速切除故障部分，以保证非故障部分的正常运行；在设备检修时隔离带电部分，以保证工作人员的安全。

高压开关电器的种类，按不同的方法分类如下。

1．按安装地点分类

高压开关电器按安装地点分为屋内式和屋外式两类，其中 110kV 以下的高压开关电器既有屋内式，也有屋外式；110kV 及以上的高压开关电器，主要为屋外式。

2．按功能分类

（1）高压断路器。高压断路器是既用来断开或关合正常工作电流，也用来断开过负荷电流或短路电流的开关电器。它是开关电器中最复杂、最重要、性能最完善的一类设备。

（2）隔离开关。隔离开关是一种主要用于检修时隔离电压或运行时进行倒闸操作的开关电器，它也可以用来开断或关合小电流电路。

（3）高压负荷开关。高压负荷开关是一种能在正常情况下开断和关合工作电流的开关电器，也可以开断过负荷电流，但不能开断短路电流。因此，一般情况下高压负荷开关要与高压熔断器配合使用。

（4）高压熔断器。高压熔断器是用来自动断开短路电流或过负荷电流的开关电器。

一、高压断路器

（一）高压断路器的用途

高压断路器是高压电器中最重要的设备，是电力系统中控制和保护电路的关键设备。它在电网中的作用有两方面：其一是控制（操作）作用，即根据电力系统的运行要求，接通或断开工作电路；其二是保护作用，当系统中发生故障时，在继电保护装置的作用下，断路器自动断开故障部分，以保证系统中无故障部分的正常运行。

（二）高压断路器的基本参数

（1）额定电压。指断路器长时间运行能承受的正常工作电压。它不仅决定了断路器的绝缘水平，而且在相当程度上决定了断路器的总体尺寸和灭弧条件。由于输电线路有电压降，电网不同地点的电压可能高出额定电压 10% 左右，使断路器可能在高于额定电压下长期工作，故制造厂规定断路器的最高电压对于 10～220kV 为 1.15 倍额定电压，对于 330kV 及以上为 1.1 倍额定电压。

（2）额定电流。是断路器的触头结构和导电部分在规定环境温度下允许通过的长期工作电流，其相应的发热温度不会超过国家标准。它决定了断路器触头及导电部分的截面，并且在某种程度上也决定了它的结构。

（3）额定开断电流。指断路器在额定电压下能可靠开断的最大短路电流的有效值。它表征断路器的开断能力。开断电流与电压有关，当断路器降低电压等级使用（例如 10kV 断路器用于 3～6kV 电网）时，具有相应增大的开断电流，但有一个最大值，称其为极限开断电流。

（4）额定开断容量。断路器的开断能力也可间接用开断容量 S_{kd} 来表示，在三相电路中其大小等于额定电压与额定开断电流乘积的 $\sqrt{3}$ 倍。

（5）动稳定电流。表明断路器在冲击短路电流作用下，承受电动力的能力，其值由导电和绝缘等部件的机械强度决定。

（6）热稳定电流。表明断路器承受短路电流热效应的能力，一般用通电时间（一般取 4s）和最大电流有效值来综合表示。

（7）开断时间。从操作机构跳闸线圈接通跳闸脉冲起，到三相电弧完全熄灭时止的一段时间称为断路器的开断时间，它等于断路器的固有分闸时间 t_g 和熄弧时间 t_{xh} 之和，即：

$$t_{kd} = t_g + t_{xh}$$

其中固有分闸时间 t_g 是从跳闸线圈接通跳闸脉冲到动、静触头刚分离的一段时间；熄弧时间 t_{xh} 是从触头刚分离到各相电弧熄灭的时间。

（三）高压断路器的分类和型号

1．高压断路器的分类

高压断路器按安装地点可分为屋内式和屋外式两种；按所采用的灭弧介质可以分为真空断路器、SF$_6$ 断路器和压缩空气断路器等几种。

（1）真空断路器。这是一种利用真空的高介电强度来灭弧的断路器。目前真空断路器发展很快，已广泛用于 35kV 及以下的电力系统中。

（2）六氟化硫断路器。采用六氟化硫（SF$_6$）气体作灭弧介质和绝缘介质的断路器，称为六氟化硫断路器。六氟化硫是一种无色、无味并具有优良灭弧性能和绝缘性能的气体。这是一种发展很快的断路器，目前在 110kV 及以上系统中应用较多，在 10～35kV 系统中也有应用。

2．高压断路器的型号

高压断路器的型号、规格一般用文字符号和数字组合的方式表示，如图 3-1 所示。

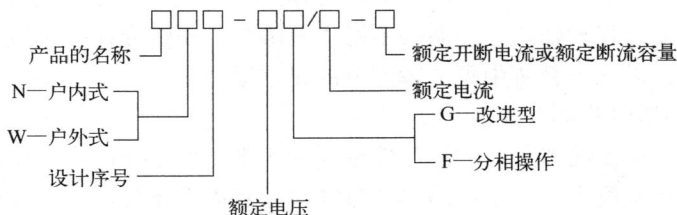

图 3-1 高压断路器的型号、规格示意图

高压断路器型号主要由以下七个单元组成。

（1）第一单元。产品的名称：S—少油断路器；D—多油断路器；K—空气断路器；L—六氟化硫断路器；Z—真空断路器；Q—自产气断路器；C—磁吹断路器。

（2）第二单元。装设地点代号：N—户内式；W—户外式。

（3）第三单元。设计序号，以数字表示。

（4）第四单元。额定电压，kV。

（5）第五单元。其他补充工作特性标志：G—改进型；F—分相操作。

（6）第六单元。额定电流，A。

（7）第七单元。额定开断电流，kA；或额定开断容量，MVA。

例如：型号为 ZN21-10/1250-25 的断路器，其含义表示为：真空断路器、户内式、设计序号 21，额定电压 10kV，额定电流 1250A，额定开断电流 25kA。

（四）真空断路器

真空断路器利用真空度约为 $10^{-4}Pa$（运行中不低于 $10^{-2}Pa$）的高真空作为内绝缘和灭弧介质。真空度就是气体的绝对压力与大气压的差值，表示气体稀薄的程度。气体的绝对压力值越低，真空度就越高。当灭弧室内被抽成 $10^{-4}Pa$ 的高真空时，其绝缘强度要比绝缘油、一个大气压力下的 SF_6 和空气的绝缘强度高很多。真空间隙的气体稀薄，分子的自由行程较大，发生碰撞游离的概率很小。所以，真空击穿产生的电弧是在触头蒸发出来的金属蒸气的作用下形成的。

1．真空断路器的基本结构

真空断路器的总体结构除了采用真空灭弧室外，与油断路器相似。它由真空灭弧室、绝缘支撑、传动机构、操动机构、机座（框架）等组成，如图 3-2 所示。导电回路由导电夹、软连接、出线板通过灭弧室两端组成。

真空断路器的固定方式不受安装角度的限制，它可以水平安装，也可以垂直安装，还可以按任意角度安装。因此，真空断路器有多种总体结构形式。按真空灭弧室的布置方式可分为落地式和悬挂式两种基本形式，以及这两种方式相结合的综合式和接地箱式。落地式真空断路器，是将真空灭弧室安装在上方，用绝缘子支持，操动机构设置在底座的下方，上下两部分由传动机构通过绝缘杆连接起来。图 3-2 所示为落地式的一种。落地式机构的优点为：传动效率高，分合闸操作时直上直下传动环节少，摩擦阻力小；稳定性好，操作时振动小；便于操作人员观察和更换灭弧室；产品系列性强，而且容易实现户内外产品的相互交换。落地式机构的缺点为：总体高度较高，操动机构检修不方便。

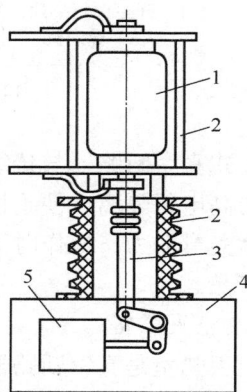

图 3-2　真空开关基本组成部分示意图
1—开断装置；2—绝缘支撑；3—传动机构；
4—基座；5—操动机构

悬挂式真空断路器是将真空灭弧室用绝缘子悬挂在底座框架的前方，而操动机构设置在后方（即框架内部），前后两部分用（绝缘传动）杆连接起来。

图 3-3 所示为 ZN28-10 型真空断路器外形图。它采用悬挂式结构，真空断路器装在一个

手车上，主要由机架、真空灭弧室及传动系统组成。机架由钢板及角钢焊接而成，装有中间封接式纵向磁场真空灭弧室，主轴通过绝缘拉杆、小拐臂与真空灭弧室动导电杆连接，使断路器实现分、合闸。各相支撑杆是用玻璃纤维压制而成，绝缘性能好，机械强度高，各相灭弧室间无须另加相间隔板。

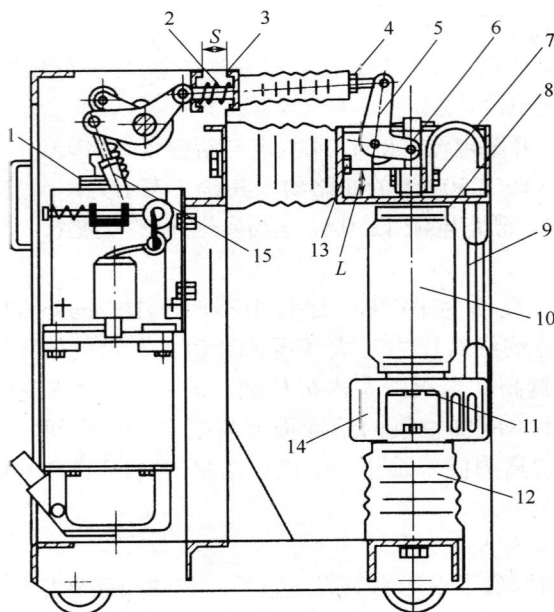

图 3-3 ZN28-10 型真空断路器外形图

1—开距调整垫片；2—触头压力弹簧；3—弹簧座；4—接触行程调整螺栓；5—拐臂；
6—导向板；7—导电紧固螺栓；8—上支架；9—支撑杆；10—真空灭弧室；
11—真空灭弧室固定螺栓；12—绝缘子；13—绝缘子固定螺栓；
14—下支架；15—输出杆；L—行程；S—接触行程

悬挂式真空断路器与传统的少油断路器机构类似，宜用于手车式开关柜。其优点是：操动机构与高电压隔离，便于检修。这种机构的缺点是：总体深度尺寸大，用铁多，质量重；绝缘子承受弯曲力；操作时灭弧室振动大；传动效率不高。因此，它一般只适用于中等电压以下的产品。

2．真空灭弧室

真空灭弧室是真空断路器中最重要的部件，其结构如图 3-4 所示。

真空灭弧室的外壳是由绝缘筒、两端的金属盖板和波纹管所组成的密封容器。灭弧室内有一对触头，静触头焊接在静导电杆上，动触头焊接在动导电杆上，动导电杆在中部与波纹管的一个断口焊在一起，波纹管的另一端口与动端盖的中孔焊接，动导电杆从中孔穿出外壳。由于波纹管可以在轴向上自由伸缩，故这种结构既能实现在灭弧室外带动动触头作分合运动，又能保证真空外壳的密封性。

由于大气压力的作用，灭弧室在无机械外力作用时，其动静触头始终保持闭合位置，当外力使动导电杆向外运动时，触头才分离。

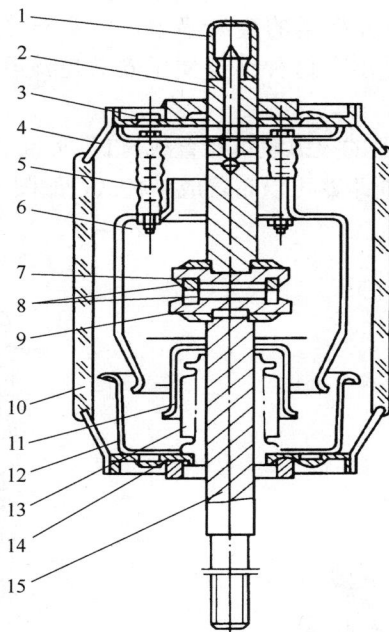

图 3-4　ZN-10 型真空灭弧室结构图

1—外保护帽；2—静导电杆；3—静端盖板；4—可伐环；5—瓷柱；6—屏蔽筒；
7—静跑弧面；8—触头；9—动跑弧面；10—玻壳；11—保护罩；12—屏蔽罩；
13—波纹管；14—动端盖板；15—动导电杆

（五）六氟化硫（SF_6）断路器

1．SF_6气体的特性

SF_6气体是一种无色、无臭、无毒和不可燃的惰性气体，化学性能稳定。静止 SF_6 气体中的灭弧能力是空气的 100 倍以上，具有优良的灭弧和绝缘性能。

SF_6 气体灭弧性能特别强的原因主要有以下三点：第一，SF_6 气体的分子在分解时吸收的能量多，对弧柱的冷却作用强；第二，SF_6 气体在高温时分解出的硫、氟原子和正负离子，与其他灭弧介质相比，在同样的弧温时有较大的游离度，在维持相同游离度时弧柱温度较低，因此 SF_6 气体中电弧电压较低，燃弧时的电弧能量小，对灭弧有利；第三，SF_6 气体分子的负电性强。所谓负电性，是指 SF_6 气体吸附自由电子而形成负离子的特性，SF_6 气体负电性强，加强了去游离，降低了导电率。在电弧电流过零后，弧柱温度将急剧下降，分解物将急速复合。因此，SF_6 气体弧隙的介质性能恢复速度很高，能耐受很高的恢复电压，电弧在电流过零后不易重燃。

在 SF_6 断路器中，在水分参与下将产生强腐蚀性的分解产物 HF，这种物质对绝缘材料、金属材料、玻璃、电瓷等含硅材料有很强的腐蚀性，因此必须严格控制 SF_6 气体中的水分，常采用的措施有：加强断路器的密封；组装断路器时，先要对零部件进行彻底烘干；严格控制 SF_6 气体中的含水量；严格控制断路器充气前的含水量；在 SF_6 断路器内部加装吸附剂。

2．SF_6断路器的结构类型

SF_6 断路器结构按照对地绝缘方式不同可分为以下两种类型。

（1）落地罐式。这种断路器的总体结构与多油断路器相似，如图 3-5 所示。它把触头和灭弧室装在充有 SF$_6$ 气体并接地的金属罐中，触头与罐壁间的绝缘采用环氧支持绝缘子，引出线靠绝缘瓷套管引出。这种结构便于安装电流互感器，抗震性能好，但系列性能差。

（2）瓷柱式。瓷柱式断路器的灭弧室可布置成"T"形或"Y"形，220kV SF$_6$ 断路器随着开断电流增大，制成单断口断路器可以布置成单柱式，如图 3-6 所示。灭弧室位于高电位，靠支柱绝缘瓷套对地绝缘。

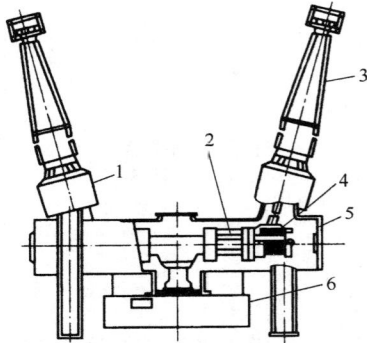

图 3-5　500kV SFMT 型 GCB

1—套管式电流互感器；2—灭弧室；3—套管；
4—合闸电阻；5—吸附剂；
6—操作机构箱

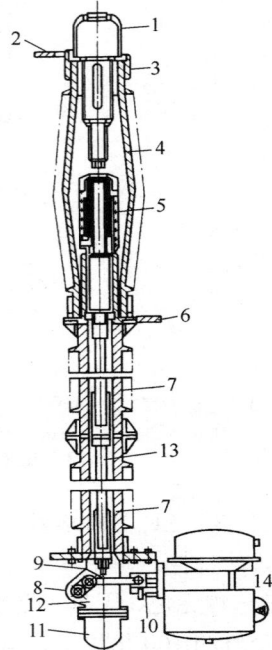

图 3-6　单压式定开距灭弧室绝缘套支柱型断路器

1—帽；2—上接线板；3—密封圈；4—灭弧室；5—动触头；
6—下接线板；7—支柱绝缘套；8—轴；9—操作机构
传动杆；10—辅助开关传动杆；11—吸附剂；
12—传动机构箱；13—液压机构；14—操作拉杆

3．灭弧室结构及灭弧过程

SF$_6$ 断路器灭弧室的结构基本上可分为单压式和双压式两种。

（1）单压式（压气式）灭弧室。单压式灭弧室又称压气式灭弧室。它只有一个气压系统，即常态时只有单一的 SF$_6$ 气体。灭弧室的可动部分带有压气装置，分闸过程中，压气缸与触头同时运动，将压气室内的气体压缩。触头分离后，电弧即受到高速气流纵吹而将电弧熄灭。

单压式灭弧室又分为变开距和定开距两种。图 3-7 所示为变开距单压式灭弧室的工作原理。

压力活塞是固定不动的，图 3-7（a）所示触头在合闸位置。分闸时，操动机构通过拉杆使动触头、动弧触头、绝缘喷嘴和压气缸运动，在压力活塞与压气缸之间产生压力。图 3-7（b）所示为产生压力的情况。当动静触头分离后，触头间产生电弧，同时压气缸内 SF$_6$ 气体在压力作用下吹向电弧，使电弧熄灭，如图 3-7（c）所示。当电弧熄灭后，触头在分闸位置，如图 3-7（d）所示。因为电弧可能在触头运动的过程中熄灭，所以这种结构的灭弧室称为变开距灭弧室。在定开距灭弧室中，压气活塞是固定不动的，静触头与动触头之间的开距也是固定不变的。

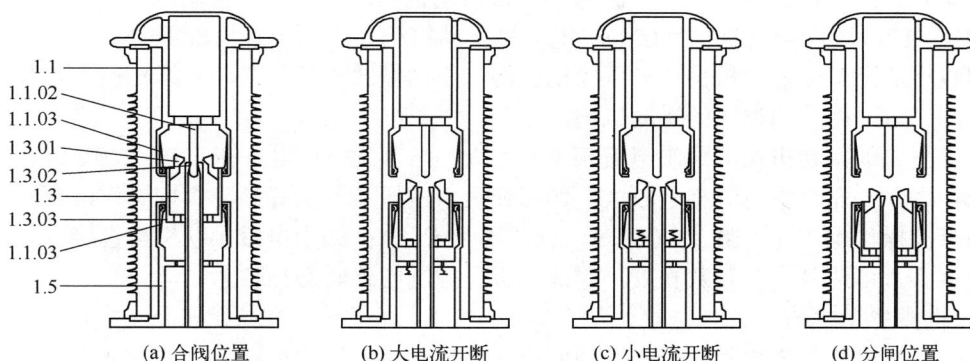

图 3-7　变开距单压式灭弧室工作原理

(a) 合阀位置　　(b) 大电流开断　　(c) 小电流开断　　(d) 分闸位置

1.1—静触头；1.1.02—静弧触头；1.1.03—主触头；1.3—开断单元；1.3.01—喷嘴；
1.3.02—动触头；1.3.03—气缸；1.5—触头下支座

（2）双压式灭弧室。它有高压和低压两个气压系统。灭弧时，高压室控制阀打开，高压 SF_6 气体经过喷嘴吹向低压系统，再吹向电弧使其熄灭。灭弧室内正常时充有高压气体的称为常充高压式；仅在灭弧过程中才充有高压气体的称为瞬时充高压式。

单压式结构简单，但开断电流小、行程大，固有分闸时长，而且操动机构的功率大。近年来，单压式 SF_6 断路器广泛采用了大功率液压机构和双向吹弧，并逐渐取代双压式。

4．LW29-126 型断路器

下面以 LW29-126 型断路器为例介绍 SF_6 断路器的结构及工作原理。

（1）LW29-126 型断路器结构。其外形如图 3-8 所示，三相固定在一个公共底架上，各相的 SF_6 气体都与总气管连通。灭弧室与支持绝缘子装成一个独立的 SF_6 气舱，有一个单向阀门，可以满足存留 0.03～0.05MPa 气体运输，总体安装时连上气体管路，阀门自动打开，气体互相贯通，相互拆卸分离时，阀门自动关闭，每相在出厂之前已经经过气体泄漏检测和水分处理，现场安装后，可以直接充入干燥的 SF_6 气体，故安装简单可靠。

（2）灭弧室的原理基于一优化灭弧控制装置，分闸时，灭弧室电弧能量加热 SF_6 气体，提高气缸内 SF_6 气压，弹簧操动机构仅提供开断时动触头系统运动所必须的能量（见图 3-7）。灭弧室分为两部分，开断大电流时，上部因短路电流的电弧产生灭弧气压，下部的压力由下阀门控制，故而由操动机构提供的压缩能是很小的。在开断小电流时，灭弧室下部的气体因压缩而增压，灭弧室上下

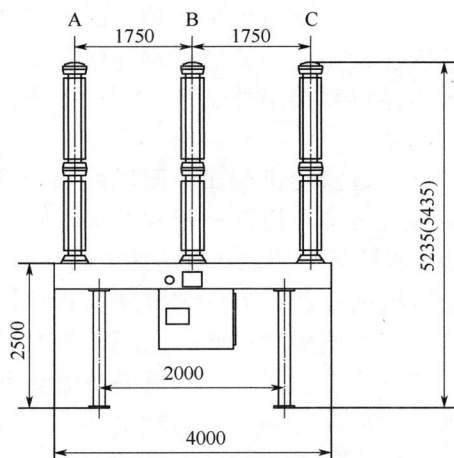

图 3-8　LW29-126 型断路器外形

两部分的压力差使得上部阀门打开，压缩气体通过喷嘴喷出熄灭电弧。

（六）断路器操动机构

操动机构是高压断路器整个操作系统中的主要部分，是断路器本身附带的合、跳闸传动装置，用来使断路器合闸或维持闭合状态，或使断路器跳闸。在操动机构中均设有合闸机构、维持机构和跳闸机构。由于动力来源的不同，操动机构可分为电磁操动机构（CD）、弹簧操动机构（CT）、液压操动机构（CY）、电动机操动机构（CJ）、气动操动机构（CQ）等。其中应用较广的是弹簧操动机构和液压操动机构。不同型式的断路器，根据传动方式和机械荷载的不同，可配用不同型式的操动机构。

各种型式的操动机构的跳闸电流相差都不大。当直流操作电压在 $110\sim220\text{V}$ 时，一般在 $0.5\sim5\text{A}$ 之间。而合闸电流相差较大，如用弹簧、液玉、气压等操动机构操作，合闸电流较小，当直流操作电压在 $110\sim220\text{V}$ 时，一般不大于 5A；如用电磁操动机构直接合闸，则合闸电流很大，可达几十安到数百安，对此在设计控制回路时必须注意。

1. 电磁操动机构

电磁操动机构是靠电磁力进行合闸的机构，这种机构结构简单、加工方便、运行可靠，是我国断路器过去应用较普遍的一种操动机构。由于利用电磁力直接合闸，合闸电流很大，可达几十安至数百安，所以合闸回路不能直接利用控制开关触点接通，必须采用中间接触器（即合闸接触器），利用接触器灭弧装置的触头去接通合闸线圈。

电磁操动机构是一种悬挂式结构，主要由机构、电磁系统、底座三部分组成。机构安装在操动机构上部的铸铁支架上，支架下面的板构成合闸电磁铁磁路的一部分，其右面装有脱扣电磁铁，动铁芯露在外面可用手力脱扣，支架的左面和右上侧装有辅助开关，在支架的前面装有接线板，整个机构的辅助开关及接线板用一个可拆卸的外壳罩住，外壳正面有一窗孔可观察表示操动机构位置的指示牌。

为便于手力合闸，由用户自备一根长 $500\sim800\text{mm}$、内径为 25mm 的水煤气管套在合闸曲柄上，即可进行合闸操作。

2. 弹簧操动机构

弹簧操动机构是靠预先储存在弹簧内的位能来进行合闸的机构。这种机构不需要配备附加设备，弹簧储能时耗用功率小（用 1.5kW 的电动机储能），因而合闸电流小，合闸回路可直接用控制开关触点接通。目前其广泛使用于少油断路器、真空断路器和 SF_6 断路器。

弹簧操动机构在合闸以前必须将弹簧上紧，上紧弹簧可以用电机也可以用手力。弹簧操动机构采用三夹板式结构，储能电机安装在右侧板下方，电机的输出轴与齿轮轴连接，通过齿轮传动，驱动储能轴。手力储能的一对圆锥齿均安装在中侧板和左侧板之间，中侧板的左侧上方安装分闸电磁铁，下方安装合闸电磁铁。机构输出轴、凸轮连杆机构安装在右侧板和中侧板之间，两根合闸簧对称分布在左右侧板外侧，从而使各部件受力合理，稳定性好。左侧板的外侧装有磁吹式行程开关。右侧板内上侧装有"分、合"指示，中间装有储能状态指示。

3. 液压操动机构

液压操动机构是靠压缩气体（氮气）作为能源，以液压油作为传递媒介来进行合闸的机构。此种机构所用的高压油预先储存在贮油箱内，用功率较小（1.5kW）的电动机带动油泵运转，将油压入贮压筒内，使预压缩的氮气进一步压缩，从而不仅合闸电流小，合闸回路可直接用控制开关触点接通，而且压力高、转动快、动作准确、出力均匀。目前我国 110kV 及以上的少油断路器及 SF_6 断路器广泛采用这种操动机构。

4．气动操动机构

气动操动机构是以压缩空气储能和传递能量的机构。此种机构功率大、速度快，但结构复杂，需配备空气压缩设备，所以，只应用于空气断路器上。气动操动机构的合闸电流也较小，合闸回路中也可直接用控制开关触点接通。

二、隔离开关

隔离开关又称隔离刀闸，是一种高压开关电器。因为它没有专门的灭弧装置，故不能用来切断负荷电流和短路电流。使用时应与断路器配合，只有在断路器处于断开位置后，隔离开关才允许进行操作。隔离开关在分闸位置时，动静触头间形成明显可见的断口，绝缘可靠。

1．隔离开关的作用与要求

在电力系统中，隔离开关的主要作用如下。

（1）隔离电源。将需要检修的线路或电气设备与带电的电网隔离，以保证检修人员及设备的安全。

（2）倒闸操作。在双母线的电路中，可利用隔离开关将设备或线路从一组母线切换到另一组母线，实现运行方式的改变。

（3）接通和断开小电流电路。隔离开关可以直接操作小电流电路，例如：接通和断开电压互感器和避雷器电路；接通和断开电压为 10kV、长 5km 以内的空载配电线路；接通和断开电压为 35kV、容量为 1000kVA 及以下和电压为 110kV、容量为 3200kVA 及以下的空载变压器；接通和断开电压为 35kV、长度在 10km 以内的空载输电线路。

按照隔离开关所担负的任务，其应满足以下要求。

（1）隔离开关应具有明显的断开点，以便于确定被检修的设备或线路是否与电网断开。

（2）隔离开关断开点之间应有可靠的绝缘，以保证在恶劣的气候条件下也能可靠工作，并在过电压及相间闪络的情况下，不致从断开点击穿而危及人身安全。

（3）隔离开关应具有足够的热稳定性和动稳定性，尤其不能因电动力的作用而自动断开，否则将引起严重事故。

（4）隔离开关的结构要简单，动作要可靠。

（5）带有接地闸刀的隔离开关必须有连锁机构，以保证先断开隔离开关，然后再合上接地闸刀；先断开接地闸刀，然后再合上隔离开关的操作顺序。

（6）隔离开关要装有和断路器之间的连锁机构，以保证正确的操作顺序，杜绝隔离开关带负荷操作事故的发生。

2．隔离开关的技术参数、分类和型号

（1）隔离开关的主要技术参数如下。

1）额定电压：指隔离开关长期运行时所能承受的工作电压。

2）最高工作电压：指隔离开关能承受的超过额定电压的最高电压。

3）额定电流：指隔离开关可以长期通过的工作电流。

4）热稳定电流：指隔离开关在规定的时间内允许通过的最大电流。它表明了隔离开关承受短路电流热稳定的能力。

　　5）极限通过电流峰值：指隔离开关所能承受的最大瞬时冲击短路电流。

　　（2）隔离开关分类。隔离开关种类很多，按不同的分类方法分类如下。

　　1）按装设地点的不同，可分为户内式和户外式两种。

　　2）按绝缘支柱数目，可分为单柱式、双柱式和三柱式三种。

　　3）按动触头运动方式，可分为水平旋转式、垂直旋转式、摆动式和插入式等。

　　4）按有无接地闸刀，可分为无接地闸刀、一侧有接地闸刀、两侧有接地闸刀三种。

　　5）按操动机构的不同，可分为手动式、电动式、气动式和液压式等。

　　6）按极数的不同，可分为单极、双极、三极三种。

　　7）按安装方式的不同，可分为平装式和套管式等。

隔离开关的型号、规格一般用文字符号和数字组合的方式表示如下：

$$\boxed{1}\boxed{2}\boxed{3}-\boxed{4}\boxed{5}\,/\,\boxed{6}$$

代表意义如下。

　　1）第一单元。产品字母代号，G—隔离开关。

　　2）第二单元。安装场所代号，N—户内式，W—户外式。

　　3）第三单元。设计序列顺序号，用数字 1、2、3、……表示。

　　4）第四单元。额定电压，kV。

　　5）第五单元。其他标志，T—统一设计，G—改进型，D—接地刀闸，K—快分型等。

　　6）第六单元。额定电流，A。

　　3．户内式隔离开关

　　户内式隔离开关采用闸刀形式，有单极和三极两种。闸刀的运动方式为垂直旋转式。其基本结构包括导电回路、传动机构、绝缘部分和底座等。

　　我们以 GN19 系列隔离开关为例，对户内式隔离开关的结构和工作原理进行介绍。

　　GN19 系列隔离开关按其结构特征分为 GN19-10 型（平装型）和 GN19-10C 型（穿墙型）两类。GN19-10 型隔离开关的每相导电部分通过两个支柱绝缘子固定在底架上；GN19-10C 型又分为 C1、C2、C3 三种穿墙形式，其中，C1、C2 型的一侧为支柱绝缘子，另一侧为瓷套管，C3 则两侧均为瓷套管。

　　导电回路主要由闸刀（动触头）、静触头和接线端等组成。静触头固定在支柱绝缘子上。动触头由每相两片槽形铜片组成，合闸时用弹簧紧紧地夹在静触头两边形成线接触，以保证触头间的接触压力和压缩行程。对额定电流大（1000A 及以上）的隔离开关普遍采用磁锁装置来加强动、静触头间通过短路电流时的接触压力。磁锁装置是由装在两闸刀外侧的两片钢片组成，当短路电流沿闸刀流向静触头时，闸刀外侧的两片钢片受磁力的作用互相吸引，增加了两闸刀对静触头的接触压力，从而保证触头对短路电流的稳定性。

　　在底架上安装有限位板（停挡）以保证导电触刀分、合时到达所要求的终点位置。图 3-9 为 GN19-10/400、630 型隔离开关的外形图。

　　隔离开关和配用的操动机构［CS6-1T（G）型］可以水平、垂直或倾斜安装在开关柜内，也可以安装在支柱、墙壁、横梁、天花板及金属构架上。

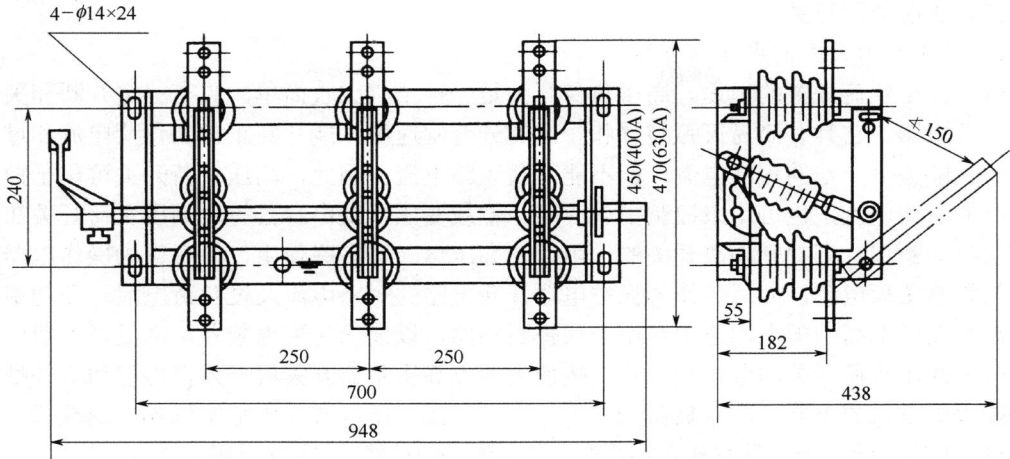

图 3-9　GN19-10/400、630 型隔离开关外形图（mm）

4．户外式隔离开关

户外式隔离开关可分为单柱式、双柱式和三柱式等。

下面介绍 GW4A-126GD 型隔离开关。图 3-10 为 GW4A-126GD 型隔离开关外形图。它采用双柱式结构，借助连杆构成三相连动。每极有两个棒式绝缘子，并组成"∏"形装在同一个底座内的两个轴承座上。闸刀做成两段式，各固定在棒式绝缘子的顶端，与可动触头成楔形连接。操动机构动作时，两个棒式绝缘子同速反向旋转 90°，使隔离开关断开或接通。

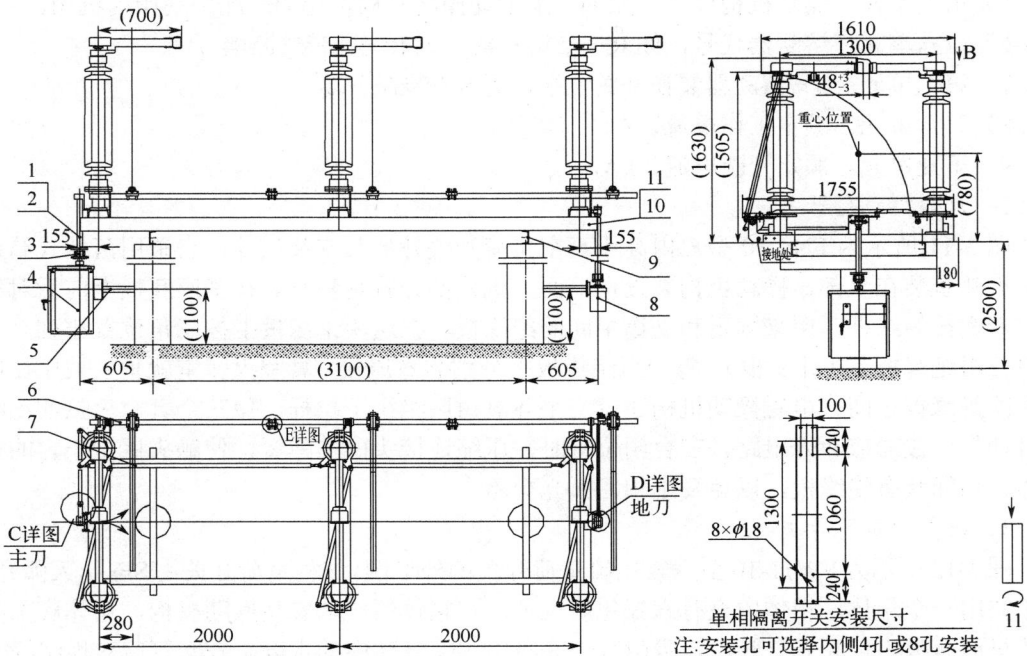

图 3-10　GW4A-126GD 型隔离开关型外形图（mm）

三、高压负荷开关

1．高压负荷开关的用途及类型

（1）高压负荷开关的用途。高压负荷开关是一种结构比较简单，具有一定开断和关合能力的开关电器。它具有简易灭弧装置和一定的分合闸速度，能开断正常的负荷电流和过负荷电流，也能关合一定的短路电流，但不能开断短路电流。因此，高压负荷开关可用于控制供电线路的负荷电流，也可用来控制空载线路、空载变压器及电容器等。高压负荷开关在分闸时有明显的断口，可起到隔离开关的作用，与高压熔断器串联使用，前者作为操作电器投切电路的正常负荷电流，而后者作为保护电器开断电路的短路电流及过负荷电流。在功率不大或可靠性要求不高的配电回路中可用于代替断路器，以便简化配电装置，降低设备费用。

（2）高压负荷开关的分类和型号。按使用地点高压负荷开关可分为户内型和户外型。

按灭弧方式的不同，高压负荷开关可分为产气式、压气式、压缩空气式、油浸式、真空式、SF_6 式等。近年来，真空式发展很快，在配电网中得到了广泛应用。

按是否带熔断器高压负荷开关可分为带熔断器和不带熔断器两种。

高压负荷开关的型号一般由文字符号和数字组合而成，表示方式如下：

$$\boxed{1}\boxed{2}\boxed{3} - \boxed{4}\boxed{5}\boxed{6}\boxed{7} / \boxed{8}\boxed{9}$$

代表意义如下。

1）第一单元。F—负荷开关；Z—真空负荷开关。

2）第二单元。N—户内型；W—户外型。

3）第三单元。设计序号。

4）第四单元。额定电压，kV。

5）第五单元。操动机构代号，如 D—配电动操动机构，无 D—配手动操动机构。

6）第六单元。熔断器代号，如 R—带熔断器，无 R—不带熔断器。

7）第七单元。S—熔断器装在开关上端，无 S—装在下端。

8）第八单元。额定工作电流，A。

9）第九单元。额定开断电流，kA。

2．户内型负荷开关

图 3-11 所示为 FN4-10 型户内高压真空负荷开关外形及安装尺寸，它采用落地式结构，真空灭弧室装在上部，操动机构装设在下面，机构部分就是基座。在基座底板上前后对称地竖立着两排绝缘杆，用来固定和支撑中间的绝缘板。在这块绝缘板上按三角位置排列，又竖立着三组绝缘杆（共计 9 根），每一组绝缘板上分别装着压板，真空灭弧室就垂直被压在压板和中间绝缘板之间。电磁操动机构通过三个环氧树脂绝缘子拉杆，使三个真空灭弧的动触头同时动作，接通或断开电路。在合闸位置时，压缩连接头内的弹簧，使触头保持一定的接触压力。相间装有绝缘板，以免发生相间弧光短路。

3．户外型负荷开关

图 3-12 所示为 FW11-10 型六氟化硫负荷开关的外形图。这种负荷开关用 SF_6 作灭弧介质。三相共用一个箱体，箱体内充有六氟化硫气体。在箱体的一端安装操动机构，箱体底部吸附剂罩里面有吸附剂和充气阀门，吸附剂用来吸附 SF_6 气体中的水分。瓷套管起对地绝缘、支持动静触头和引出接线端子的作用。

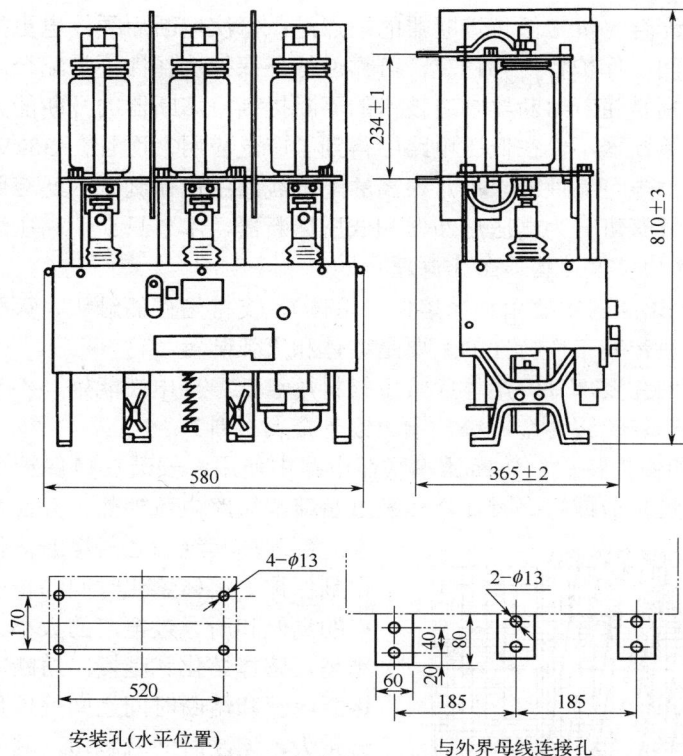

图 3-11 FN4-10 型真空负荷开关外形及安装尺寸（mm）

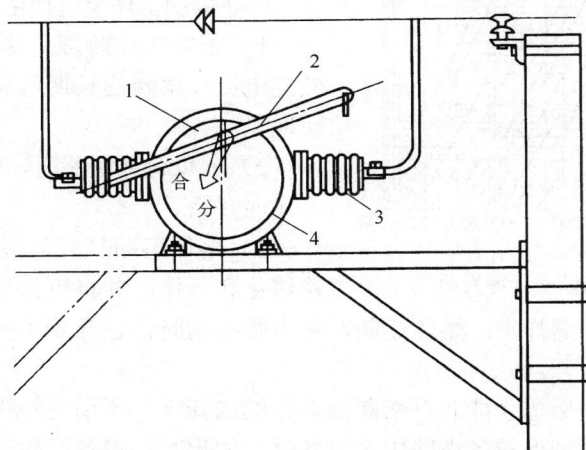

图 3-12 FW11-10 型六氟化硫负荷开关的外形图

1—端盖；2—操动机构；3—绝缘子；4—箱体

四、高压熔断器

1．熔断器的作用与特点

熔断器是最简单和最早使用的一种保护电器。它串联在电路中，当电路发生短路或过负荷时，熔体熔断，切断故障电路，使电气设备免遭损坏，并维持电力系统其余部分的正常工作。熔断器的优点是：结构简单，体积小，布置紧凑，使用方便；动作直接，不需要继电器保护和二次回路相配合；价格低。熔断器的缺点是：每次熔断后须停电更换熔件才能再次使用，增加了停电时间；保护特性不稳定，可靠性低；保护选择性不易配合。但由于它价格低廉、简单实用，特别是随着熔断器制造技术的不断提高，熔断器的开断能力、保护特性等都有所提高，所以，熔断器不仅在低压电路中得到了广泛应用，而且在 35kV 及以下的小容量高压电路，特别是供电可靠性要求不是很高的配电线路中也得到了广泛应用。

熔断器按电压等级可分为高压熔断器和低压熔断器，本节只介绍高压熔断器。

2．高压熔断器的基本结构、工作原理

1）基本结构。熔断器主要由金属熔件（熔体）、支持熔件的触头、灭弧装置和绝缘底座等部分组成。其中决定其工作特性的主要是熔体和灭弧装置。

熔体是熔断器的主要部件。熔体应具备材料熔点低、导电性能好、不易氧化和易于加工等特点，一般选用铅、铅锡合金、锌、铜、银等金属材料。

2）工作原理和保护特性。熔断器串联在电路中使用，安装在被保护设备或线路的电源侧。当电路中发生过负荷或短路时，熔体被过负荷或短路电流加热，并在被保护设备的温度未达到破坏其绝缘之前熔断，使电路断开，设备得到保护。熔体熔化时间的长短，取决于熔体熔点的高低和所通过电流的大小。熔体材料的熔点越高，熔体熔化就越慢，熔断时间就越长。熔体熔断电流和熔断时间之间呈现反时限特性，即电流越大，熔断时间就越短，其关系曲线称为熔断器的保护特性，也称安秒特性，如图 3-13 所示。

熔断器的工作全过程由以下三个阶段组成。

1）正常工作阶段，熔体通过的电流小于其额定电流，熔断器长期可靠地运行不应发生误熔断现象。

2）过负荷或短路时，熔体升温并导致熔化、气化而开断。

3）熔体熔断气化时发生电弧，又使熔体加速熔化和气化，并将电弧拉长，这时高温的金属蒸气向四周喷溅并发出爆炸声。熔体熔断产生电弧的同时，也开始了灭弧过程。直到电弧被熄灭，电路才真正被断开。

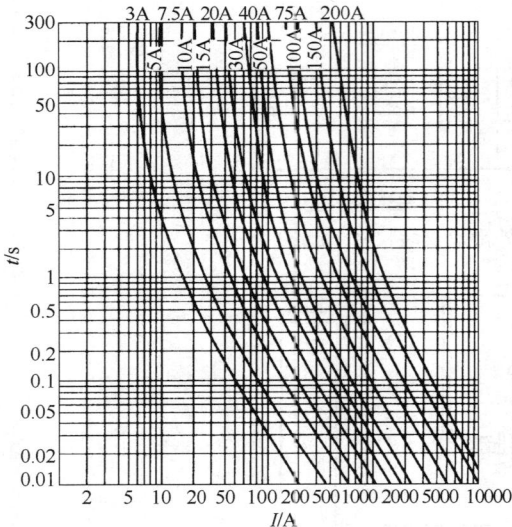

图 3-13　6～35kV 熔丝安秒特性曲线

按照保护特性选择熔体才能获得熔断器动作的选择性。所谓选择性是指，当电网中有几级熔断器串联使用，分别保护各电路中的设备时，如果某一设备发生过负荷或短路故障，应当由保护该设备（离该设备最近）的熔断器熔断，切断电路，即为选择性熔断；如果保护该设备的熔断器不熔断，而由上级熔断器熔断或者断路器跳闸，即为非选择性熔断。发生非选择性熔断时，停电范围会扩大，会造成不应有的损失。

3．高压熔断器的分类和技术参数

高压熔断器按使用地点可分为户内式和户外式两种。按照是否有限流作用又可分为限流式和非限流式两种。

（1）分类及用途。分类及用途如下。

1）RN1 型。户内管式，充有石英砂，作为电力线路及设备的短路和过负荷保护使用。

2）RN2 型。户内管式，充有石英砂，作为电压互感器的短路保护使用。额定电流为 0.5A。

3）RN5 型。户内管式，充有石英砂，是 RN1 型的改进型，性能优于 RN1 型，作为电力线路及设备的短路和过负荷保护使用。

4）RN6 型。户内管式，充有石英砂，是 RN2 型的改进型，性能优于 RN2 型，作为电压互感器的短路保护使用。

5）RW1 型。户外式，与负荷开关配合可代替断路器。RW1-35Z（或 60Z）型户外自动重合闸熔断器，具有一次自动重合闸功能。

6）RW3～RW7 型。户外自动跌落式，作为输电线路和电力变压器的短路和过负荷保护使用。

7）RW10-10 型。户外自动跌落式，包括普通型和防污型两种，作为输电线路和电力变压器的短路和过负荷保护使用，同时也可作为分、合空载及小负荷电路使用。

8）RW11 型。户外自动跌落式，作为电力输电线路和电力变压器的短路和过负荷保护使用。

9）PRWG1 型。户外自动跌落式，作为输电线路和电力变压器的短路和过负荷保护使用，同时也可作为分、合空载及小负荷电路使用。

10）PRWG3 型。户外自动跌落式，作为配电线路和配电变压器的短路和过负荷保护及隔离电源使用，负荷型还可作为分、合 1.3 倍负荷电流的开关使用。

11）RXW0-35/0.5 型、RW10-35/0.5 型。户外限流式，作为电压互感器的短路保护使用。

12）RXW0-35/2～10 型、RW10-35/2～10 型。户外限流式，作为户外用电负荷的短路和过负荷保护使用。

除上述常用熔断器外，近年来还有引进英国等国技术生产的 FFL 型全范围保护用高压限流熔断器、W 型电动机保护用高压限流熔断器、A（B）型变压器保护用高压限流熔断器、S 型保护用高压限流熔断器以及并联电容器保护用熔断器等产品。

（2）技术参数。熔断器的主要技术参数如下。

1）熔断器的额定电压。它既是绝缘所允许的电压等级，又是熔断器允许的灭弧电压等级。对于限流式熔断器，不允许降低电压等级使用，以免出现大的过电压。

2）熔断器的额定电流。它是指在一般环境温度（不超过 40℃）下，熔断器壳体的载流部分和接触部分长期允许通过的最大工作电流。

3）熔体的额定电流。它是指熔体允许长期通过而不致发生熔断的最大电流有效值。该电流可以小于或等于熔断器的额定电流，但不能超过熔断器的额定电流。

4）熔断器的开断电流。它是指熔断器所能正常开断的最大电流。当被开断的电流大于此电流时，有可能导致熔断器损坏，或由于电弧不能熄灭而引起相间短路。

4．户内式高压熔断器

如图 3-14 所示为 RN1 型熔断器的外形图，这种熔断器主要由熔管、接触座、支柱绝缘子和底座组成。

图 3-15 为熔体管的结构示意图。熔体

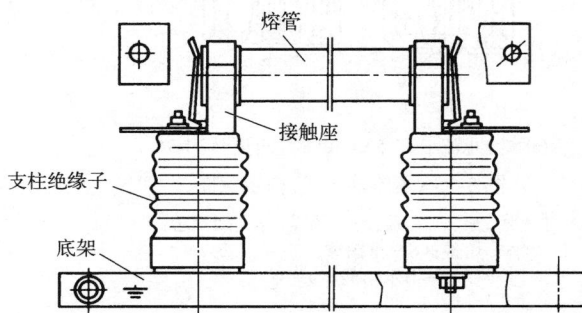

图 3-14　RN1 型熔断器的外形图

管由熔管（瓷管）、端盖、顶盖、陶瓷芯、熔体和石英砂等组成。熔管用滑石陶瓷或高频陶瓷制成，具有较高的机械强度和耐热性能。熔管不仅是灭弧装置的主要组成部分，而且还起着支持和保护熔体的作用。端盖用铜制成，熔体通过端盖与接触座接触组成导电回路。顶盖也用铜制成，用来封闭熔管。充入熔管的石英砂形成大量细小的固体介质狭缝狭沟，对电弧起分割、冷却和表面吸附（带电粒子）作用，同时缝隙内骤增的气体压力也对电弧起强烈的去游离作用，所以电弧能被迅速熄灭。

为了限制熔体熔断时的过电压值，熔体通常由不同直径的数段熔丝串联而成。连接处焊有小锡球，当流过电流时，小锡球处和直径小的熔丝先熔断，较粗段后熔断。熔体熔断后有指示装置显示。根据其额定电流的大小，每相熔丝有一、二、四根三种。

5．户外式高压熔断器

（1）RW3-10 型跌落式熔断器。户外跌落式熔断器型号较多，但结构和工作原理基本相同，主要是作为输电线路和电力变压器的短路和过负荷保护使用。近年来，出现了一些也可作为分、合空载及小负荷电路使用的熔断器，如 RW10-10 型、PRWG1 型等，本节仅介绍 RW3-10 型跌落式熔断器。

图 3-16 所示为 RW3-10 型跌落式熔断器原理图。上静触头和下静触头分别固定在瓷绝缘子的上下端。鸭嘴罩可绕销轴 O_1 转动，合闸时，鸭嘴罩里面的抵舌（搭钩）卡住上动触头同时并施加接触压力。一旦熔体熔断，熔管上端的上动触头就失去了熔体的拉力，在销轴弹簧的作用下，绕销轴 O_2 向下转动，脱开鸭嘴罩里的抵舌，熔管在自身重力的作用下绕轴 O_3 转动而跌落。

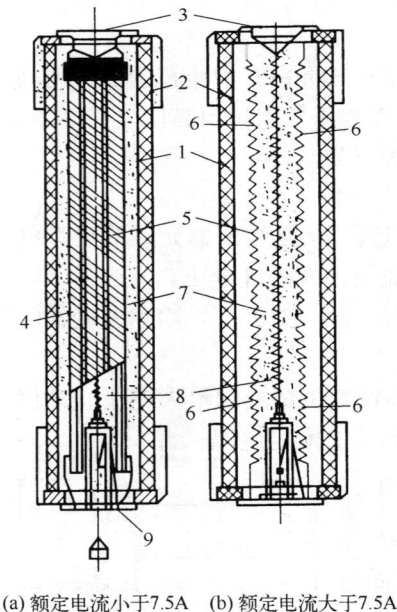

(a) 额定电流小于7.5A　(b) 额定电流大于7.5A

图 3-15　熔体管的结构示意图

1—熔管；2—端盖；3—顶盖；4—陶瓷芯；
5—熔件；6—小锡球；7—石英砂；
8—指示熔件；9—弹簧

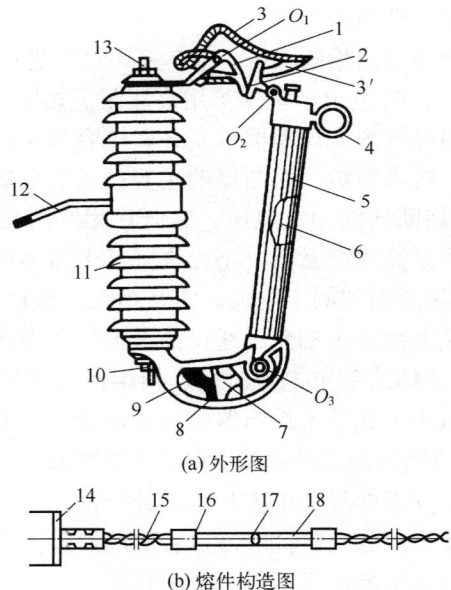

(a) 外形图

(b) 熔件构造图

图 3-16　RW3-10 型跌落式熔断器结构原理图

1—上静触头；2—上动触头；3—鸭嘴罩；3′—抵舌；
4—操作环；5—熔管；6—熔丝；7—下动触头；8—抵架；
9—下静触头；10—下接线端；11—瓷绝缘子；
12—固定板；13—上接线端；14—钮扣；
15—绞线；16—紫铜套；17—小锡球；
18—熔体；O_1、O_2、O_3—销轴

熔管由层卷纸板或环氧玻璃钢制成，两端开口，内壁衬以石棉套，既防止电弧烧伤熔管，还具有吸湿性。熔体熔断后，在电弧高温作用下，熔管内壁分解产生的氢气、二氧化碳等向管的两端喷出，对电弧产生纵吹作用，使其在过零时熄灭。

该熔断器由固定板安装在支架上，并保持熔管向外倾斜20°～30°。分闸时要用绝缘钩棒操作。

（2）RW10-35 型熔断器。这种熔断器属于高压限流型，具有体积小、质量轻、灭弧性能好、限流容量大等优点。图 3-17 为 RW10-35 型限流熔断器结构原理图。该型熔断器由熔管、瓷套管、紧固法兰以及棒形支柱绝缘子等组成。熔管装于瓷套管内，熔体放在充满石英砂填料的熔管内，灭弧能力强，且具有限流作用。

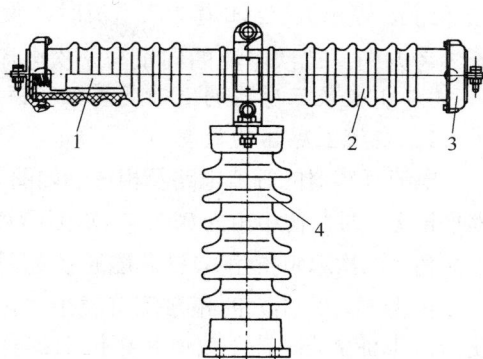

图 3-17　RW10-35 型限流熔断器结构原理图
1—RN 型熔管；2—瓷套管；3—接线端帽；
4—棒式支柱绝缘子

任务二　互　感　器

互感器包括电流互感器和电压互感器，是一次系统和二次系统之间的联络元件，将一次侧的高电压、大电流变成二次侧标准的低电压（100V 或 $100/\sqrt{3}$ V）和小电流（5A 或 1A），分别用以向测量仪表、继电器的电压线圈和电流线圈等供电，使二次电路正确反映一次系统的正常运行和故障情况。目前，互感器常采用电磁式和电容式，随着电力系统容量的增大和电压等级的提高，光电式、无线电式互感器正应运而生，并将应用于电力生产中。本节主要分析互感器的工作特点、结构参数、C 常用接线方式和使用范围及运行中的安全问题。

一、电流互感器

（一）电磁式电流互感器的工作原理

电流互感器由闭合的铁芯和绕组组成。图 3-18 是电流互感器的工作原理图。

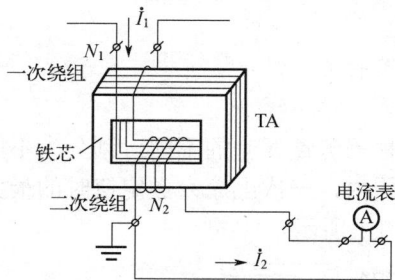

图 3-18　电流互感器的工作原理图

一次绕组的匝数较少，串接在需要测量电流的回路中，因此它经常有回路的全部电流流过。二次绕组的匝数较多，串接在测量仪表或继电保护回路中。电流互感器工作时，它的二次回路始终是闭合的，正常工作状态接近短路，并且它的一次电流大小与二次回路阻抗无关。当一次绕组中通过一次电流 I_1，时，产生磁动势 $I_1 N_1$，大部分被二次电流所产生的磁动势 $I_2 N_2$ 所平衡，只有很小部分磁动势 $I_0 N_1$（叫总磁动势）产生的磁通 Φ_0 在二次绕组内产生感应电动势，以负担阻抗很小的二次回路内的有功和无功损耗。在理想的电流互感器中，如果假定空载电流 $I_0=0$，则总磁动势 $I_0 N_1=0$，根据磁动势平衡关系，一次绕组磁动势等于二次绕组磁动势，即：

$$\dot{I}_1 N_1 = -\dot{I}_2 N_2 \tag{3-1}$$

也可以写为：

$$I_1 / I_2 = N_2 / N_1 = K_i \tag{3-2}$$

即电流互感器的电流与匝数成反比。一次电流对二次电流的比值 I_1/I_2 称为电流互感器的变流比（用 K_i 表示）。当知道二次电流时，乘上变流比，就可以求出一次电流，按图 3-18 所示电流参考方向，二次电流的向量与一次电流的向量差为 180°。

（二）电流互感器的准确度等级和额定容量

1．电流互感器的误差

电流互感器的等值电路及相量图如图 3-19 所示。图中以二次电流 $\dot{I}_2'$ 为基准，画在第一象限水平轴上，即 $\dot{I}_2'$ 初相角为 0°，二次电压 $\dot{U}_2'$ 较 $\dot{I}_2'$ 超前 φ_2 角（二次负荷功率因数角），$\dot{E}_2'$ 超前 $\dot{I}_2'$ 一个 α 角（二次总阻抗角），铁芯磁通 $\dot{\Phi}$ 超前 $\dot{E}_2'$ 90°，励磁磁势 $\dot{I}_0 N_1$ 对 $\dot{\Phi}$ 超前 ψ 角（铁芯损耗角）。

由图 3-19（b）的相量图可看出，由于电流互感器本身存在励磁损耗和磁饱和等影响，使一次电流 $\dot{I}_1$ 与 $-\dot{I}_2'$ 在数值和相位上都有差异，即测量结果有误差。这种误差通常用电流误差和相位误差表示。

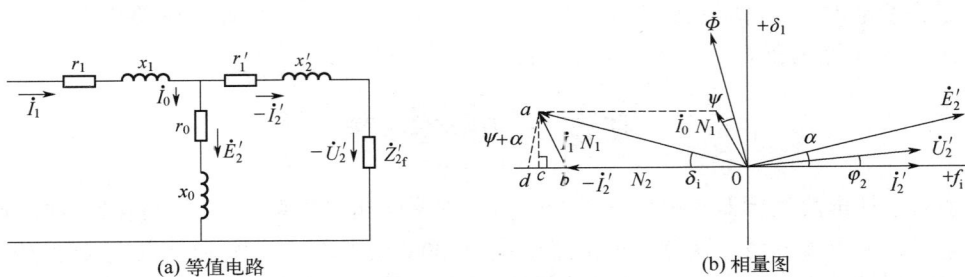

(a) 等值电路　　　　　　　　　　　　　　(b) 相量图

图 3-19　电流互感器的等值电路及相量图

（1）电流误差。电流误差为二次电流的测量值乘以额定互感比所得的值 $K_i I_2$，此值与实际一次电流 I_1 之差，以后者的百分数表示，即：

$$f_i = \frac{K_i I_2 - I_1}{I_1} \times 100\% \qquad (3-3)$$

（2）相位误差。相位误差为旋转 180°的二次电流相量 $-\dot{I}_2'$ 与一次电流相量 $\dot{I}_1$ 之间的夹角 δ_i，并规定 $-\dot{I}_2'$ 超前于 $\dot{I}_1$ 时，相位差 δ_i 为正值，反之为负值。

电流互感器的误差与二次负载阻抗、一次电流的大小等有关。

2．电流互感器的准确度等级

电流互感器的测量误差可以用其准确度等级来表示，根据测量误差的不同，划分为不同的准确度等级。准确度等级是指在规定的二次负荷变化范围内，一次电流为额定值时的最大电流误差。我国电流互感器的准确度等级和误差限值如表 3-1 所示。

表 3-1　　　　　　　　　　　　电流互感器的准确度等级和误差限值

准确度等级	一次电流占额定电流的百分数（%）	误差限值	
		电流误差（±%）	相位误差（′）
0.1	5	0.4	15
	20	0.2	8
	100	0.1	5
	120	0.1	5

续表

准确度等级	一次电流占额定电流的百分数（%）	误差限值	
		电流误差（±%）	相位误差（′）
0.2	5	0.75	30
	20	0.35	15
	100	0.2	10
	120	0.2	10
0.2S	1	0.75	30
	5	0.35	15
	20	0.2	10
	100	0.2	10
	120	0.2	10
0.5	5	1.5	90
	20	0.75	45
	100	0.5	30
	120	0.5	30
0.5S	1	1.5	90
	5	0.75	45
	20	0.5	30
	100	0.5	30
	120	0.5	30
1	5	3.0	180
	20	1.5	90
	100	1.0	60
	120	1.0	60
3	50	3.0	无规定
	120	3.0	
5	50	5.0	无规定
	120	5.0	
5P	50	1.0	60
	120	1.0	60
10P	50	3.0	60
	120	3.0	60

我国《电流互感器》（GB 1208—2006）规定，测量用的电流互感器的测量精度有 0.1、0.2、0.5、1、3 五个准确度等级。保护用电流互感器按用途分为稳态保护用（P）和暂态保护用（TP）两类。稳态保护用电流互感器的准确度等级用 P 表示，常用的有 5P 和 10P 级。由于短路过程中 i_1 与 i_2 关系复杂，故保护等级的准确等级是以额定准确限值一次电流下的最大复合误差 $\varepsilon\% = \dfrac{100}{I_1}\sqrt{\dfrac{1}{T}\displaystyle\int_0^T (K_i\, i_2 - i_1)^2\, \mathrm{d}t}$。所谓额定准确限值一次电流即一次电流为额定一次电流的倍数，也称额定准确限值系数。例如 10P20 表示准确级为 10P，准确限值系数为 20。这一准确等级电流互感器在 20 倍额定电流下，电流互感器复合误差不大于 ±10%。保护用电流互感器准确等级除 P 外，还有 TPS、TPX、TPY、TPZ、TB 等。电流互感器的电流误差可引起所有仪表和继电器的计量产生误差，而相位误差过大，还会对功率型测量仪表和继电保护装置产

生不良影响。

　　电能的产生、传输和使用过程中，不同的环节和场合，对测量的准确度等级有不同的要求。电流互感器的电流误差若超过使用场合的允许值，可使测量仪表的读数不准确。一般 0.1、0.2 级主要用于实验室精密测量和供电容量超过一定值（月供电量超过 100 万 kWh）的线路或用户；0.2S、0.5S 级的可用于收费用的电能表；0.5、1 级的用于发电厂、变电所的盘式仪表和技术检测用的电能表；3 级、5 级的电流互感器用于一般的测量和某些继电保护上；5P 和 10P 级的用于继电保护，在旧型号产品中用 B、C、D 级表示。

　　3．电流互感器的额定容量

　　电流互感器的额定容量 S_{e2} 指的是电流互感器在额定电流 I_{e2} 下运行时，二次绕组输出的功率 $S_{e2}=I_{e2}^2 Z_{e2}$。电流互感器的额定二次电流为标准值（5A 或 1A），为了便于计算，有的厂家提供电流互感器的 Z_{e2} 值。

　　因电流互感器的误差和二次负荷有关，故同一台电流互感器使用在不同等级时，会有不同的额定容量。例如：LMZ1-10-3000/5 型电流互感器在 0.5 级下工作时 $Z_{e2}=1.6\Omega(40VA)$，在 1 级工作时，$Z_{e2}=2.4\Omega(60VA)$。

　　（三）电流互感器的分类、结构和型号

　　1．电流互感器的分类

　　（1）按安装地点可分为户内式和户外式。20kV 及以下制成户内式；35kV 既有制成户内式的也有制成户外式的；35kV 以上多制成户外式。

　　（2）按安装方式可分为穿墙式、支持式和装入式。穿墙式装在墙壁或金属结构的孔洞中，可节约穿墙套管；支持式安装在平面或支柱上；装入式是套装在 35kV 及以上的变压器或断路器的套管上，故也称为套管式。

　　（3）按绝缘可分为干式、浇注式、油浸式、SF$_6$ 气体绝缘式等。干式用绝缘胶浸渍，多用于户内低压电流互感器；浇注式以环氧树脂作为绝缘，目前，仅用于 35kV 及以下的户内电流互感器；油浸式多为户外式。

　　（4）按一次绕组匝数可分为单匝式和多匝式。单匝式分为贯穿型和母线型两种。

　　（5）按电流互感器的工作原理，可分为电磁式、电容式、光电式和无线电式。

　　2．电流互感器的结构原理

　　电流互感器的结构原理如图 3-20 所示。

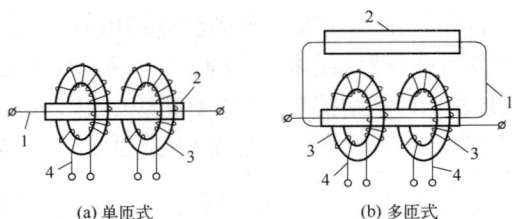

图 3-20　电流互感器的结构原理

1——一次绕组；2——绝缘套管；
3——铁芯；4——二次绕组

（a）单匝式　　　　（b）多匝式

　　互感器的基本组成部分是绕组、铁芯、绝缘物和外壳。在同一回路中，要满足测量、继电保护的要求，一个回路往往需要很多的电流互感器，为了节省材料和降低投资，一台高压电流互感器常安装有相互间没有磁联系的独立的铁芯环和二次绕组，并共用一次绕组。这样可以形成变比相同、准确度等级不同的多台电流互感器。电气测量对电流互感器的准确度等级要求较高，且要求在短路时仪表受的冲击小，因此测量用电流互感器的铁芯在一次电路短路时应易于饱和，以限制二次电流的增长倍数。而继电保护用电流互感器的铁芯则在一次电流短路时不应饱和，使二次电流能与一次短路电流成比例的增长，以适应保护灵敏度的要求。为了适应一次电流的变化和减少产品规格，常将一次绕组分成几组，通过切换接线改变一次绕组的串并联，可以获得多种电流比，如图 3-20 所示。

单匝式的贯穿型互感器本身装有单根铜管或铜杆作为一次绕组；母线型互感器则本身未装一次绕组，而是在铁芯中留出一次绕组穿越的空隙，施工时以母线穿过空隙作为一次绕组。通常，多油断路器和变压器套管上的装入式电流互感器，就是一种专用母线型互感器。单匝式结构简单、尺寸小、价廉，其内部电动力不大。其缺点是：一次电流小时，一次安匝 I_1N_1 与励磁安匝 I_0N_1 相差不大，故误差大，因此，额定电流在 400A 及以下采用多匝式。图 3-20（a）所示为单匝式电流互感器。穿过环形铁芯的一次绕组载流导体截面形状，可根据工程需要制成圆形、管形、槽形等多种形式。

多匝式按结构可分为线圈式、"8"字形和"U"字形。"8"字形绕组结构的电流互感器，其一次绕组为圆形并套住带环形铁芯的二次绕组，构成两个互相套着的环，形如"8"字，如图 3-21 所示。

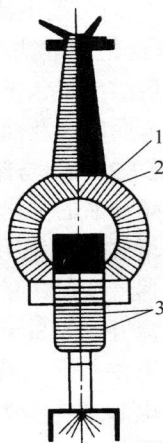

图 3-21　110kV "8" 字形绕组
电流互感器的结构

1—绕组；2—一次绕组绝缘；
3—二次绕组及铁芯

由于"8"字线圈电场不均匀，故只用于 35～110kV 电压级。图 3-20（b）是多匝式电流互感器，其测量准确度可以很高，但当过电压或较大的短路电流通过时，一次绕组的匝间可能承受过电压。

图 3-22 为"U"字形绕组电流互感器。一次绕组呈"U"形，主绝缘全部包在一次绕组上，绝缘共分 10 层，层间有电容屏（金属箔），外屏接地，形成圆筒式电容串结构，由于其电场分布均匀和便于实现机械化包扎绝缘，目前在 110kV 及以上的高压电流互感器中得到了广泛应用。

3．电流互感器的结构类型

（1）套管式电流互感器。单匝式电流互感器的一次绕组由单根直导体构成。互感器的一次芯柱和二次绕组之间绝缘，可以采用绝缘套、充油绝缘套、充油电容绝缘套、SF_6 绝缘套、环氧树脂绝缘套等。铁芯是由硅钢片卷制成螺旋式环形状，这样可以加快制造过程、减少铁芯损耗和减低误差。二次绕组均匀地绕在铁芯上，以减少漏磁。制成的二次绕组套在绝缘套外

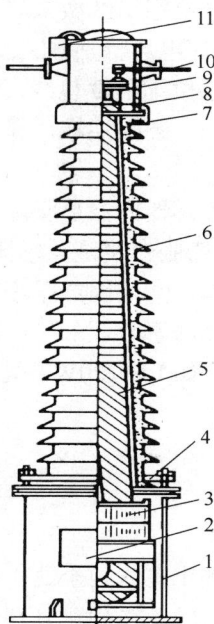

图 3-22　220kV 瓷箱式"U"字形绕组电流互感器

1—油箱；2—二次接线盒；3—环形铁芯及二次绕组；
4—压圈式卡接装置；5—U 字形一次绕组；6—瓷套；
7—均压护罩；8—储油柜；9—一次绕组切换装置；
10—一次出线端子；11—呼吸器

面，例如变压器套管电流互感器、穿墙套管电流互感器、断路器套管电流互感器等都是这类结构。

（2）充油式电流互感器。35～110kV 电流互感器多数采用充油式。

LCWD1-35 型电流互感器有两个环形铁芯，铁芯外面绕二次绕组（一个 0.5 级和一个 P 级），一次绕组穿过铁芯与二次绕组构成"8"字式的链状，如图 3-21 所示。一、二次绕组外面各用多层皱纹纸包缠后相互绝缘，整个"8"字链型绕组放置在注满变压器油的绝缘套中。绝缘套与金属底座及油枕两端均垫耐油橡胶密封圈，用螺栓紧固。油枕两侧装有一次绕组的出线端 L1 及 L2、L2 与储油柜直接贯通，L1 靠小绝缘套绝缘。二次线端从底座引出。为防止油的受潮和减轻油的劣化，油枕内一般装有隔膜。

为了增强一次绕组和二次绕组间的耦合，在上、下两个铁芯柱上设置了平衡绕组。高压电流互感器一次绕组的两个出线端由绝缘套顶部油枕引出，二次绕组和置于绝缘套底部底座的低压电流互感器的一次绕组相连。低压电流互感器有三个二次绕组（0.5，P，P），分别绕在三个环形铁芯上，其一次绕组则绕在三个绕有二次绕组的环形铁芯上。

（3）电容式电流互感器。LCWB7-220W1、LB-220W2 型电流互感器均是电容式，如图 3-22 所示。

这类产品采用全封闭结构，由油箱、绝缘套、器身、油枕及膨胀器等部分组成。一次绕组有两个半圆形截面的"U"形铝管构成，引出端子在油枕外面可以串、并联。一般 L1 端子经小套管与油枕绝缘，L2 与油枕连接。但有的产品，L2 也是经过小绝缘套与油枕绝缘的。L1 与 L2 之间装有过电压保护器。为了均匀电场，在一次绕组"U"形铝管上包扎成电容型绝缘，即缠绕一定厚度的电缆纸后，包一层铝箔纸。最外面一层铝箔纸做末屏，铝箔与末屏之间形成若干个串联电容，使电场分布均匀，从而避免了局部电场特别强。二次绕组有 4～6 个不等，分布在一次绕组"U"形管的两侧。二次绕组用高强度缩醛漆包线，缠绕在环形铁芯上。铁芯由冷压硅钢板卷制而成。器身制作完后，进行干燥，装入油箱，套上绝缘套，装上油枕、膨胀器之后进行真空注油。

膨胀器由不锈钢或耐油橡胶制成盒状，与油枕相连。当互感器内油热胀冷缩时，起到储油和补油的呼吸作用，并与空气完全隔绝，称为全密封结构。膨胀器又是互感器的防爆装置。全密封结构有两大优点：①与空气隔绝，能延缓油的老化过程；②油因热胀冷缩进行呼吸的过程中，不会将空气吸入，避免了互感器因受潮进水而引发爆炸事故。

采用铝管结构，提高了电流互感器热稳定和动稳定电流，如 LB-220W2 型短时热稳定电流为 3s、50kA，动稳定电流为 125kA。

4．电流互感器的型号

电流互感器全型号的表示和含义如图 3-23 所示。

（四）电流互感器的接线

电流互感器的接线首先要注意其极性，极性接错时功率和电度表计不能正确测量，某些保护继电器会误动作。产品的一次绕组首、尾两端标志有 L1、L2 字样，分别与二次绕组的 K1、K2 端子同极性。若一次电流由 L1 流向 L2，则相同相位的二次电流由绕组 K1 端流出至外接回路，再从 K2 端流入绕组。

电流互感器常用的几种接线方式如图 3-24 所示。

图 3-24（a）为单相电流互感器接线，一般用于负载平衡的三相电力系统中的单相电流测量。

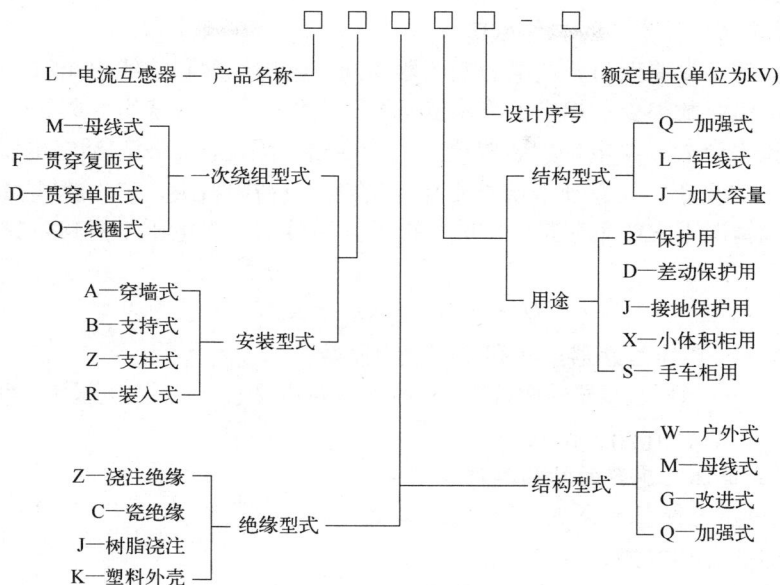

图 3-23　电流互感器全型号的表示和含义

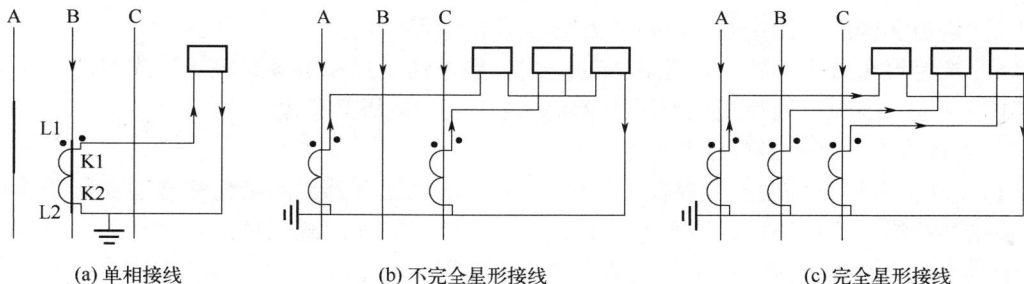

图 3-24　电流互感器常用接线方式

图 3-24（b）为不完全星形接线，用于 35kV 及以下小电流接地系统的三相测量回路，以及除差动保护外的保护回路。通常两只电流互感器装于 A、C 两相如图 3-24（b）所示，其二次侧公共回线上的电流正好等于 B 相电流，即 $\dot{i}_a + \dot{i}_c = -\dot{i}_b$，故两只电流互感器同样可反映出中性点不接地系统（满足 $\dot{i}_A + \dot{i}_B + \dot{i}_C = 0$）的三相电流。

图 3-24（c）为完全星形接线，用于 110kV 及以上的三相电路和低压三相四线制电路的测量，以及某些继电保护回路。

以上各种接线方式均必须有一点保护接地，并在回路中的适当位置接入试验盒 SH，以保证在二次回路测试作业时，电流互感器的二次侧不致发生开路。

（五）电流互感器注意事项

（1）电流互感器使用时，二次绕组绝对不允许开路。

（2）电流互感器的二次侧绕组和外壳必须可靠接地，以防止因绝缘击穿而危害人身安全。

（3）在连接电流互感器时，要注意其端子的极性。

二、电压互感器

（一）电磁式电压互感器的工作原理

电压互感器的工作原理与普通电力变压器相同，结构原理和接线也相似，一次绕组匝数很多，而二次绕组匝数很少，相当于降压变压器。工作时，一次绕组并联在一次电路中，而二次绕组并联接入仪表、继电保护装置等的电压回路。因此，二次侧额定电压一般为 100V（或 $100/\sqrt{3}$ V）；容量小，只有几十伏安或几百伏安；负荷阻抗大，工作时其二次侧接近于空载状态，且多数情况下它的负荷是恒定的。电压互感器的一次电压 U_1 与其二次电压 U_2 之间数值关系为：

$$U_1 \approx (N_1 / N_2)U_2 \approx K_{\mathrm{u}}U_2 \tag{3-4}$$

式中　　N_1、N_2——电压互感器一次和二次绕组匝数；

　　　　K_{u}——电压互感器的变压比，一般表示为其额定一、二次电压比，即 $K_{\mathrm{u}}=U_{1N}/U_{2N}$，例如 1000V/100V。

（二）电磁式电压互感器的结构类型和型号

1．电磁式电压互感器的分类

电压互感器的分类方式如下。

（1）按安装地点可分为户内式和户外式。

（2）按相数可分为单相式和三相式。只有 20kV 以下才制成三相式。

（3）按每相绕组数可分为双绕组式和三绕组式。三绕组电压互感器有两个二次侧绕组：基本二次绕组和辅助二次绕组。辅助二次绕组供接地保护用。

（4）按绝缘可分为干式、浇注式、油浸式、串级油浸式和电容式等。干式多用于低压；浇注式用于 3～35kV；油浸式主要用于 35kV 及以上的电压互感器。

2．电磁式电压互感器的结构类型

（1）35kV 及以下的电压互感器。35kV 及以下的电压互感器的结构和普通变压器基本一致。根据其绝缘方式的不同，可分为干式、环氧浇注式和油浸式三种。

干式电压互感器一般只用于低压的户内配电装置。

浇注式电压互感器用于 3～35kV 户内配电装置。

油浸式电压互感器 JDJJ₂-35 型、JDJ₂-35 型被广泛用于 35kV 系统中。这类电压互感器的铁芯和一、二次绕组放在充有变压器油的油箱内。绕组出线端经固定在油箱盖上的套管引出。JDJJ₂-35 型在电网中接线方式是 YN，yn（Y₀/Y₀），因此只需把一次绕组的一端（高压端）由高压绝缘套引出，另一端（接地端）经油箱盖上低压绝缘套引出。JDJ₂-35 型在电网中的接线方式是 V 形，跨接在两相之间，因此必须把一次绕组的两个引出端都经过油箱盖上高压绝缘套引出。二次绕组有 1～3 个，引出端都经过箱盖低压绝缘套引出。本产品为户外式油浸密封结构。每一套管（高压）顶部有油枕，油枕上装有呼吸器，油枕内有耐油橡皮隔膜，既可防止变压器油老化，又可防止水分直接进入套管内部。

（2）110～220kV 电压互感器。随着电压的升高，电压互感器绝缘尺寸需增大。为了减少绕组绝缘厚度，缩短磁路长度，110kV 及以上电压互感器采用串级式，铁芯不接地，带电位，由绝缘板支撑。国产 JCC 型和 JDCF 型电压互感器就是采用这种结构。图 3-25 为 JCC₁-110 串级式电压互感器结构原理图。

一次绕组分两部分分别绕在上下两铁芯上，二次绕组只绕在下铁芯柱上并置于一次绕组的外面。铁芯和一次绕组的中点相连。当电网电压 U 加到互感器一次绕组时，其铁芯的电位为（1/2）U。而且一次绕组的两个出线端与铁芯间的电位差、一次绕组和二次绕组间的电位差以及二次绕组和铁芯间的电位差将都是（1/2）U。这就降低了对铁芯与一次绕组之间以及一、二次绕组之间的绝缘要求。但是，这种结构也带来了一个新问题，由于上铁芯柱上没有二次绕组，所有绕在上铁芯上的一次绕组和二次绕组间的电磁耦合就比较弱。为了加强上下两个绕组的电磁耦合，在上下铁芯柱上增设了平衡绕组。绕在上下铁芯柱上的平衡绕组匝数相等，在电气上反向连接闭合。由于上铁芯柱绕组的感应电势比下铁芯柱绕组的感应电势高，因此平衡绕组对上铁芯柱起去磁作用，对下铁芯柱起助磁作用，从而平衡绕组平衡了上下两个铁芯柱上一次绕组的电压。

图 3-26 为由两台 110kV 电压互感器串接组成的 220kV 电压互感器。

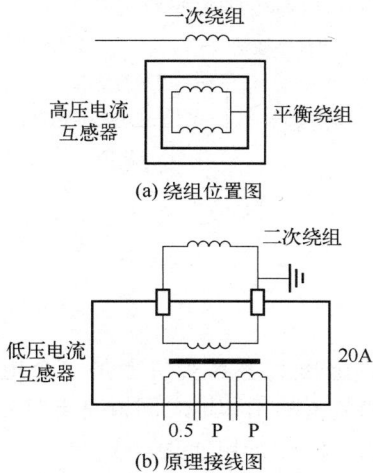

图 3-25　JCC₁-110 串级式电压
互感器的结构原理图

1—一次绕组；2—平衡绕组；3—铁芯；
4—二次绕组；5—附加二次绕组

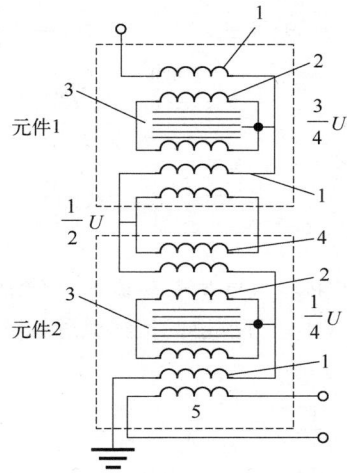

图 3-26　由两台 110kV 电压互感器串接
组成的 220kV 电压互感器

1—一次绕组；2—平衡绕组；3—铁芯；
4—连耦绕组；5—二次绕组

一次绕组分四级。当电网施加到电压互感器上的电压为 U 时，下互感器铁芯的对地电位为（1/4）U，上互感器铁芯的对地电位为（3/4）U，上下两个铁芯间的电位差为（1/2）U。为了沟通上下两个铁芯的联系，避免互感器带负荷后引起电压在上下两台互感器的不均匀分布，在互感器中增设连耦绕组。绕在上下两台互感器的连耦绕组匝数相等，在电气上反向连接，其作用和平衡绕组类同。

JDX-100 型电压互感器的铁芯是接地的，为单级绝缘结构。

为了提高 110～220kV 电压互感器的可靠性，一次绕组采用单丝漆包线绕制，加强匝间绝缘。"U1"端为全绝缘，"U2"端为接地端，铁芯支架采用介质损耗因数不大于 3%的纸板制成。JCC 型和 JDCF 型器身装在绝缘套中，JDXZX-110 型的器身装在下部油箱内。一次绕组高压端从绝缘套顶部油枕上引出，一次绕组接地端及二次绕组的引出端底座或油箱上装有的接线盒中引出。油枕顶部装有金属膨胀器，以构成全密封保护装置。

JCC 型电压互感器有一个基本二次绕组，供测量和保护用；一个辅助电压绕组，三相接成开口三角，测量零序电压用。

JDCF 型和 JDX-110 型电压互感器均有两个二次绕组，测量和保护分开，还有一个辅助电压绕组。

电磁型电压互感器若视为电感元件，与断路器端口并联电容或线路电容形成振荡回路，在操作时，往往会发生铁磁谐振损坏设备。为了防止铁磁谐振的发生，降低电压互感器磁密是减少此类事故发生的措施之一。由 JCC$_1$ 型改进的 JCC$_5$ 型，主要就是磁密降低了。

3．电磁式电压互感器的型号

电磁式电压互感器的型号含义如下：

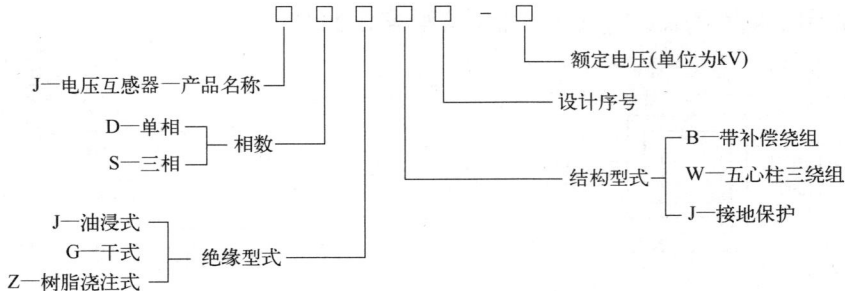

- J—电压互感器—产品名称
- D—单相 ┐
- S—三相 ┘ 相数
- J—油浸式 ┐
- G—干式 ├ 绝缘型式
- Z—树脂浇注式 ┘
- B—带补偿绕组
- W—五心柱三绕组 结构型式
- J—接地保护
- 设计序号
- 额定电压（单位为kV）

（三）电容式电压互感器的工作原理

电容式电压互感器的接线原理如图 3-27 所示。

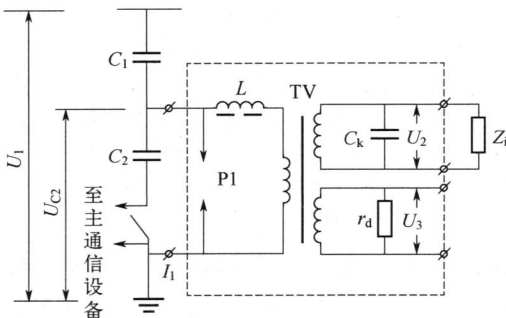

图 3-27　电容式电压互感器接线原理

电容式电压互感器实质上是一个电容分压器，在被测装置的相和地之间皆有电容 C_1、C_2，按反比分压，C_2 上的电压为：

$$U_{C2} = \frac{U_1 C_1}{C_1 + C_2} = K U_1 \tag{3-5}$$

式中　K——分压比，$K = C_1/(C_1 + C_2)$

由于 U_{C2} 与一次电压 U_1 成比例变化，故可测出相对地电压。当 C_2 两端与负荷接通时，C_1、C_2 有内阻抗压降，使 U_{C2} 小于电容分压值，负荷越大，误差越大。内阻抗为：

$$Z_i = \frac{1}{jw(C_1 + C_2)} \tag{3-6}$$

为了减少 Z_i，可在 a、b 回路加入一个补偿电抗 L，则内阻抗变为：

$$Z_i = jwL + \frac{1}{jw(C_1 + C_2)} \tag{3-7}$$

当 $\omega L = 1/[\omega(C_1 + C_2)]$ 时，输出电压 U_{C2} 与负荷无关。实际上由于电容器有损耗，电抗器也有电阻，因此负荷变化时，还会有误差产生。为了进一步减少负荷电流的影响，将测量仪表经中间变压器 TV 升压后与分压器相联。

当互感器二次侧发生短路时，由于回路中电阻 r 和剩余电抗（$X_L - X_C$）均很小，短路电流可达到额定电流的几十倍，此电流会在补偿电抗 L 和电容 C_2 上产生很高的共振过电压。为了防止过电压引起的绝缘击穿，在电容 C_2 两端并联放电间隙 P1。

电容式电压互感器由电容（C_1、C_2）和非线性电抗 L（TV 的励磁绕组）所构成，当受到二次侧短路或断路等冲击时，由于非线性电抗的饱和，可能激发产生高次谐波铁磁谐振过电压，为了抑制谐振的产生，常在互感器二次侧接入阻尼电阻 r_d。

（四）电容式电压互感器的结构类型

YDR 型已被 TYD 型代替，这里只介绍 TYD-110 型和 TYD-220 型的结构。

（1）TYD110/$\sqrt{3}$-0.015 型由一台 OWF110/$\sqrt{3}$-0.015D 型分压电容器构成。TYD110/$\sqrt{3}$-0.015D 型由一台 OWF110/$\sqrt{3}$-0.015DH 型分压电容器构成。

（2）TYD220/$\sqrt{3}$-0.0075 由一台 OWF110/$\sqrt{3}$-0.015 型耦合电容器及一台 OWF110/$\sqrt{3}$-0.015D 型分压电容器叠装串联组成。TYD220/$\sqrt{3}$-0.0075H 型由一台 OWF110/$\sqrt{3}$-0.015H 型耦合电容器及一台 OWF110/$\sqrt{3}$-0.015DH 型分压电容器叠装串联组成。

OWF110/$\sqrt{3}$-0.015D 型（或 OWF110/$\sqrt{3}$-0.015DH 型）分压电容器，在其芯子下部标称电容为 C_2-0.07328μF 处抽头，用磁套从底盖引出至油箱中，C_2 低压端子需用小绝缘套从底盖引至油箱上端子板。OWF110/$\sqrt{3}$-0.015 型电容器均为绝缘套外壳。绝缘套内装电容器心子。电容器心子由若干个电容元件串联组成，电容元件由电容器纸及铝箔绕卷压扁制成。电容器芯子上面放置金属膨胀器，作温度补偿用。电容器油是十二烷基苯。电容器内按规定加一定油压。分压电容器的底盖就是下面电磁装置的油箱盖。

电磁装置包括补偿电抗器、中间变压器以及谐振阻尼器的电抗器。这些装置在同一油箱中，组成电容式电压互感器的电磁装置单元，并作为电容分压器的底座。补偿电抗器具有可调气隙的铁芯，用于出厂实验时调节误差。

电容式电压互感器由于结构简单、重量轻、体积小、占地少、成本低，且电压越高效果越显著，此外，分压电容还可兼作载波通信的耦合电容，因此，广泛应用于 110～500kV 中性点直接接地系统。电容式电压互感器的缺点是：输出容量越小误差越大，暂态特性不如电磁式电压互感器。

（五）电压互感器的准确度等级和容量

1．电压互感器的误差

电压互感器的误差有电压误差和相位误差两项。

（1）电压误差。电压误差为二次电压的测量值与额定互感比的乘积与实际一次电压 U_1 之差，以后者的百分数表示，即：

$$f_u = \frac{K_u U_2 - U_1}{U_1} \times 100\% \qquad (3-8)$$

（2）相位误差。相位误差为旋转 180° 的二次电压相量 $-\dot{U}_2'$ 与一次电压相量 $\dot{U}_1$ 之间的夹角 δ_u，并规定 $-\dot{U}_2'$ 超前于 $\dot{U}_1$ 时相位差为正，反之为负。

电压互感器的误差与二次负载、功率因数和一次电压等运行参数有关。

2．电压互感器的准确度等级

电压互感器的测量误差，以其准确度等级来表示。电压互感器的准确度等级，是指在规定的一次电压和二次负荷范围内，负荷的功率因数为额定值时，电压误差的最大值。我国规定电压互感器的准确度等级和误差限值如表 3-2 所示。

电压互感器的测量精度有 0.2、0.5、1、3、3P、6P 六个准确度等级，同电流互感器一样，误差过大会影响测量的准确性，或对继电保护产生不良影响。0.2、0.5、1 三个等级的适用范围同电流互感器，3 级的用于某些测量仪表和继电保护装置。3P 和 6P 两个等级属于保护用电压互感器的准确度等级。

表 3-2 电压互感器的准确度等级和误差限值

准确度等级	误差限值		一次电压变化范围	频率、功率因数及二次负荷变化范围
	电压误差（±%）	相位误差（′）		
0.2	0.2	10		
0.5	0.5	20	$(0.8 \sim 1.2) U_{e1}$	$(0.25 \sim 1) S_{e2}$
1	1.0	40		$\cos\phi_2 = 0.8$
3	3.0	不规定		$f = f_e$
3P	3.0	120	$(0.05 \sim 1) U_{e1}$	
6P	6.0	240		

3．电压互感器的额定容量

电压互感器的误差与二次负荷有关，因此每个准确度等级都对应着一个额定容量。电压互感器的额定容量是指最高准确度等级下的额定容量。例如 JDZ-10 型电压互感器，各准确度等级下的额定容量为 0.5 级为 80VA，1 级为 120VA，3 级为 300VA，则该电压互感器的额定容量为 80VA。同时，根据电压互感器最高电压下长期工作允许的发热条件，还规定了最大容量，上述电压互感器的最大容量为 500VA，该容量是某些场合用来传递功率的，如给信号灯、断路器的分闸线圈供电等。

与电流互感器一样，在某些准确度等级下进行测量时，二次负载不应超过该准确度等级规定的容量，否则准确度等级将下降，测量误差是满足不了要求的。

（六）电压互感器的接线

电压互感器的接线方式很多，常用的如图 3-28 所示。

图 3-28（a）、（b）是用一台单相电压互感器来测量某一相的对地电压和相间电压。

图 3-28（c）是用两台单相电压互感器接成不完全星形（也称 V-V 接线），用来测量各相间电压，但不能测量相的对地电压，它广泛应用在 20kV 以下中性点不接地或经消弧线圈接地的电网中。

图 3-28（d）为三相三柱式电压互感器的测量接线，用来测量线电压。该接线中电压互感器一次绕组没有引出的中性点，因此不允许用来测量相的对地电压，即不能用来监视电网对地绝缘。

图 3-28（e）是用三台单相三绕组电压互感器构成 Y0/Y0/⊥＞接线，它广泛用于 3～220kV 系统。其二次绕组用来测量相间电压和相的对地电压，辅助二次绕组接成开口三角形，供接入交流电网绝缘监视仪表和继电器用。三相五柱式电压互感器只用于 3～15kV 系统，其接线与图 3-28（e）基本相同。

图 3-28（f）为电容分压式电压互感器的测量接线，主要适用于 110～500kV 接地系统中。

3～35kV 电压互感器一般经隔离开关和熔断器接入高压电网。在 110kV 及以上配电装置中，考虑到互感器及配电装置可靠性较高，且高压熔断器制造比较困难，价格昂贵，厂家不生产 110kV 及以上的熔断器，因此电压互感器只经过隔离开关与电网连接。

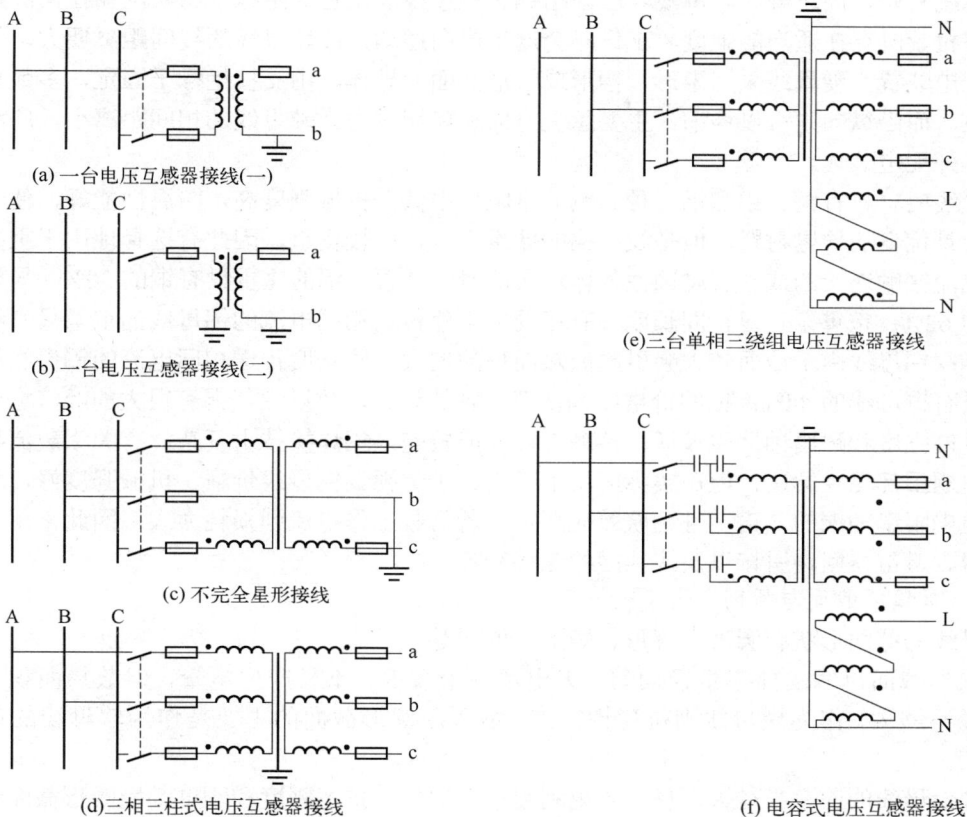

(a) 一台电压互感器接线(一)

(b) 一台电压互感器接线(二)

(c) 不完全星形接线

(d) 三相三柱式电压互感器接线

(e) 三台单相三绕组电压互感器接线

(f) 电容式电压互感器接线

图 3-28 电压互感器接线

（七）电压互感器使用注意事项

（1）电压互感器的二次侧绕组绝对不允许短路。短路电流会引起铁芯损耗增大，绕组会严重发热，将损坏设备的绝缘，危及测量人员的安全。

（2）电压互感器的二次绕组和铁芯必须可靠接地。

（3）电压互感器的二次侧极性不能接错，二次侧的负载也不宜接太多，以免降低负载阻抗，影响测量的准确性。

任务三 母线、电缆及绝缘子

一、母线

1．母线的用途及类别

母线（也称汇流排）是汇集和分配电流的裸导体，指发电机、变压器和配电装置等大电流回路的导体，也泛指用于各种电器设备连接的导线。母线处于配电装置的中心环节，作用十分重要。由于母线在正常运行中，通过的功率大，在发生短路故障时承受很大的热效应和电动力效应，因此应合理选择母线材料、截面形状及布设方式，正确地进行母线的安装和运行，以确保母线的安全可靠和经济运行。

母线有软、硬之分。软母线一般采用钢芯铝绞线，用悬式绝缘子将其两端拉紧固定。软母线在拉紧时存在适当的弛度，工作时会产生横向摆动，故软母线的线间距离要大，常用于屋外配电装置。硬母线采用矩形、槽形或管形截面的导体，用支柱绝缘子固定，多数只作横向约束，而沿纵向则可以伸缩，主要承受弯曲和剪切应力。硬母线的相间距离小，广泛用于屋内、外配电装置。

母线的材料有铜、铝和钢三种。铜的电阻率很低，机械强度高，防腐性能好，便于接触连接，是优良的导电材料。但是我国铜的储量不多，比较贵重，因此有选择地用于重要的、有大电流接触连接的或含有腐蚀性气体场所的母线装置。铝的比重只有铜的30%，导电率约为铜的62%；按重量计算，同长度具有相同电阻值传送相同电流的铝母线的重量只有铜母线的一半；铝母线由于截面较大会引起散热面积的增大，同长度传送相同电流的铝母线的用量大约只有铜母线的44%；铝的价格比铜低廉，且储量大，故以铝代铜有很大的经济意义。但铝的机械强度和耐腐蚀性能较低，接触连接性能较差，铝焊接技术复杂，有关铝载流导体的技术问题虽都已经解决，但在实际应用中仍需给予重视。钢母线价廉，机械强度好，焊接简便，但电阻率为铜的7倍，且趋肤效应严重，若常载工作电流则损耗太大，因此常用于电压互感器、避雷器回路引接以及接地网的连接线等。

2．母线的截面与排列

母线的截面形状有圆形、管形、矩形、槽形等。

圆形截面母线的曲率半径均匀，无电场集中表现，不易产生电晕，但散热面积小，曲率半径不够大，作为硬母线则抗弯性能差，故采用圆形截面的主要是作为软母线的钢芯铝绞线。

管形母线的曲率半径大，材料导电利用率、散热、抗弯强度和刚度都较圆形截面好，常用于220kV及以上屋外配电装置作为长跨距硬母线，也用于特种母线，如水内冷母线、封闭母线等。

矩形母线散热面积大，趋肤效应小，材料利用率高，承受立弯时的抗弯强度好，但周围的电场不均匀，易产生电晕，故只用于35kV及以下硬母线。矩形母线的宽度与厚度之比为5～12，太宽太薄虽对载流和散热有利，但易变形，并使抗弯强度和刚度降低。矩形母线的最大截面为125mm×10mm。对大的载流量可采用数片并装，但散热效果和集肤效应会变坏，材料利用率会变差，超过2～3片时宜采用槽形截面母线。

母线的排列应按设计规定，如无设计规定时，应按下述要求排列。

（1）垂直布置的母线。交流：A、B、C相的排列由上向下；直流：正、负的排列由上向下。

（2）水平布置的母线。交流：A、B、C相的排列由内向外；直流：正、负的排列由内向外。

（3）引下线排列。交流：A、B、C相的排列由左向右（面对母线）；直流：正、负的排列由左向右。

（4）各种不同电压配电装置的母线，其相位的配置应相互一致。

3．母线的定相与着色

母线安装完毕后，均要刷漆。刷漆的目的是为了便于识别相序、防止腐蚀及提高母线表面散热系数。实验结果表明：按规定涂刷相色漆的母线可增加载流量12%～15%。母线应按下列规定刷漆着色。

（1）三相交流母线：A 相刷黄色、B 相刷绿色、C 相刷红色，由三相交流母线引出的单相母线，应与引出相的颜色相同。

（2）直流母线：正极刷赭色，负极刷蓝色。

（3）交流中性线汇流母线和直流均压汇流母线，不接地者刷白色，接地者刷紫色带黑色横条。

另外，在焊缝螺栓连接处、设备引线端等都不宜着相色漆，以便运行监察接头情况。若能在母线接头的显著位置涂刷温度变色漆或粘贴温度变色带则更好。

软母线的各股绞线常有相对扭动，故不宜着相色漆。

二、电缆

电缆分为电力电缆（又称一次电缆）及控制电缆（又称二次电缆）。下面介绍电力电缆。

1．电力电缆的用途与特点

在电能的传输与分配过程中，由于受空间位置的限制，往往需要一种既安全可靠又节省空间位置的载流体，这就是常用的电力电缆。其各相导体之间及导体对地之间均有绝缘层可靠绝缘，外面依次加有密封护套、外护层，将全部绝缘导体一并加以保护和封闭。

电缆结构极为紧凑，占用空间远比母线要小；走向和布置极为灵活方便；现场施工简便；在外界严重损伤和破坏（包括机械损坏与火灾）的条件下运行可靠性高；虽然电缆单价较贵，但由于其基础和土建工程较省，故综合工程费用不一定超出母线，故电力电缆在电站及厂矿配电中的应用非常广泛。电缆的导体散热条件不如裸母线好，大电流大截面时的金属材料利用率较低，故载流量有限。通常在小电流长距离的配电回路中，电缆的应用具有很大优势；大电流短距离回路在布置方便的情况下宜采用母线或架空线。

2．电力电缆的一般结构

各种电力电缆在基本结构上均由导电芯线、绝缘层、密封护套和保护层等主要部分组成，如图 3-29 所示。

（1）导电芯线。有铝芯线和铜芯线两种，芯线的截面形状有扇形和圆形两种。采用扇形是为了减少电缆外径，同时也减少绝缘和保护层的材料消耗。另外为了便于弯曲，要求导电线芯具有一定的柔软性，同时为了避免线芯松散变形，要求线芯的结构稳定，因此，导电线芯一般由多根经过退火处理的细单线绞合而成。

（2）绝缘层。各芯线有芯线绝缘层，相间隔着芯线绝缘层；芯线对地还需增设统包绝缘层。绝缘层的材料有油浸纸绝缘、橡皮绝缘、聚氯乙烯绝缘、聚乙烯绝缘和交联聚乙烯绝缘等多种。同一电缆的芯线绝缘层和统包绝缘层使用相同的绝缘材料。

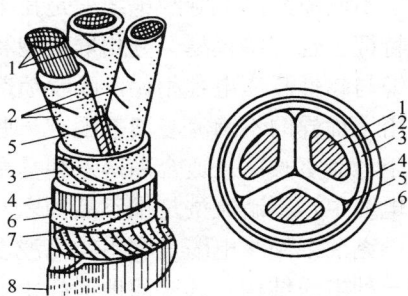

图 3-29　三芯电力电缆的一般结构

1—芯线；2—芯线绝缘层；3—统包绝缘层；
4—密封护套；5—填充物；6—纸带；
7—钢带内衬；8—钢带铠装

（3）密封护套。它的作用是保护绝缘层。护套包在统包绝缘层外面，将绝缘层和芯线全部密封，使其不漏油、不吸气、不进水、不受潮，并且使电缆具有一定的机械强度。护套的材料一般有铅、铝或塑料等。具有密封护套是电缆区别于绝缘导线的标志。

（4）保护层。为了保护密封护套不受外界因素（包括外力、外电流、腐蚀环境等）的损伤，并使电缆具有必要的机械强度，在密封护套外面还需设置保护层。保护层的主体是钢带铠装，它由钢带或钢丝叠绕而成。钢带铠装内侧有内衬垫层，其作用是保护密封护套不受钢铠的机械损伤，并且在电缆弯曲时使保护套和铠装之间便于相对滑动，它一般用浸以沥青的黄麻或电缆纸包绕而成。为了保护钢铠在空气中不被氧化，钢铠内外浸有沥青防腐层。对于直接埋入地下的电缆，钢铠外还包绕防水外皮层。它由两层浸渍沥青的电缆麻反方向绕叠而成，有的则用塑料做成外皮层。前者在空气中防火性能较差，后者在阳光中易老化。由于外力和外电流的普遍存在，不宜使用无保护层的裸铅（铝）包电缆。

3．电力电缆的类型

电力电缆可按多种方法分类。按电压高低可分为高压电缆和低压电缆（1000V 及以下）。按使用环境可分为空气中敷设电缆、直埋电缆与水下电缆等。也可按电缆结构中任一组成部分的特征分类，如按芯线的芯数可分为单芯、双芯、三芯、四芯电缆。单芯电缆又叫分相电缆。按芯线的材料可分为铜芯电缆与铝芯电缆。按密封护套材料可分为铅包、铝包、塑料包或橡套电缆。按保护层可分为裸钢带、钢丝铠装电缆和带麻被层的钢带、钢丝铠装电缆等。绝缘材料对电缆的结构和性能影响最大，故电力电缆主要按绝缘材料分类并命名。

（1）油浸纸绝缘电缆。其中包括黏性浸渍纸绝缘、不滴流浸渍剂纸绝缘和充油纸绝缘等几种。

黏性浸渍纸绝缘是在导电线芯上绕包电缆纸，将电缆干燥处理后再浸以矿物油与松香复合的电缆油，因为这种电缆油在常温下黏度很大，故称黏性浸渍绝缘。这种电缆成本低、工作寿命长、结构简单、制造方便、绝缘材料来源充足、易于安装与维护，但油易流淌，不适宜做高落差敷设。为了适应高落差的运行条件，宜采用不滴流浸渍纸绝缘电缆。

不滴流浸渍纸绝缘电缆就是在工作温度下浸渍剂具有不滴流性质的电缆。这种电缆在结构特征上也有统包型、分相屏蔽型和分相铅（或铝）包型之分。无论采用哪种结构，不滴流电缆与黏性浸渍电缆相比，除浸渍剂的特性和配方不同以外，其生产工艺基本相同。但由于采用了优异的不滴流浸渍剂配方，使不滴流电缆比黏性浸渍电缆的载流量大，老化进程缓慢，使用寿命更长，且适合高落差和垂直的运行环境。因此，在我国 35kV 及以下电压等级的油纸电缆中，不滴流型是推荐品种之一。

充油纸绝缘电缆是利用补充浸渍原理来消除绝缘层中形成的气隙，以提高电缆工作场强的一种电缆结构。其有效地提高了电缆的工作场强，因此常被超高压电缆采用。但这种电缆存在结构复杂，施工、维护不便，成本高等缺点。

（2）橡皮绝缘电缆。橡皮绝缘具有一系列的优点，它在很大的温度范围内具有高弹性，对于气体、潮气、水分等具有低的渗透性，具有较高的化学稳定性和电气性能。橡皮绝缘电缆柔软、可曲度大，但由于它价格高、耐电晕性能差，故长期以来只用于低压及可曲度要求高的场合。

随着石油化学合成工业的迅速发展，合成橡胶的出现不仅解决了天然橡胶资源匮乏、价格高的问题，还改善了性能。例如，乙丙橡胶电缆工作温度可达 85℃。目前乙丙橡胶绝缘电力电缆的电压等级已超过 150kV。

为了保护绝缘线芯不受光、潮气、化学药品侵饨的作用和机械损伤，一般在电缆绝缘线芯外再加以护套。橡皮绝缘电力电缆有三种护套：氯丁橡皮、聚氯乙烯塑料和铅护套。氯丁橡皮护套比聚氯乙烯塑料护套工艺复杂，成本高，但氯丁橡皮护套耐磨、耐老化、机械强度较高。铅护套具有完全不透水性和屏蔽性。

（3）塑料绝缘电缆。用塑料做绝缘层材料的电力电缆称为塑料绝缘电力电缆。塑料绝缘电力电缆与油浸纸绝缘电力电缆相比，虽然发展较晚，但由于制造工艺简单，不受敷设落差限制，工作温度得以提高，电缆的敷设、接续、维护方便，具有耐化学腐蚀性等优点，现正在迅速发展。随着塑料合成工业的发展，产量的提高及成本的降低，在小、低压电缆方面，塑料电缆已形成取代油浸纸绝缘电力电缆的趋势。目前，国际上已有 225kV 聚乙烯和 500kV 交联聚乙烯的塑料电缆在运行，并在研制更高电压等级的塑料电缆。

4．电缆三头

电力电缆的两端与其他电气设备连接时需要有一个能满足一定绝缘与密封要求的连接装置，该装置叫做电缆终端头。电缆终端头按使用场合的不同，又可分为户内终端头（简称户内头）和户外终端头（简称户外头）。一般地，户外头要有比较完善的密封、防水结构，以适应周围环境和气候的变化。将若干条电缆连接起来以构成更长电缆线路的装置叫做中间接头（简称中间头）。上述电缆户内头、户外头和中间头的总称为电缆三头。

电力电缆三头是电缆线路的薄弱部分，其事故率很高，应在安装与运行中给予高度重视。

对电缆三头的基本要求如下。

（1）导体连接好。对于终端头，要求电缆线芯与接线端子（俗称接手或线鼻子）有良好的连接。对于中间接头，则要求电缆线芯与接续管（俗称接管）之间有良好的连接。

（2）绝缘可靠。电缆三头的绝缘结构，应能满足电缆线路在各种状况下长期安全运行的要求，并有一定的安全裕度。

（3）密封良好。可靠的绝缘要由可靠的密封来保证，密封主要是指防止外界的水分及其他导电介质的侵入。

（4）足够的机械强度。为抵御在电缆线路上可能遇到的机械应力（包括外力损伤和短路的电动力效应），电缆三头必须具有足够的机械强度。

除了上述四项基本要求以外，电缆三头还应尽可能结构简单、体积小、重量轻、省材料、成本低、工艺简单、维护方便并兼顾造型的美观。

三、绝缘子

1．绝缘子的作用

绝缘子又名瓷瓶，被广泛用于屋内外配电装置、变压器、开关电器及输配电线路中，用来支持和固定带电导体，并与地绝缘，或作为带电导体之间的绝缘。因此，它必须具有足够的机械强度和电气强度，并能在恶劣环境（高温、潮湿、多尘埃、污秽等）下安全运行。

2．绝缘子的分类

按装设地点绝缘子可分为户内和户外两种。户外绝缘子有较大的伞裙，用以增长表面爬电距离，并阻断雨水，使绝缘子能在恶劣的户外气候环境中可靠地工作。在多尘埃、盐雾和腐蚀气体的污秽环境中，还需使用防污型户外绝缘子。户内绝缘子无伞裙结构，也无防污型。

按用途绝缘子可分为电站绝缘子、电器绝缘子和线路绝缘子等。

（1）电站绝缘子的用途是支持和固定户内外配电装置的硬母线，并使母线与地绝缘。电站绝缘子又可分为支柱绝缘子和套管绝缘子，后者用于母线穿过墙壁和天花板，以及从户内向户外引出之处。

（2）电器绝缘子的用途是固定电器的载流部分，分支柱绝缘子和套管绝缘子两种。支柱绝缘子用于固定没有封闭外壳的电器的载流部分，如隔离开关的动、静触头等。套管绝缘子用于将封闭外壳的电器，如断路器、变压器等的载流部分引出外壳。

（3）线路绝缘子用来固定架空输电导线和屋外配电装置的软母线，并使它们与接地部分绝缘。线路绝缘子可分为针式绝缘子和悬式绝缘子两种。

各类绝缘子均由绝缘体和金属配件两部分构成。

目前高压绝缘子的绝缘体采用电瓷、玻璃、玻璃钢或有机复合材料等多种材质制成。最常采用的为电瓷，其结构紧密，机械强度高，耐热和介电性能好，在表面涂硬质釉层以后，表面光滑美观，不吸水分，故电瓷具有良好的机械和电气性能。目前采用有机复合材料的绝缘子的应用范围也在不断扩大，其在结构上采用芯棒与金具黏接或压接连接构造方式和硅橡胶整体注射硫化成型，并加大了外绝缘爬电比距。硅橡胶良好的憎水性，大大降低了绝缘子污闪的发生。其采用大小伞相间的伞型，提高了大伞间距，改善了伞间放电特性，提高了绝缘子的耐污性能以及耐湿性能。其还具有强度高、外形美观、体积小、重量轻等优点。可见，复合绝缘子优点突出，将是传统瓷绝缘子的理想替代品。

为了将绝缘子固定在接地的支架上和将硬母线安装到绝缘子上，需要在绝缘体上牢固地胶结金属配件。电站绝缘子与支架固定的金属配件称为底座或法兰，与母线连接的金属配件称为顶帽。底座和顶帽均作镀锌处理，以防锈蚀。

3．户内支柱绝缘子

（1）外胶装。图3-30（a）所示为外胶装的 ZA-10Y 型支柱绝缘子，其上下金属附件均用水泥胶合剂装于瓷件两端的外面。针式绝缘子的机械强度高，但高度尺寸大，上帽附近的瓷表面处电场应力较集中。

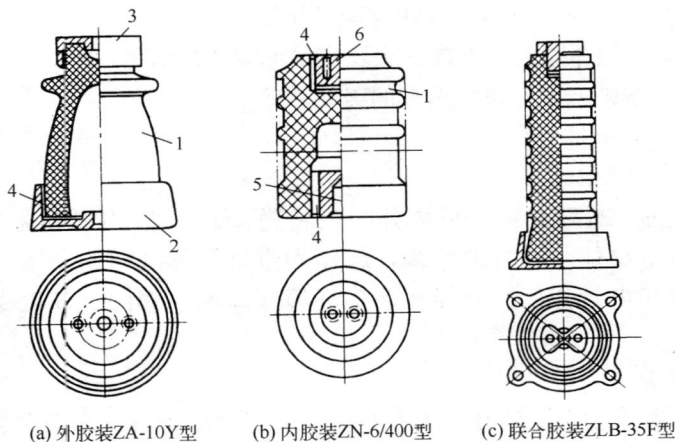

(a) 外胶装ZA-10Y型　　(b) 内胶装ZN-6/400型　　(c) 联合胶装ZLB-35F型

图3-30　户内支柱绝缘子

1—瓷件；2—铸铁底座；3—铸铁帽；4—水泥胶合剂；5—铸铁配件；6—铸铁配件螺孔

（2）内胶装。图 3-30（b）所示为内胶装的 ZN-6/400 型支柱绝缘子，其上下金属附件用水泥胶合在瓷体两端的孔内。该绝缘子与同等级的外胶装式比较，高度尺寸小，重量轻，而且瓷件端部附近表面的电场分布大有改善，故电气性能也较优，但该绝缘子下端的机械抗弯强度较差。

（3）联合胶装。图 3-30（c）所示为联合胶装的 ZLB-35F 型支柱绝缘子，其上部金属附件采用内胶装方式以降低高度和改善顶部表面的电场分布，下部金属附件采用外胶装方式，提高了安全可靠性，也减少了维护测试工作量。

4．户外支柱绝缘子

户外支柱绝缘子有针式和实心棒式两种。

（1）如图 3-31（a）所示为 ZPC1-35 型户外针式绝缘子。它由两个瓷件、铸铁帽、具有法兰盘的铁脚组成。它们之间用水泥胶合剂胶合在一起。对于 6～10kV 的针式绝缘子，仅有一个瓷件。针式绝缘子结构笨重，老化率高，已逐渐被实心棒式绝缘子所替代。

（2）如图 3-31（b）所示为 ZS-35 型实心棒式绝缘子，它由实心瓷件和上下金属附件组成。瓷件采用实心不可击穿多伞形结构，电气性能好，尺寸小，不易老化，现已被广泛应用。ZSW 系列为防污型，采用防污效果好的大小伞、大倾角伞棱造型，伞下表面不易受潮，泄漏比距大。

5．套管绝缘子

套管绝缘子简称套管，这里只介绍穿墙套管。在高压硬母线穿过墙壁、楼板配电装

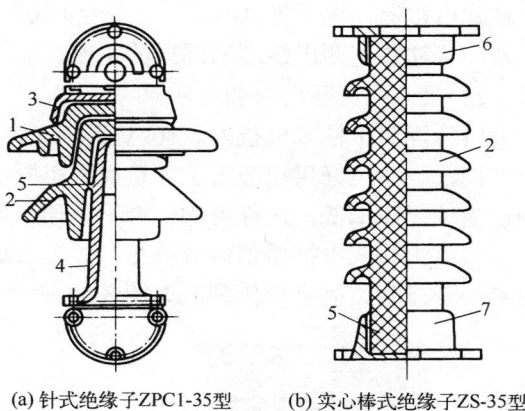

(a) 针式绝缘子ZPC1-35型　　(b) 实心棒式绝缘子ZS-35型

图 3-31　户外支柱绝缘子

1、2—瓷件；3—铸铁帽；4—铁脚；5—水泥胶属附件；
6—上金属附件；7—下金属附件

置隔板处，用穿墙套管支持固定母线并保持对地绝缘，同时保持穿过母线处的墙、板的封闭性。

套管绝缘子基本上由瓷套、中部金属法兰盘及导电体三部分组成。瓷套采用纯瓷空心绝缘结构。中部法兰盘与瓷套用水泥胶合，用来安置固定套管绝缘子。瓷套内设置导电体，其两端直接与母线连接传送电能。导电体有矩形截面、圆形截面、和母线型（本身不带导电体，安装时在瓷套中穿过母线）三种。圆形截面导体采用铜材，其两端制成细牙螺杆与铜母线（或经铝铜转换）做接触连接。矩形截面导体的集肤效应小，材料利用率高，而且与矩形母线连接方便，但矩形截面导体易产生电晕感，故多用在 10kV 及以下场合。

任务四　限　流　电　器

限流电器的作用是增加电路的短路阻抗，从而达到限制短路电流的目的。常用的设备有限流电抗器和分裂变压器。

一、限流电抗器

1．限流电抗器的类型与用途

电网中所采用的电抗器是指具有一定电抗值的电感线圈，有串联电抗器、并联电抗器、

限流电抗器和消弧线圈四种。串联电抗器用于限制电力系统的高次谐波对电力电容器的影响，串联在电力电容器前，也称阻波器。并联电抗器用于超高压长距离输电线路和 10kV 电缆系统等处，以吸收系统电容功率，限制电压升高。限流电抗器用于限制系统短路电流，以维持母线电压水平。消弧线圈则用于减小中性点非直接接地系统的接地电流，防止故障扩大。本节只介绍限流电抗器。

在发电厂与变电站主接线中，限流电抗器用于限制电力设备的短路电流，除能维持母线电压外，也能限制短路容量，以选择轻型断路器和小截面的电缆。

限流电抗器分三种：混凝土柱式电抗器（NKS 或 NKSL）、分裂电抗器（FK）和油浸电抗器（XKSL）。

限流电抗器的型号由字母和数字组合表示，例如 NKSL-10-600-5，表示其为铝电缆混凝土柱式电抗器，电压为 10kV，电流为 600A，阻抗电压百分数为 5%。此外，混凝土柱式电抗器还标注首尾两出线端沿圆周的角度。

2．限流电抗器的结构与布置

（1）混凝土柱式电抗器。20kV 及以下、150～3000A 的限流电抗器，常做成空心的混凝土结构，绕组绕好后用混凝土浇筑而成牢固的整体，故称之为混凝土柱式电抗器。这种结构制造简单，成本低，运行可靠，维护方便，属于户内装置，如图 3-32 所示。

混凝土柱式电抗器都做成单相，组成三相组时有四种排列方式，即垂直排列、水平排列、两重一并排列、品字形排列，如图 3-33 所示。

图 3-32　混凝土柱式电抗器

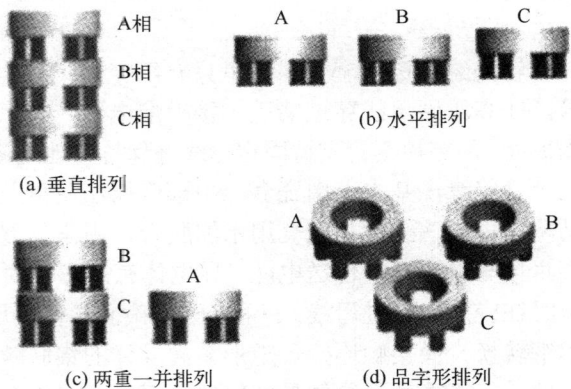

图 3-33　电抗器的排列方式

三相垂直排列和两重一并排列时，B 相绕组绕向要与 A、C 相相反，这样可以减少相间支撑绝缘子的拉伸力，因为支撑绝缘子的抗压能力比抗拉伸能力大得多。

（2）分裂电抗器。带中间抽头的混凝土柱式电抗器称分裂电抗器。

（3）油浸式电抗器。35kV 的限流电抗器，一般做成夹装、油浸式、户外装置，在油箱内壁加磁分路或电磁屏蔽，以减少箱壁的损耗和发热。

限流电抗器安装时对周围环境有要求。空心电抗器附近如果有磁导体的话，将使电抗值升高。在正常情况下，电抗器的磁通在空气中形成回路，但安装场所的屋顶、墙壁、地面如有钢铁等磁性材料存在，会在其中引起发热，所以混凝土柱式电抗器在安装时，应与屋顶、四壁和地面应保持适当距离。

二、分裂变压器

随着变压器容量的不断增大，当变压器副方发生短路时，短路容量很大。为了能有效地切除故障，必须在副方安装开断能力很大的断路器。用分裂变压器，能在正常工作和低压侧短路时，使变压器呈现不同的电抗值，从而起到限制短路电流的作用。

分裂变压器是一种多绕组变压器，它是将普通的双绕组变压器的低压绕组分裂成额定容量相等的两个完全对称的绕组。分裂绕组的布置形式决定了这两个分裂绕组间仅有磁的关系，没有电的联系，其等值电路如图 3-34 所示。通常两个低压分裂绕组容量相同，一般为变压器额定容量的 50%，阻抗相等，$X_1 = X_2$。

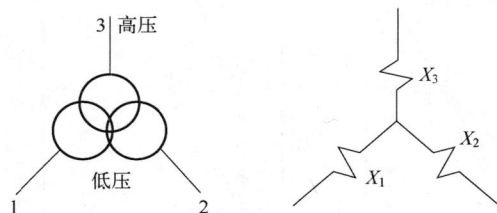

图 3-34　分裂变压器等值电路图

当低压分裂绕组并联时，高压和低压绕组间的电抗为穿越电抗，用 X_C 表示，有：

$$X_C = X_3 + 0.5X_1 \tag{3-9}$$

当一个分裂绕组断开时，如图 3-34 中绕组 2 断开，高压和低压绕组间的电抗为 X_B，则：

$$X_B = X_3 + X_1 \tag{3-10}$$

当高压绕组断开时，两个低压分裂绕组间的电抗为分裂电抗 X_F，则：

$$X_F = 2X_1 \tag{3-11}$$

$$\frac{X_F}{X_C} = K_F \tag{3-12}$$

式中　K_F——分裂系数，分裂变压器可以按不同的 K_F 制造。最有利的条件是 $K_F = 4$，即 $X_F = 4X_C$。在此情况下，根据以上各式推导可得：

$$X_3 = 0$$

$$X_1 = X_2 = 2X_C$$

若 110kV 普通双绕组变压器的电抗为 10.5%，分裂变压器的电抗 X_C 也为 10.5% 时，则分裂变压器低压绕组的电抗为 $2 \times 10.5\% = 21\%$，两分裂绕组之间的电抗为 $4 \times 10.5\% = 42\%$。可见，由于采用了分裂变压器，与普通双绕组变压器相比，在同容量同百分电抗时，低压侧短路电流减少了一半。

任务五　低压开关电器

一、自动空气开关

（一）自动空气开关的作用和分类

自动空气开关又称自动开关或自动断路器，它是一种既有开关作用又能进行自动保护的电器。具体地说，它既能带负荷通断电路，又能在短路、过负荷和失压时自动跳闸。其功能与高压断路器类同。

自动空气开关按用途分类，有配电用自动开关、电动机保护用自动开关、照明用自动开关和漏电保护开关。本章只介绍配电用自动开关。

　　配电用自动开关，按保护性能分，有非选择型和选择型两类。非选择型自动开关，一般为瞬时动作，只作短路保护用；也有的为长延时动作，作过负荷保护用。选择型自动开关，有两段保护和三段保护两种。其中瞬时特性和短延时特性适用于短路保护，而长延时特性适用于过负荷保护。图 3-35 表示自动空气开关的三种保护特性曲线。目前我国普遍应用的是非选择型自动开关，保护特性以瞬时动作式为主。

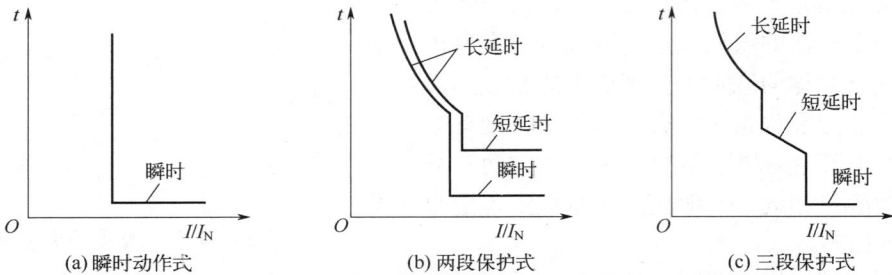

图 3-35　自动空气开关的保护特性曲线

　　配电用自动空气开关按结构型式分，有塑壳式和框架式两类。前者为 DZ 系列，后者为 DW 系列。

　　（二）基本结构

　　1．塑壳式自动空气开关

　　DZ 系列具有封闭的塑料外壳，所以叫塑壳式或装置式。我国统一设计的新型塑壳式自动空气开关是 DZ10 系列，其额定电流为 15～600A。图 3-36 为 DZ10-250 型塑壳式自动空气开关结构图，其主要组成部分如下。

　　（1）触头系统。触头材料采用耐弧的银-石墨陶瓷合金制成，可以在通过大电流时，不发生熔焊现象并能提高耐电磨损的能力。

　　（2）灭弧系统。采用钢片灭弧栅，加之脱扣机构的脱扣速度快，因此其灭弧时间短，整个断路时间不超过 0.02s，而且断流能力较大。

　　（3）脱扣系统。脱扣系统采用复式脱扣器，即过载保护用热脱扣器，短路保护用电磁脱扣器，也可以根据需要只选用其中任一种。

　　（4）操作机构。DZ10 系列自动空气开关，一般采用手动操作。在开关的外壳上有"合""分"字样，分别表示电路接通或断开时手柄停留的位置。开关自动跳闸时，手柄停在"合"与"分"的中间，而离"合"较近。一般 250A 及以上可装电动操作。这时，手柄位置不能反映开关通断状态，但可通过与开关的辅助触点连接的指

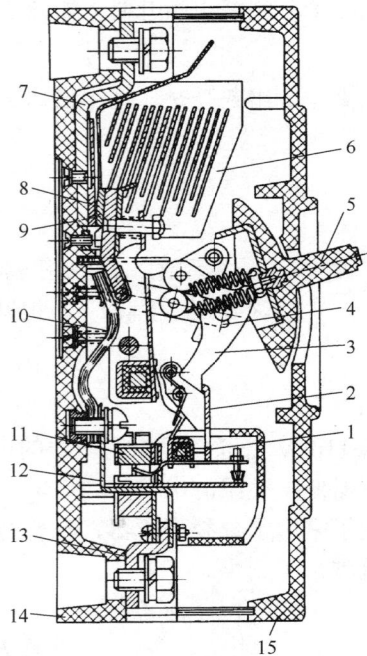

图 3-36　DZ10-250 型塑壳式自动空气开关结构图

1—牵引杆；2—锁扣；3—跳钩；4—连杆；5—操作手柄；6—灭弧室；7—引入线和接线端子；8—静触头；9—动触头；10—可挠连接条；11—电磁脱扣器；12—热脱扣器；13—引出线和接线端子；14—塑料底座；15—塑料盖

示灯来表示开关的通、断状态。事故跳闸后需要重新合闸时，必须先将手柄朝"分"的方向扳动，使主杠杆的下端进入钢片，开关处于"再扣"（准备合闸）状态，此时开关才能重新合上。但热脱扣器动作后，必须等双金属片冷却恢复后，才能重新再扣。

2．框架式自动空气开关

框架式自动空气开关的全部结构都敞开装在框架上，故而得名。由于这种自动空气开关的保护方案和操作方式比较多，因此又称为万能式自动开关。我国统一设计的万能式自动开关是 DW10 系列，其额定电流为 200～1000A。图 3-37 为 DW10-200 型框架式自动空气开关的外形结构图，其主要组成部分如下。

（1）触头系统。DW10 型自动空气开关的触头系统如图 3-38 所示。它包括主触头、副触头和灭弧触头三个部分。其主触头承担通过的负荷电流，而副触头是在主触头分开时，保护主触头，使其不致被电弧烧损；灭弧触头承担切断电流时的电弧烧灼。在操作中，合闸时触头闭合的顺序为灭弧触头—副触头—主触头；分闸时相反。

应当指出，自动空气开关所装的触头数量与额定电流大小有关。额定电流为 200A

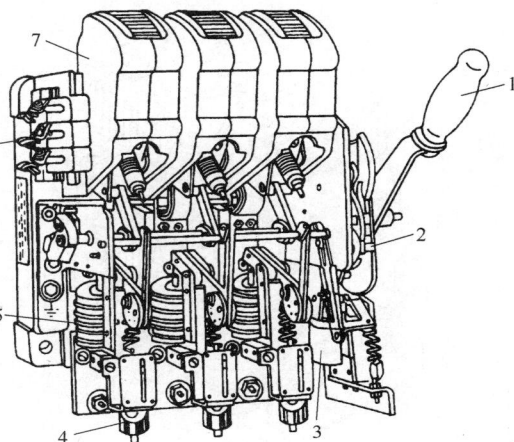

图 3-37　DW10-200 型框架式自动空气
开关的外形结构图

1—操作手柄；2—自由脱扣机构；3—失压脱扣器；
4—过电流脱扣电流调节螺母；5—过电流脱扣器；
6—辅助触点（联锁触点）；7—灭弧罩

时，只装主触头；400～600A 时，装主触头和弧触头；1000A 以上时，装主触头、副触头和灭弧触头。主触头为桥式双断点，主动触头为滚轮形，外层材料是银；主静触头材料是银-钨陶冶合金。副触头和灭弧触头都采用指式单断点触头。副触头材料是紫铜，灭弧动触头和灭弧静触头材料分别为铜和铜-钨合金（或铜-石墨陶冶合金）。

（2）灭弧系统。采用陶土灭弧罩加装去离子金属栅片的方式灭弧，为了增强灭弧能力和降低飞弧距离，常增设灭弧栅。

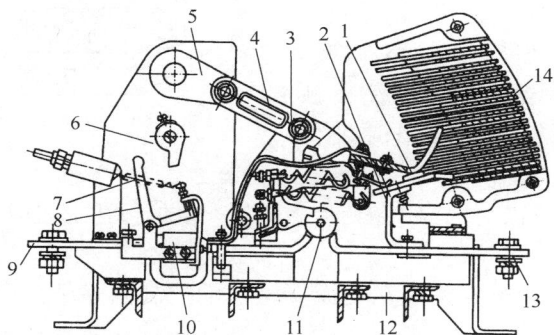

图 3-38　DW10 型自动空气开关的触头系统

1—灭弧触头；2—副触头；3—软连接；4—连杆；
5—驱动柄；6—脱扣凸轮；7—弹簧；8—打击杆；
9—下导电板；10—过流脱口器；11—主触头；
12—框架；13—上导电板；14—灭弧室

（3）脱扣系统。脱扣器中有过流脱口器、失压脱口器、分励脱扣器等，可根据需要选用。过流脱扣器用于电路过载或短路保护；失压脱扣器是在电路电压降到开关额定电压的 40% 以下时动作；分励脱扣器用于远距离控制自动开关。

（4）操作机构。该系列自动空气开关的操作方式很多，可用手柄直接操作，也可将自动开关装入配电盘后，在盘前经杠杆操作（1500A 以下），还可用电磁铁远距控制（600A 以下时），1000A 以上可用电动操作，额定电流小的一般采用杠杆操作。

二、接触器及磁力起动器

1．接触器的作用和分类

接触器是一种遥控电器，具有操作方便、动作迅速、灭弧性能好、适用于频繁操作等特点，因此被广泛地应用于电动机控制电路及自动控制电路中。接触器若与继电器等配合，则可实现自动控制及过电流、过电压等保护。

接触器分交流和直流两种。本节只介绍交流接触器。

2．交流接触器基本结构

图 3-39 是交流接触器的外形结构图，它的主要组成部分如下。

（1）触头系统。它包括主触头 3 对，动断、动合辅助触头各 2 对，均采用双断点桥式结构。

（2）电磁系统。包括动铁芯、吸引线圈、静铁芯，反作用弹簧等部分。铁芯由"山"形硅钢片叠压成，漆包线绕制的吸引线圈借助弹簧弹力固定在静铁芯上，动铁芯与触头系统固定在一起。

为了减少振动和噪声，在铁芯的极面下安装铜制的短路环，如图 3-40 所示。当磁通变化时，短路环中将产生感应电流，使得吸引线圈中的电流为零时，铁芯中总的磁势大于零，故衔铁始终被吸住，因此，振动和噪声就显著减小。

图 3-39　CJ10 交流接触器外形结构图

1—灭弧罩；2—触头压力弹簧片；3—主触头；
4—辅助常闭触头；5—辅助常开触头；6—动铁芯；
7—静铁芯；8—线圈；9—缓冲弹簧；
10—反作用弹簧；11—短路环

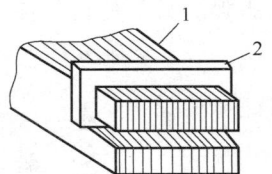

（3）灭弧系统。采用石棉水泥制成的灭弧罩，分断电路时，电弧进入灭弧罩的狭缝，因受到强烈的去游离而熄灭。

3．磁力起动器的基本知识

磁力起动器也称电磁开关，主要用于远距离控制三相鼠笼式电动机。它具有失压和过载保护，与熔断器配合还能实现短路保护。

磁力起动器主要由交流接触器和热继电器组成。交流接触器已在上面的内容中介绍过了，以下阐述热继电器的工作原理和结果。

图 3-40　短路环

1—铁芯；2—短路环

热继电器由双金属片、热元件、触点系统及操动机构、整定电流装置、复位按钮等组成。图 3-41 为常见双金属片式热继电器的原理图。

使用时，热元件与被保护电动机串联，动断触点串联在交流接触器的控制回路中。电动机正常工作时，该触点不动作；当电动机过负荷时，若其电流大于额定值，热元件会发出更多的热量，使两种不同膨胀系数的双金属片受热弯曲推动导板向右移动，导板又推动温度补偿片，使推杆绕轴运动，从而推动了动触点连杆，使动触点与静触点脱离，切断了接触器线圈的控制电路，接触器释放而切断电路，从而起到过载保护作用。

热继电器动作后的复位方式有自动复位和手动复位两种。

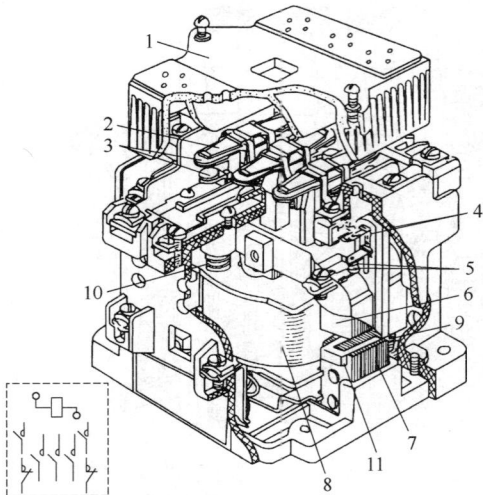

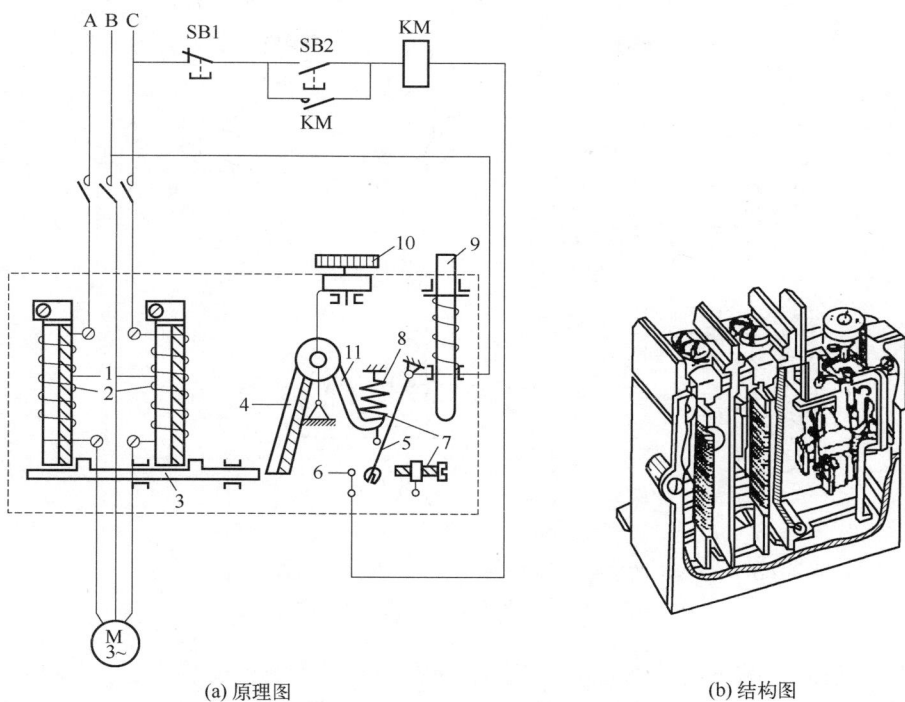

(a) 原理图　　　　　　　　　　　　　　　(b) 结构图

图 3-41　双金属片式热继电器原理图

1—双金属片；2—热元件；3—导板；4—温度补偿双金属片；5—动触点连杆；　6—动断静触点；
7—调节螺丝（动合静触点）；8—弹簧；9—复位按钮；10—整定值调节轮；11—推杆

（1）自动复位。将调节螺钉拧进一段距离，使动触点连杆的复位弹簧始终位于连杆转轴的左侧，此时触点开距最小。当热元件冷却后，双金属片恢复原状，触点在弹簧的作用下自动复位，与静触点闭合。

（2）手动复位。将调节螺钉拧出一段距离，此时触点开距最大，使复位弹簧位于连杆转轴的右侧。双金属片冷却后，由于弹簧的作用，动触点不能自动复位。这时，必须按动复位按钮，推动动触点连杆，使弹簧偏到连杆转轴的左侧，便可利用弹簧的拉力使动触点复位。一般热继电器出厂时，其触点都调整为手动复位。

热继电器带有温度补偿装置，当环境温度变化时，可以有效地减少热继电器整定电流值的变化。

4．磁力起动器应用电路

（1）利用磁力起动器实现电动机不可逆运行的接线。图 3-42（a）所示为磁力起动器控制电动机不可逆运行的手动控制接线图，图中磁力起动器的主触点、辅助触点、线圈、热继电器加热件及输出触点等各元件分别独立地按其实际连接顺序绘成直线式电路图，并用规定的图形符号表示不同性质的元件（指触点、线圈等），用文字符号表示各元件所属的器具（如磁力起动器的各触点、线圈都用 K 表示）。这种不以器具的整体形式出现，而以分散的元件按顺序连接成的直线式回路图叫做展开图。图 3-42（a）中的三相主电路从电源引接经刀闸、熔断器、磁力起动器主触头和两相式加热元件接至电动机。控制电路从磁力起动器主触头电源侧引出两线，线间电压为 380V，除辅助触点与起动按钮并联外，其他元件全部串接。

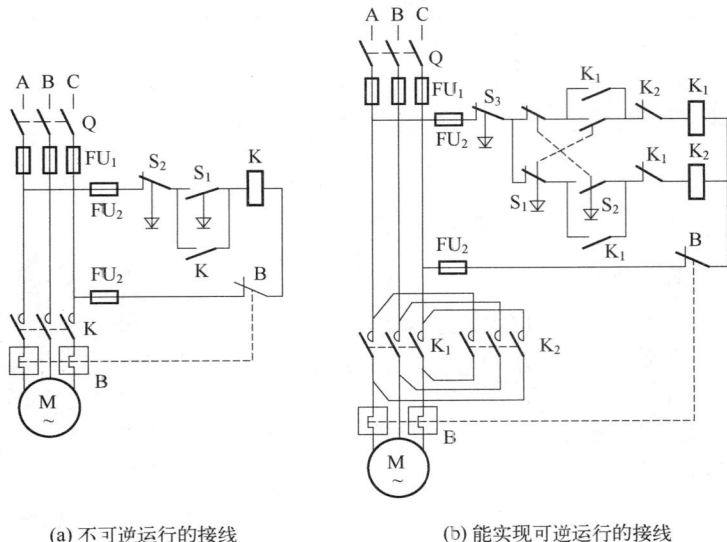

(a) 不可逆运行的接线   (b) 能实现可逆运行的接线

图 3-42 磁力起动器控制的异步电动机接线图

起动电动机时，揿下起动按钮 S_1，则 K 线圈励磁，主触头接通使电动机起动。同时 K 辅助触点闭合将启动按钮 S_1 短接，实现控制电路的"自保持"。

停机时，揿下停止按钮 S_2，吸持线圈失磁，主、辅触头均断开，电路回到起动前状态，电动机停止。

电动机组发生过负荷时，热继电器动作，其输出触点 B 断开使吸持线圈失磁，实现过负荷保护停机。

（2）利用磁力起动器实现电动机可逆运行的接线。控制电动机作正、反转起动和运行的磁力起动器称为可逆式磁力起动器。要使电动机正、反转运行需要改变三相电源的相序。为此，只要交叉倒换两相进线即可。在图 3-42（b）中的可逆式磁力起动器由两只相同的交流接触器 K_1 和 K_2 及热继电器 B 组成，K_1 和 K_2 的主触头在电源侧按相同相序并接，而在负荷侧 B、C 两相线交叉换位。故 K_1 主触头接通时电动机正转；K_2 接通时则反转。

可逆式磁力起动器的控制电路由两个支路组成。每个支路控制一只交流接触器。为防止两只接触器同时动作合闸而使主电路的相间短路，在两个控制支路中各设置了机械和电气联锁。机械联锁是起动按钮 S_1、S_2 采用复合按钮（一常开和一常闭触点），当揿下 S_1 作正转起动时，其常闭触点首先切断反转控制回路。同样，当揿下 S_2 作反转起动时，其常闭触点首先切断正转控制回路。电气联锁是正转接触器的线圈与反转接触器的常闭辅助触点串联，反转接触器的线圈与正转接触器的常闭辅助触点串联。只有当一只接触器失磁返回之后，另一只接触器才能带电起动。

习题与思考题

3-1 高压断路器的作用是什么？常见的高压断路器有哪几类？

3-2　真空断路器有什么结构特点？

3-3　简述 SF$_6$ 断路器的灭弧过程。

3-4　隔离开关的用途是什么？它是如何进行分类的？

3-5　高压断路器型号的含义是什么？隔离开关型号的含义是什么？

3-6　负荷开关的作用是什么？高压熔断器的作用是什么？

3-7　熔断器的基本结构是什么？什么是熔断器的保护特性？保护特性与哪些因素有关？

3-8　电流互感器的作用是什么？电压互感器的作用是什么？

3-9　什么是电流互感器的变比？若一次电流为 1200A，二次电流为 5A，计算电流互感器的变比。

3-10　什么是电流互感器的准确度等级？它的准确度等级有哪几级？

3-11　什么是电压互感器的准确度等级？它的准确度等级有哪几级？

3-12　电流互感器在使用时应注意哪些事项？电压互感器在使用时应注意哪些事项？

3-13　电缆和母线作为载流导体各有何特点？各在什么应用场合下才能表现出其优点？

3-14　母线着色是如何规定的？

3-15　除了采用电抗器限制短路电流外，还有何方法能减小短路电流？

3-16　简述自动空气开关的用途。

3-17　观察你身边的低压供配电线路（教学楼、宿舍楼等）采用了什么样的开关电器，思考它们的作用，并试着画出其连接电路图。

学习情境四　中性点运行方式

　　本学习情境掌握解中性点运行方式的意义及类别；掌握中性点不接地系统运行方式的特点及应用，能够绘制中性点不接地系统单相接地时，各相电流及电压的变化向量图；了解中性点经消弧线圈接地系统及中性点直接接地系统运行方式的特点及应用。

　　电力系统的中性点实际上是指电力系统中的发电机及各电压等级的变压器的中性点。我国电力系统中性点的运行方式主要有三种：中性点不接地运行方式、中性点经消弧线圈接地运行方式和中性点直接接地运行方式。前两种接地系统统称为小接地电流系统，后一种接地系统又称为大接地电流系统。

　　电力系统中性点的运行方式不同，其技术特性和工作条件也不同，还与故障分析、继电保护配置、绝缘配合等均密切相关。采用哪一种中性点运行方式，直接影响到电网的绝缘水平，系统供电的可靠性和连续性，电网的造价以及对通信线路的干扰程度。

任务一　中性点不接地系统

　　中性点不接地的电力系统正常时的电路图和相量图如图 4-1 所示，三相线路的相间及相与地间都存在着分布电容。但相间电容与这里将讨论的问题无关，因此不予考虑，只考虑相与地间的分布电容，且用集中电容 C 来表示，如图 4-1（a）所示。

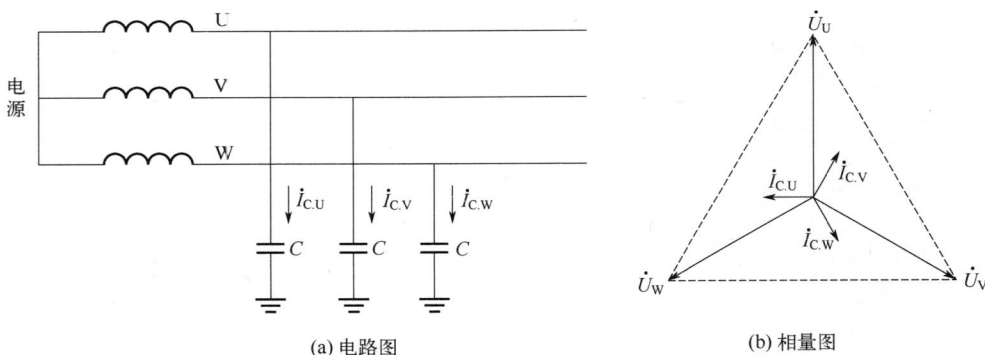

(a) 电路图　　　　　　　　　(b) 相量图

图 4-1　正常运行时的中性点不接地的电力系统

　　系统正常运行时，三个相相电压 $\dot{U}_U$、$\dot{U}_V$、$\dot{U}_W$ 是对称的，三个相的对地电容电流 $\dot{I}_{C0}$ 也是对称的，如图 4-1（b）所示。这时三个相的对地电容电流的相量和为零，因此没有电流在地中流过。各相对地电压均为相电压。

　　当系统发生单相接地故障时，假设 W 相发生金属性接地，其接地电阻为零，如图 4-2（a）所示，这时 W 相对地电压为零，而非故障相 U、V 相的对地电压在相位和数值上都会发生改变，即：

$$\dot{U}'_{U} = \dot{U}_{U} + (-\dot{U}w) = \dot{U}_{U}w$$

$$\dot{U}v' = \dot{U}v + (-\dot{U}w) = \dot{U}vw \qquad\qquad (4-1)$$

$$\dot{U}w' = \dot{U}w + (-\dot{U}w) = 0$$

$$\dot{U}_{N} + \dot{U}_{W} = 0, \qquad \dot{U}_{N} = -\dot{U}_{W}$$

式中 U_N——电源中性点 N 对地电压。

由图 4-2（b）可见，W 相接地故障时，非故障相 U 相和 V 相的对地电压值升高 $\sqrt{3}$ 倍，变为线电压值，电源中性点对地电压由零上升为相电压值。因此这种系统的设备的相绝缘，不能只按相电压来考虑，而要按线电压来考虑。

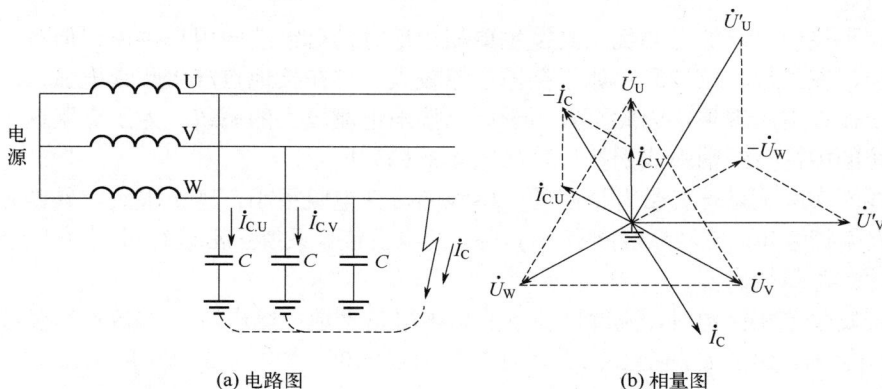

(a) 电路图　　　　　　　　　　(b) 相量图

图 4-2　发生单相接地故障时的中性点不接地电力系统

W 相接地时，系统的接地电流（接地电容电流）$\dot{I}_C$ 为 U、V 两相对地电容电流之和，即：

$$\dot{I}_C = -(\dot{I}_{C.U} + \dot{I}_{C.V}) \qquad\qquad (4-2)$$

由图 4-2（b）的相量图可知，$\dot{I}_C$ 在相位上正好超前 W 相电压 $\dot{U}_W$ 90°。由于 $I_C = \sqrt{3}\, I_{C.U}$，其中 $I_{C.U} = \sqrt{3}\, I_{Co}$，因此 $I_C = 3 I_{Co}$，即系统发生单相接地时的接地电容电流为正常运行时每相对地电容电流的 3 倍。

由于线路对地电容 C 难以准确确定，所以 I_{Co} 和 I_C 也不好根据电容 C 来准确计算，在工程中通常采用以下经验公式来计算：

$$I_C = \frac{U_N(l + 35L)}{350} \qquad\qquad (4-3)$$

式中 I_C——中性点不接地系统的单相接地电容电流（A）；

　　　U_N——电网额定线电压（kV）；

　　　l——同一电压 U_N 的具有电气联系的架空线路总长度（km）；

　　　L——同一电压 U_N 的具有电气联系的电缆线路总长度（km）。

当系统某一相发生故障，而故障相通过一定的阻抗接地时，称为不完全接地。此时，接地相电压大于零而小于相电压，非故障相对地电压则大于相电压而小于线电压。接地电流也比完全接地时小。其具体的电压、电流值与故障相接地电阻值有关。

必须指出：当中性点不接地的电力系统发生单相接地时，由图 4-2（b）的相量图可看出，系统的三个线电压无论其相位还是大小均无改变，因此系统中所有设备仍可照常运行，供电可靠性较高，这是中性点不接地系统的最大优点。但是，单相接地后，其运行时间不能太长，以免在另一相又接地时形成两相接地短路。一般允许运行时间不超过 2h。并且这种中性点不接地系统必须装设单相接地保护或绝缘监视装置，当系统发生单相接地故障时，发出报警信号或指示，以提醒运行值班人员注意，及时采取措施，查找和消除接地故障；如有备用线路，则可将重要负荷转移到备用线路上，当危及人身和设备安全时，单相接地保护应动作于跳闸。

任务二　中性点经消弧线圈接地系统

中性点不接地系统的主要优点是发生单相接地时仍可继续向用户供电，但有一种情况相当危险，即在发生单相接地时，如果接地电流较大，将在接地点产生断续电弧，这就可能使线路发生谐振过电压现象，因此不宜用于单相接地电流较大的系统。为了克服这个缺点，可将电力系统的中性点经消弧线圈接地。如图 4-3（a）所示。

消弧线圈实际上是一种带有铁芯的电感线圈，其电阻很小，感抗很大，其铁芯柱有很多间隙，以避免磁饱和，使消弧线圈有一个稳定的电抗值。系统正常运行时，中性点电位为零，没有电流流过消弧线圈。

当系统发生单相接地时，流过接地点的总电流是接地电容电流 $\dot{i}_C$ 与流过消弧线圈的电感中流 $\dot{i}_L$ 的相量和。由于 $\dot{i}_C$ 超前 $\dot{U}_W$ 90°，而 $\dot{i}_L$ 滞后 $\dot{U}_W$ 90°，如图 4-3（b）所示，所以 $\dot{i}_C$ 和 $\dot{i}_L$ 在接地点互相补偿，可使接地电流小于最小生弧电流，从而消除接地点的电弧以及由此引起的各种危害。另外，当电流过零而电弧熄灭后，消弧线圈还可减小故障相电压的恢复速度，从而减小了电弧重燃的可能性，有利于单相接地故障的消除。

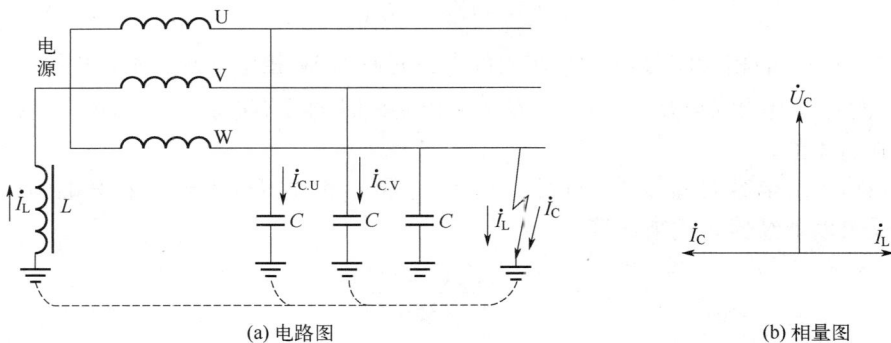

(a) 电路图　　　　　　　　　　　　　　(b) 相量图

图 4-3　中性点经消弧线圈接地的电力系统

中性点经消弧线圈接地的系统发生单相接地故障时，与中性点不接地的系统中发生单相接地故障时一样，接地相对地电压为零，非故障相对地电压升高 $\sqrt{3}$ 倍。由于相间电压没有改变，因此三相设备仍可以照常运行。但也不能长期运行，必须装设单相接地保护或绝缘监视装置，当单相接地时发出报警信号或指示，以提醒运行值班人员应及时采取措施，查找和消除故障，如可能时将重要负荷转移到备用线路上。

根据消弧线圈的电感电流对接地电容电流的补偿程度不同，有以下三种补偿方式。

（1）全补偿 $I_L=I_C$，接地点电流为零。从消弧观点来看，全补偿最好，但实际上并不采用这种补偿方式。因为在正常运行时，$I_L=I_C$ 意味着 $\dfrac{1}{\omega L}=3\omega C$。对于正常运行的电网，若忽略电源及线路的感抗，且线路空载，从 mn 端向右看，利用戴维南定理可将其简化为图 4-4（b）所示电路，其中 C_0 是各相对地电容，在理想情况下，U_N 是电源中性点对地电压，$U_N=0$，但实际上由于三相对地电容不完全相等或断路器三相触头闭合不同或出现一相断路时，会导致 $U_N\neq0$，这正好是一个串联谐振电路，其结果可能导致消弧线圈或电容两端出现过电压，危及电网的绝缘。可见，I_L 和 I_C 差值为零，会形成谐振，导致过电压。I_L 和 I_C 差值过大，会导致接地点电流过大而不易熄弧。因此维持 I_L 与 I_C 有一个合理的差值是很重要的。

（2）欠补偿 $I_L<I_C$，接地点尚有未补偿的电容性电流。欠补偿方式也较少采用，原因是在检修、事故切除部分线路或系统频率降低等情况下，可能使系统接近或达到全补偿，以致出现串联谐振过电压。例如，当电网切除部分运行线路时，会导致 C_0 减小，导致 I_C 减小，从而可能形成 $I_L=I_C$，使电网出现谐振。

（3）过补偿 $I_L>I_C$，接地点处尚有多余的电感性电流。过补偿可避免谐振过电压的产生，因此得到了广泛应用。过补偿接地处的电感电流也不能超过规定值，否则电弧也不能可靠地熄灭。因此，消弧线圈设有分接头，用以调整线圈的匝数，改变电感值的大小，从而调节消弧线圈的补偿电流，以适应系统运行方式的变化，达到消弧的目的。

任务三　中性点直接接地系统

防止单相接地故障不能自动熄弧的另一种方法，就是将系统的中性点直接接地，如图 4-4 所示，系统发生单相接地时即形成单相短路，单相短路电流 I_k 比线路正常负荷电流大得多，对系统危害很大。因此这种系统中装设的短路保护装置立即动作，切断线路，切除接地故障部分，不会产生稳定电弧或间歇电弧，系统其他部分仍能正常运行。

在中性点直接接地系统中发生单相接地时，相间电压的对称关系被破坏，但未发生接地故障的两完好相的对地电压不会升高，仍维持相电压，因此中性点直接接地系统中的供电设备的相绝缘只需按

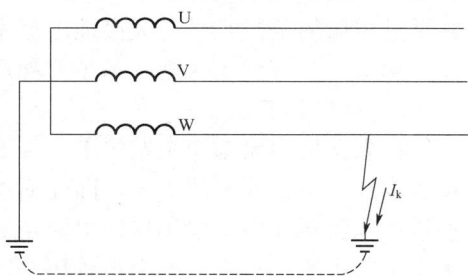

图 4-4　发生单相接地的中性点直接接地的电力系统

相电压来考虑。这对 110kV 及以上的超高压系统来说，具有显著的经济技术价值，因为高压电器特别是超高压电器，其绝缘问题是影响电器设计制造的关键问题。电器绝缘要求的降低，直接降低了电器的造价，同时改善了电器性能。

任务四　中性点不同接地方式的比较和应用范围

一、中性点不同接地方式的比较

前面介绍的三种中性点运行方式在运行中表现出不同的优缺点，其中有关供电可靠性、

过电压与绝缘水平、继电保护、对通信的干扰、系统稳定性等问题与运行关系较大。

1．供电可靠性

在中性点不接地系统和中性点经消弧线圈接地系统中发生单相接地时，并未形成短路，流过接地点的电流是数值不大的电容电流或经消弧线圈补偿的残流，大多数单相接地故障均能迅速消除，即使不能自行消除，也不需立即断开线路（一般允许继续运行 2h），因而运行人员有充裕的时间处理故障，可保证供电尽可能不间断，供电可靠性较高。我们把中性点不接地系统和中性点经消弧线圈接地系统统称为小接地电流系统；在中性点直接接地系统中发生单相接地时，单相短路电流很大，我们把中性点直接接地系统称为大接地电流系统。

在大接地电流系统中发生单相接地时，必须立即断开电路，这样造成的后果是短期停电（重合闸成功），或者是长期停电（永久性故障，重合闸不成功）。此外，在短路过程中，巨大的短路电流引起的电动力和热效应可能使一些电气设备造成损坏。断路器由于在短时间内切断短路电流的次数增加，会增加其维护检修的工作量。

总之，从供电可靠性的角度来看，小接地电流系统，特别是中性点经消弧线圈接地系统，具有明显优势。

2．过电压与绝缘水平

当单相接地时，大接地电流系统非故障相电压不会升高，由于故障线路及时切除，也不会出现弧光接地过电压问题；而小接地电流系统非故障相对地电压升高 $\sqrt{3}$ 倍，且有可能出现弧光接地过电压。因此，电力系统的绝缘水平，大接地电流系统按相电压考虑，小接地电流系统则需按线电压考虑。大接地电流系统比小接地电流系统绝缘水平大约降低 20% 左右。

另一方面，作用在绝缘上的内部过电压是在相对地电压基础上产生和发展的，由于小接地电流系统中发生单相接地时，相对地电压大约是线电压的水平，因此其各种操作过电压与共振过电压的倍数几乎是大接地电流系统的 $\sqrt{3}$ 倍左右。

总之，从过电压与绝缘水平的观点来看，采用大接地电流系统是有利的。

3．继电保护

在大接地电流系统中发生单相接地时，短路电流大，继电保护简单、可靠、选择性好、灵敏度高，不易使事故扩大，即使简单的电流保护，也具有相当高的灵敏度和可靠性；但在小接地电流系统中，单相接地电流是数值不大的电容电流或经消弧线圈补偿的残流，往往比正常负荷电流小得多，因而很难用普通的方法来判断故障线路，这就给继电保护造成较大困难，所以小接地电流系统尚不完善，延长了消除故障的时间。

4．对通信的干扰

单相接地产生的电磁干扰对通信的影响是不可忽视的，在某些情况下，它甚至还是选择中性点接地方式的决定因素。

单相接地产生干扰的途径有两种，一种是静电感应，另一种是电磁感应。

在小接地电流系统中，起主要作用的是静电感应，可以用较简单的方法加以限制。在大接地电流系统中发生单相接地时，大的接地电流对邻近的通信线路干扰大，感应电压可能危及工作人员安全或引起信号装置误动作，因此电力线和通信线间必须保持一定的距离。

总之，一般认为中性点直接接地系统对通信干扰影响最大，中性点经消弧线圈接地系统对通信的干扰最小。

5．系统稳定性

在大接地电流系统中发生单相接地时，由于接地电流很大，电压的剧烈下降、线路的突然切除可能导致系统稳定的破坏。如果采用小接地电流系统，则流过接地点的电流很小，不存在引起失步的可能。因此，从系统稳定性的角度看，中性点直接接地系统是不利的。

二、中性点运行方式的应用范围

由以上分析可见，小接地电流系统主要优点是供电可靠性高，无通信干扰问题；主要缺点是绝缘水平要求高。大接地电流系统则相反。这些优缺点对不同电压等级的系统起主导作用的方面是不同的。实际电力系统中，不同中性点接地方式应用范围大致如下。

3～10kV 系统电压不高，绝缘费用在总投资中所占比重不大，同时这个电压等级配电线路总长度长，雷击瞬间跳闸事故多，因而着重考虑供电可靠性问题，一般多采用中性点不接地系统，仅在线路长或有电缆线路而且单相接地电流越限时，才采用经消弧线圈接地方式。当发电机或调相机直接接在 3～20kV 电网，为了避免因电机内部故障产生电弧烧坏电机，当单相接地电流大于 5A 时，也应装消弧线圈。

35～66kV 系统和 3～10kV 系统相似，降低绝缘水平经济价值不甚显著，同时这个电压等级都未全线架设避雷线，雷击事故较多，供电可靠性也是主要问题。照理可采用中性点不接地系统，但由于 35～66kV 系统电网线路总长度一般都超过 100km，单相接地电流都越限，因此多采用经消弧线圈接地方式。

110kV 系统由于电压升高，绝缘费用在总投资中所占比重增大，供电可靠性则可通过全线架设避雷线和采用自动重合闸加以改善。因此，我国多数 110kV 系统采用中性点直接接地方式，但雷电活动较强的地区由于考虑供电可靠性也可采用经消弧线圈接地方式。

220kV 及以上系统降低绝缘水平占首要地位，它对总投资影响很大，中性点直接接地系统有明显优势，我国 220kV 及以上系统都采用这种接地方式。在一些发达国家，由于出线走廊限制，当不能保证与通信线的间隔距离时，也有采用经消弧线圈接地方式的。

习题与思考题

4-1　电力系统的电源中性点有哪几种运行方式？什么叫小接地电流系统和大接地电流系统？

4-2　在系统发生单相接地故障时，小接地电流系统和大接地电流系统相对的地电压和线电压有何变化？为什么小接地电流系统在发生单相接地时可允许短时继续运行，而不允许长期运行？应采取什么对策？

4-3　电网对地电容与哪些因素有关？小接地电流系统单相接地电容电流与哪些因素有关？

4-4　为什么说利用消弧线圈进行全补偿并不可取？

4-5　试述中性点直接接地系统在发生单相接地时的后果以及提高供电可靠性的措施。

学习情境五　电气主接线设计

本学习情境了解主接线的基本要求；掌握主接线的概念以及主接线图中主要设备的图形和文字符号，掌握单母线接线和双母线接线的不同形式的接线方法、运行方式、优缺点和适用场合，掌握倒闸操作的基本原则和顺序，掌握有母线的接线形式下常见的倒闸操作（包括带旁路、倒母线），掌握单元接线、桥形接线和角形接线的接线方法、运行方式、优缺点和适用场合，掌握发电厂和变电站主变压器的选择和具体计算，掌握各种类型发电厂和变电站主接线的特点；了解发电厂和变电站主接线的设计原则和步骤。

任务一　电气主接线认知

发电厂、变电站的一次接线是由直接用来生产、汇集、变换和分配电能的一次设备构成的，通常称为电气主接线或电气主系统。电气主接线表明了各种一次设备的数量、作用和相互之间的连接方式，以及与电力系统的连接情况。电气主接线图就是用规定的文字和图形符号来描绘电气主接线的专用图。电气主接线图一般画成单线图（即用单相接线表示三相系统），但对三相接线不完全相同的局部（如各相中电流互感器的配置情况不同）则绘制成三线图。如图 5-1 所示为某风电厂电气主接线图。电气主接线图不仅能表明电能输送和分配的关系，也可据此制成主接线模拟图屏，以表示电气部分的运行方式，并可供运行操作人员进行模拟操作。电气设备通常使用标准的图形符号和文字符号如表 5-1 所示。

表 5-1　　　　　　　　　　　　电气设备常用的图形符号和文字符号

序号	设备名称	图形符号	文字符号	序号	设备名称	图形符号	文字符号
1	交流发电机		G 或 GS	8	电抗器		L
2	直流发电机		G 或 GD	9	分裂电抗器		L
3	交流电动机		M 或 MS	10	避雷器		F
4	直流电动机		M 或 MD	11	火花间隙		F
5	双绕组变压器		T 或 TM	12	电力电容器	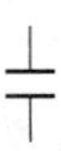	C
6	三绕组变压器	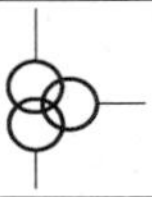	T 或 TM	13	电流互感器		TA
7	自耦变压器		T 或 TM	14	双绕组电压互感器		TV

续表

序号	设备名称	图形符号	文字符号	序号	设备名称	图形符号	文字符号
15	三绕组电压互感器		TV	22	隔离插头或插座		QS
16	输电线路		WL 或 L	23	接触器		K 或 KM
17	母线		WB	24	熔断器		FU
18	电缆终端头		W	25	跌落式熔断器		FU
19	断路器		QF	26	熔断器式负荷开关		Q
20	隔离开关		QS	27	熔断器式隔离开关		Q
21	负荷开关		Q	28	接地		E

一、对电气主接线的基本要求

电气主接线的选择正确与否对电力系统的安全、经济运行，对电力系统的稳定和调度的灵活性，对电气设备的选择，对配电装置的布置，以及对继电保护和控制方式的拟定等都有重大的影响。在选择电气主接线时，应注意发电厂或变电站在电力系统中的地位、进出线回路数、电压等级、设备特点及负荷性质等条件，并应满足下列基本要求。

1. 保证必要的供电可靠性

保证必要的供电可靠性是电气主接线最基本的要求。这里所说主接线的可靠性主要是指当主电路发生故障或电气设备检修时，主接线在结构上能够将故障或检修所带来的不利影响限制在一定范围内，以提高供电的能力。目前，对主接线可靠性的评估不仅可以定性分析，还可以进行定量计算。

一般从以下方面对主接线的可靠性进行定性分析。

（1）断路器检修时是否影响对用户的供电。

（2）设备或线路故障或检修时，停电线路数量的多少（停电范围的大小）和停电时间的长短，以及能否保证对重要用户的供电。

（3）是否存在使发电厂、变电站全部停止工作的可能性等。

2. 具有一定的运行灵活性

电气主接线不仅在正常运行情况下，能根据调度的要求，灵活地改变运行方式，实现安全、可靠、经济地供电；而且在系统故障或电气设备检修及故障时，能尽快地退出设备、切除故障，使停电时间最短、影响范围最小，并且在检修设备时能保证检修人员的安全。

3. 操作应尽可能简单、方便

电气主接线应该简单、清晰、明了，操作方便。复杂的电气主接线不仅不利于操作，还容易造成误操作，从而发生事故。但接线过于简单，又可能给运行带来不便，或造成不必要的停电。

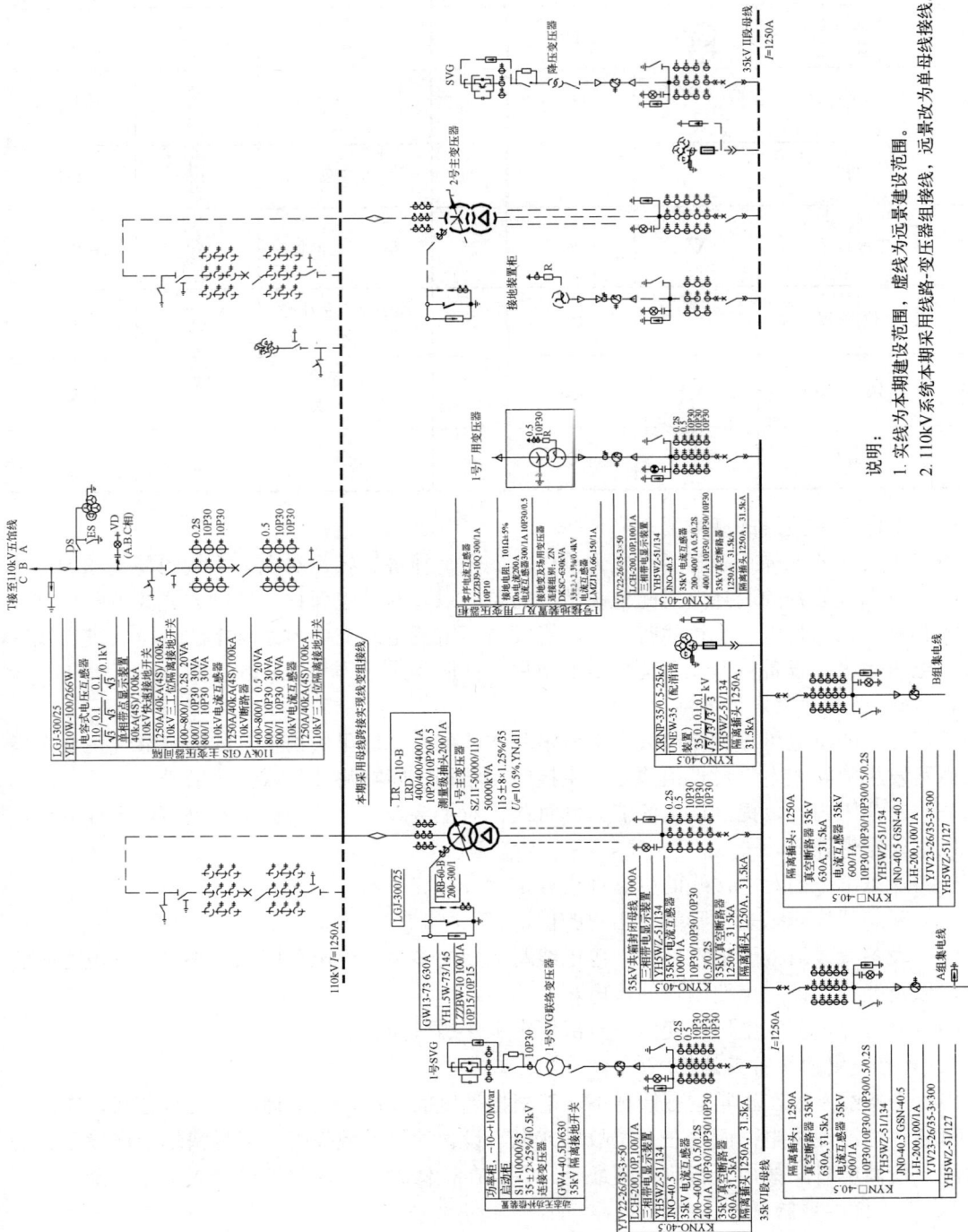

图 5-1 某风电厂电气主接线图

4．应具有发展和扩建的可能性

随着我国国民经济的快速发展，对电力的需求也在迅速地增长。因此，在选择主接线时，还要考虑到发展和扩建的可能性。

5．技术上先进，经济上合理

在确定主接线时，应采用先进的技术和新型的设备。同时，在保证安全可靠、运行灵活、操作方便的基础上，应尽可能减少占地面积，以节省基础建设投资和减少年运行费用，让发电厂、变电站尽快发挥最佳的社会和经济效益。

二、电气主接线的作用和基本类型

1．电气主接线的作用

电气主接线是整个发电厂、变电站电气部分的主干，它将各个电源点送来的电能汇聚并分配给广大的电力用户。

电气主接线的确定，对发电厂、变电站电气设备的选择，配电装置的布置，二次接线、继电保护及自动装置的配置，运行的可靠性、灵活性、经济性和安全性等都有着重大的影响，而且也直接关系到电力系统的安全、稳定和经济运行。

电气主接线是电气运行人员进行各种操作和事故处理的重要依据之一。在发电厂、变电站的主控制室内，通常设有电气主接线的模拟屏，以表明主接线的实际运行状况。运行时，模拟图板中各种电气设备所显示的工作状态必须与实际运行状态相一致。每次操作完成后，都必须立即将图板上的有关部分相应地更改成与操作后的运行情况相符合的状态，以便运行人员随时了解设备的运行状态。

2．电气主接线的基本类型

母线是接收和分配电能的装置，是电气主接线和配电装置的重要环节。电气主接线一般按有无母线可分为有母线和无母线两大类。

有母线的主接线形式包括单母线和双母线。单母线又可分为单母线不分段、单母线分段、单母线分段带旁路母线等形式；双母线又可分为双母线不分段、双母线分段、3/2 接线（又叫一台半断路器接线）、双母线带旁路母线等多种形式。

无母线的主接线形式主要有单元接线、桥形接线和多角形接线等。

三、电气回路中开关电器的配置原则

电气回路中的开关电器主要是指断路器和隔离开关。由于断路器具有很强的灭弧能力，因此，在各电气回路中（除电压互感器回路外）均配置了断路器，用来作为接通或切断电路的控制电器和在故障情况下切除短路故障的保护电器。当线路或高压配电装置检修时，需要有明显可见的断口，以保证检修人员及设备的安全，故在电气回路中，在断路器可能出现电源的一侧或两侧均应配置隔离开关。若馈线的用户侧没有电源时，断路器通往用户的那一侧，可以不装设隔离开关。但若费用不大，为了阻止过电压的侵入，也可以装设。若电源是发电机，则发电机与出口断路器之间可以不装隔离开关。但有时为了便于对发电机单独进行调整和试验，也可以装设隔离开关或设置可拆卸点。为了安全、可靠及方便地接地，可安装接地开关（又称接地刀闸）替代接地线。当电压在 110kV 及以上时，断路器两侧的隔离开关和线路隔离开关的线路侧均应配置接地开关。对 35kV 及以上的母线，在每段母线上也应设置 1～2 组接地开关，以保证电器和母线检修时的安全。

断路器和隔离开关的操作顺序为：接通电路时，先推上断路器两侧的隔离开关，再合上断路器；切断电路时，先断开断路器，再拉开两侧的隔离开关。必须严格遵守断路器与隔离开关之间的操作顺序，在未断开断路器的情况下，严禁带负荷拉合隔离开关，这种误操作会造成严重的事故。

任务二　电气主接线的基本形式

发电厂、变电站的电气主接线，常常因建设条件、一次能源的种类、系统状况、负荷需求等多种因素而有所不同。但是，各种电气主接线通常又都是由若干种最基本的接线形式组合而成，深入地了解和分析它们，对于电气主接线的设计和运行都是十分重要的。

一、单母线接线

1．单母线不分段接线

单母线不分段接线如图 5-2 所示。这种接线的特点是只有一组母线 WB，各电源和出线都接在同一条公共母线上，其供电电源在发电厂是发电机或变压器，在变电站是变压器或高压进线回路。母线既可以保证电源并列工作，又能使任一条出线都可以从任一电源获得电能。每条回路中都装有断路器和隔离开关，紧靠母线侧的隔离开关（如 QS_B）称作母线隔离开关，靠近线路侧的隔离开关（如 QS_L）称为线路隔离开关。使用断路器和隔离开关可以方便地将电路接入母线或从母线上断开。例如，当检修断路器 QF 时，应先断开 QF，再拉开线路侧隔离开关 QS_L，最后拉开母线侧的隔离开关 QS_B（当 QF 恢复送电时，应先合上母线侧的隔离开关 QS_B，再合上线路侧隔离开关 QS_L，最后合上 QF）。然后，在 QF 两侧挂上接地线，以保证检修人员的安全。

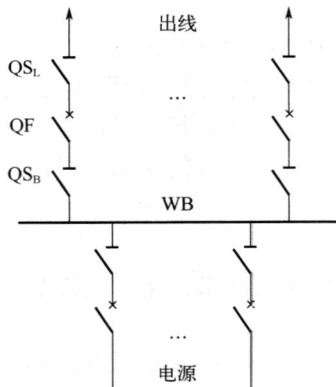

图 5-2　单母线不分段接线

WB—母线；QS_B—母线侧隔离开关；
QS_L—线路侧隔离开关；QF—断路器

单母线不分段接线的优点是结构简单、层次清晰、设备少、投资小、运行操作方便且有利于扩建。隔离开关仅在检修电气设备时作隔离电源用，不作为倒闸操作电器，从而避免了因用隔离开关进行大量倒闸操作而引起的误操作事故。

单母线不分段接线的主要缺点有以下几个方面。

（1）母线或母线隔离开关检修时，连接在母线上的所有回路都将停止工作（有条件进行带电检修的例外）。

（2）当母线或母线隔离开关上发生短路故障或断路器靠母线侧绝缘套管损坏时，所有断路器都将自动断开，进而造成全部停电。

（3）检修任一电源或出线断路器时，该回路都必须停电。

单母线不分段接线供电可靠性和灵活性都较差，只能用于某些出线回路数较少、对供电可靠性要求不高的小容量发电厂和变电站中。

2．单母线分段接线

为提高供电可靠性，当出线回路数较多时，可用断路器将母线分段，成为单母线分段接线，如图 5-3 所示。母线分段的数目，取决于电源的数目及容量、出线回路数、运行要求等，一般情况下母线可分为 2～3 段。分段时应尽量将电源与负荷均衡地分配于各母线段上，以减少各母线段间的功率交换。重要用户可以由从不同母线段上分别引出的两个及其以上回路供电，从而提高了供电的可靠性。

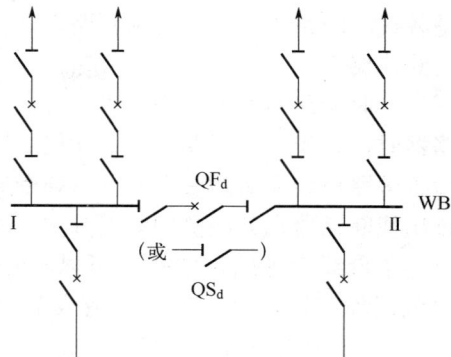

图 5-3 单母线分段接线

QF_d—分段断路器；QS_d—分段隔离开关

母线分段后，可提高供电的可靠性和灵活性。在正常运行时，可以接通也可以断开运行。当分段断路器 QF_d 接通运行时，任一段母线发生短路故障时，在继电保护作用下，分段断路器 QF_d 和接在故障段上的电源回路断路器便自动断开。这时非故障段母线可以继续运行，缩小了母线故障的停电范围。当分段断路器断开运行时，分段断路器除装有继电保护装置外，还应装有备用电源自动投入装置，分段断路器断开运行，有利于限制短路电流。

对重要用户，可以采用双回路供电，即从不同段上分别引出馈电线路，由两个电源供电，以保证供电可靠性。

单母线分段接线的缺点如下。

（1）当一段母线或母线隔离开关故障或检修时，必须断开接在该分段上的全部电源和出线，这样就减少了系统的发电量，并使该段单回路供电的用户停电。

（2）任一出线断路器检修时，该回路必须停止工作。

单母线分段接线，虽然较单母线不分段接线提高了供电可靠性和灵活性，但当电源容量较大和出线数目较多，尤其是单回路供电的用户较多时，其缺点更加突出。因此，一般认为单母线分段接线应用在 6～10kV，出线在 6 回及以上时，每段所接容量不宜超过 25MW；用于 35～60kV 时，出线回路不宜超过 8 回；用于 110～220kV 时，出线回路不宜超过 4 回。

在可靠性要求不高时，或者在工程分期实施时，为了降低设备费用，可使用一组或两组隔离开关进行分段（见图 5-3 中的 QS_d），任一段母线故障时，将造成两段母线同时停电，在判别故障后，拉开分段隔离开关，完好段即可恢复供电。

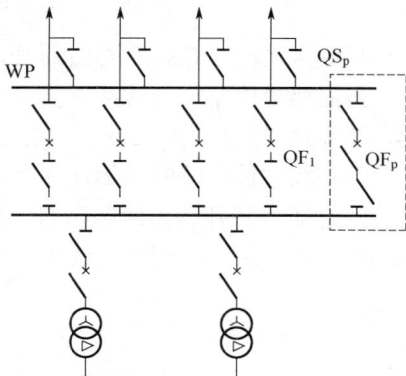

图 5-4 单母线带旁路母线接线

3．单母线带旁路母线接线

如图 5-4 所示，在工作母线外侧增设一组旁路母线，并经旁路隔离开关引接到各线路的外侧。另设一组旁路断路器 QF_p（两侧带隔离开关）跨接于工作母线与旁路母线之间。

当任一回路的断路器需要停电检修时，该回路可经旁路隔离开关 QS_p 绕道旁路母线，再经旁路断路器 QF_p 及其两侧的隔离开关从工作母线取得电源。此途径即为"旁路回路"或简称"旁路"。而旁路断路器就是各线路断路器的公共备用断路器。但应注意，旁路断路器在同一时间里只能替代一条线路的断路器工作。

平时旁路断路器和旁路隔离开关均处于分闸位置，旁路母线不带电。当需检修某线路断路器时，首先合上旁路断路器两侧的隔离开关，然后合上旁路断路器向旁路母线空载升压，检查旁路母线无故障后，断开旁路断路器，合上旁路隔离开关，最后合上旁路断路器，断开该出线断路器及其两侧的隔离开关。

单母线带旁路母线接线可以不停电检修断路器，故提高了供电可靠性。但是，当母线出现故障或检修时，仍然会造成全部停电。

4．单母线分段带旁路母线接线

如果要求在任一出线断路器检修时都不中断对该回路的供电，可以采用如图 5-5 所示的单母线分段带旁路母线接线。

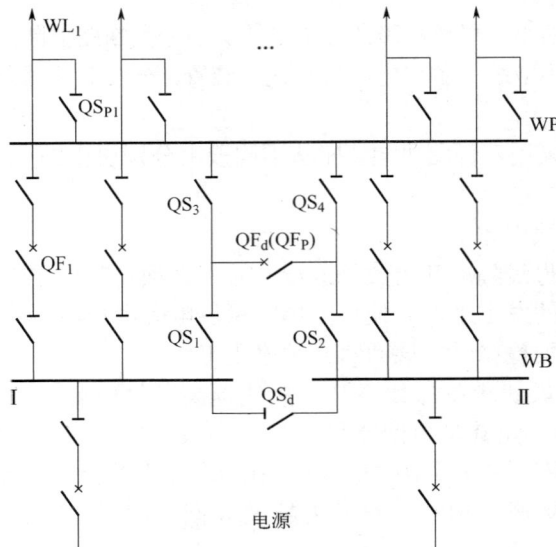

图 5-5　单母线分段带旁路母线接线

这种接线增设了一组旁路母线 WP 以及各出线回路中相应的旁路隔离开关 QS_P，分段断路器 QF_d 兼作旁路断路器 QS_P，并设有分段隔离开关 QS_d。

正常运行时旁路母线不带电，QS_1、QS_2 及 QF_p 处于合闸状态，QS_3、QS_4 及 QS_d 断开，QF_p 作分段断路器 QF_d，主接线按单母线分段的方式运行。当需要检修某一出线断路器（如 QF_1）时，可通过倒闸操作，将分段断路器改作旁路断路器，使旁路母线经 QS_4、QF_p、QS_1 接至 Ⅰ 段母线；或经 QS_2、QF_p、QS_3 接至 Ⅱ 段母线而带电运行，并经过被检修断路器所在回路的旁路隔离开关（如 QS_{P1}）构成向该回路供电的旁路通路。此时即可断开该出线断路器（如 QF_1）及其两侧的隔离开关进行检修，而不会中断对该回路的供电。此时，两段母线可通过分段隔离开关 QS_d 并列运行，也可以分列运行。

现以检修 QF_1 为例，简述其倒闸操作步骤。

（1）向旁路母线充电，检查其是否完好。合上 QS_d；断开 QF_p 和 QS_2；合上 QS_4；再合上 QF_p，使旁路母线空载升压，若旁路母线完好，QF_p 不会自动跳闸。

（2）断开 QF$_P$，合上旁路隔离开关 QS$_{P1}$。

（3）合上 QF$_P$，接通 WL$_1$ 的旁路回路。这时有两条并列的向 WL，供电的通电回路。

（4）将线路 WL$_1$ 切换至旁路母线上运行。断开断路器 QF$_1$ 及其两侧的隔离开关，并在靠近断路器一侧进行可靠接地。

这时，断路器 QF$_1$ 退出运行，进行检修，但线路 WL$_1$ 继续正常供电。

二、双母线接线

1．双母线不分段接线

图 5-6 所示为双母线不分段接线，它设有 I 和 II 两组母线，一组为工作母线，一组为备用母线。每一回路出线都通过一台断路器和两组母线隔离开关分别接至两组母线上，两组母线之间通过母线联络断路器（简称母联断路器）连接。每个回路设置了两组母线隔离开关，可以在两组母线之间切换，使运行的可靠性和灵活性大为提高。

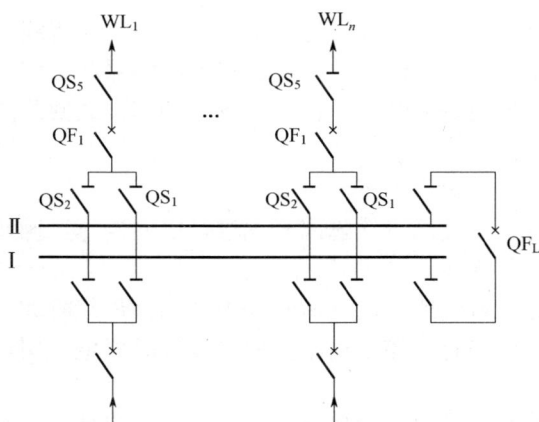

图 5-6　双母线不分段接线

双母线不分段接线的主要优点如下。

（1）运行方式灵活。可以采用将电源和出线均衡地分配在两组母线上，将母线断路器合闸的双母线当作单母线分段的运行方式。也可以采用任一组母线工作，另一组母线备用，母联断路器断开的单母线运行方式。这时，所有回路与工作母线连接的隔离开关都合闸，与备用母线连接的隔离开关都断开。

（2）供电可靠。通过两组母线隔离开关的倒闸操作，可以轮流检修任意一组母线而不致供电中断。如图 5-6 所示的接线，在 I 组母线工作、II 组母线备用的运行方式下，欲检修 I 组母线时的倒闸操作步骤如下：①首先检查备用母线是否完好，合上母联断路器 QF$_L$ 两侧的隔离开关，然后再合上母联断路器 QF$_L$ 向备用母线 II 充电。若备用母线完好时，则 QF$_L$ 不会因继电保护动作而跳闸，可继续进行操作。②将所有回路切换至备用母线。例如，先合上 QS$_1$、再断开 QS$_2$，可将线路 WL$_1$ 从工作母线 I 切换至备用母线 II 上，其他回路的操作步骤与此相同。③断开 QF$_L$ 及其两侧的隔离开关，则原工作母线 I 即可检修。

与此相似，当任一组母线故障时，只需将接于该母线上的所有回路都切换至另一组母线上，便可迅速地恢复整个装置的供电。

（3）检修任一回路母线隔离开关时，只需断开该回路。这时，可将其他回路都切换至另一组母线上继续运行，然后停电检修该母线隔离开关。如果允许对隔离开关带电检修，则该回路也可不停电。

（4）检修任一线路断路器时，可用母联断路器代替其工作。以检修 QF_1 为例，其操作步骤是：先将其他所有回路切换到另一组母线上，使 QF_L 与 QF_1 通过其所在母线串联起来。接着断开 QF_1 及其两侧的隔离开关，然后将 QF_1 两侧两端接线拆开，并用临时载流用的"跨条"将缺口接通，再合上跨条两侧的隔离开关及母联断路器 QF_L。这样，出线 WL_1 就由母联断路器 QF_L 控制。在操作过程中，WL_1 仅出现短时停电。类似地，当发现某运行中的出线断路器出现异常现象（如故障、拒动、不允许操作）时，可将其他所有回路切换到另一组母线上，使 QF_L 与该断路器通过其所在母线形成串联供电电路，再断开 QF_L，然后拉开该断路器两侧的隔离开关，使该断路器退出运行。

（5）工作母线故障时，所有回路能迅速恢复工作。当工作母线发生短路故障时，各电源回路的断路器便自动跳闸。此时，断开各出线回路的断路器和工作母线侧的母线隔离开关，合上各回路备用母线侧的母线隔离开关，再合上各电源和出线回路的断路器，各回路就可迅速地在备用母线上恢复工作。

双母线不分段接线的主要缺点如下。

（1）运行方式改变时，需使用母线隔离开关进行倒闸操作，操作过程比较复杂，容易造成误操作，导致人身或设备事故。

（2）工作母线故障时，将使所有回路短时停电（切换母线时间）。

（3）任一线路断路器检修时，该回路都需停电或短时停电（用母联断路器代替线路断路器之前）。

（4）增加了母线隔离开关数量和母线的长度，配电装置结构较为复杂，致使投资和占地面积增大。

2．双母线分段接线

在发电厂、变电站中，母线发生故障时的影响范围很大。采用双母线不分段接线，当一组母线故障时，会造成约半数甚至全部回路停电或短时停电。大型发电厂、变电站对运行可靠性与灵活性的要求非常高，必须注意避免母线故障及限制母线发生故障时的影响范围，防止全厂或全站停电事故的发生。为此可以考虑采用双母线分段接线。

在图 5-7 所示的接线中，通常一组母线（如母线Ⅰ）用分段断路器 QF_d 分为两段作为工作母线，而另一组母线（如母线Ⅱ）作为备用母线。正常运行时母联断路器 QF_{L1}、QF_{L2} 都断开。

双母线分段接线具有单母线分段和双母线不分段接线的特点，有较高的供电可靠性与运行灵活性，但所使用的电气设备较多，使投资增大。另外，当检修某回路出线断路器时，则该回路停电或短时停电后再用"跨条"恢复供电。双母线分段接线常用于大中型发电厂的发电机电压配电装置中。

3．双母线带旁路母线接线

采用双母线带旁路母线接线的目的是不停电检修任一回路断路器。

图 5-8 所示为双母线带旁路母线接线，图中 WP 为旁路母线，QF_P 为专用的旁路断路器。当变压器高压侧断路器也要求不停电检修时，主接线包括图中的虚线部分。有关旁路母线的

工作特点，前面已经做过讨论，这里不再赘述。

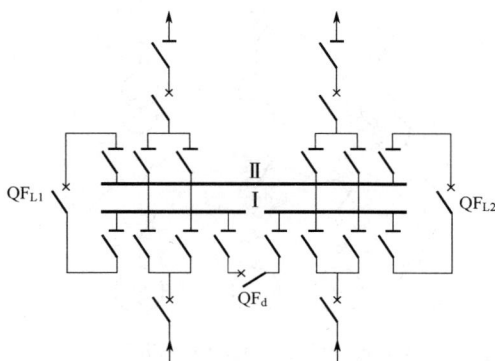

图 5-7　双母线分段接线

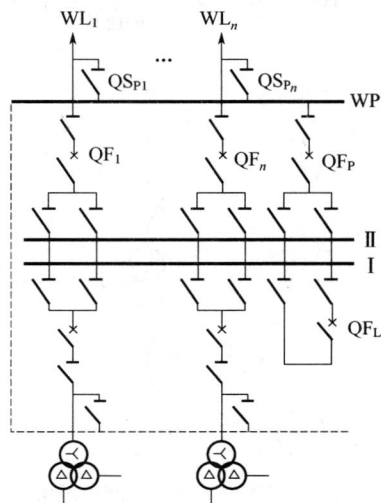

图 5-8　有专用旁路断路器的双母线带旁路母线接线

带旁路母线的双母线接线，其供电可靠性和运行的灵活性都很高。但所用设备较多，占地面积大，经济性较差，因此，一般规定当 220kV 线路有 5（或 4）回及以上出线、110kV 线路有 7（或 6）回及以上时，可采用有专用旁路断路器的带旁路母线的双母线接线。当出线回路数较少时，为了减少断路器的数目，可不设专用的旁路断路器，而用母联断路器兼作旁路断路器，其接线如图 5-9 所示。

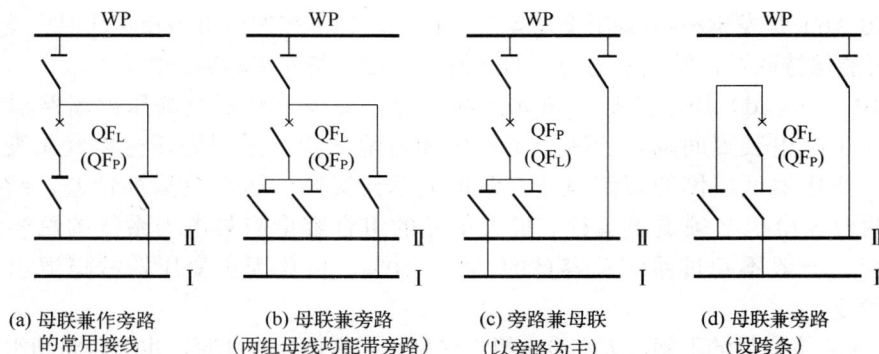

(a) 母联兼作旁路
的常用接线

(b) 母联兼旁路
（两组母线均能带旁路）

(c) 旁路兼母联
（以旁路为主）

(d) 母联兼旁路
（设跨条）

图 5-9　用母联断路器兼作旁路断路器的几种接线形式

双母线带旁路母线接线的主要缺点如下。

（1）每当检修线路断路器时，必须利用母联断路器来替代该断路器的工作，从而增加了隔离开关和继电保护整定值的更改次数。

（2）将双母线同时运行方式更改为单母线运行方式时，降低了供电可靠性。

应该特别指出的是旁路母线只是为检修出线断路器时不停止对该回路供电而设立的，它并不是为了替代主母线工作而设置的。

三、单元接线

如图 5-10 所示，发电机与变压器直接连接成一个单元，组成发电机-变压器组，称为单元接线。

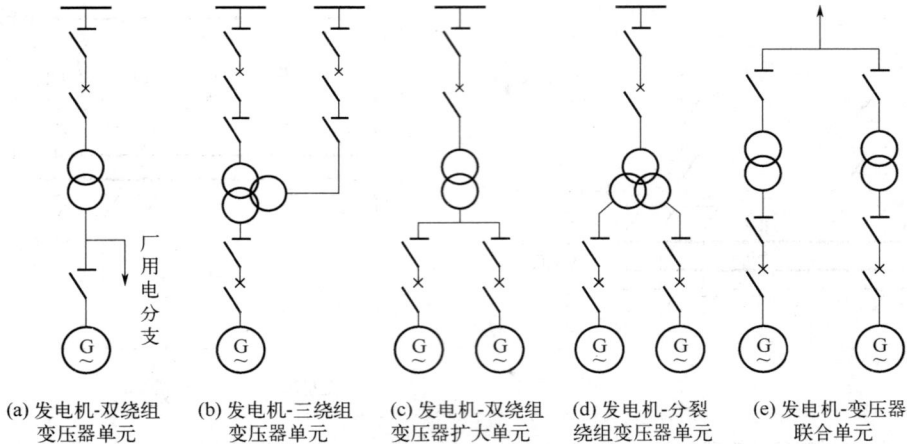

(a) 发电机-双绕组　(b) 发电机-三绕组　(c) 发电机-双绕组　(d) 发电机-分裂　(e) 发电机-变压器
　　变压器单元　　　　变压器单元　　　变压器扩大单元　绕组变压器单元　　联合单元

图 5-10　单元接线

图 5-10（a）是发电机-双绕组变压器单元接线，发电机出口处除了接有厂用电分支外，不设置母线，也不装出口断路器，发电机和变压器的容量相匹配，必须同时工作，发电机发出的电能直接经过主变压器送往升高电压电网。发电机出口处可装一组隔离开关，以便单独对发电机进行试验，200MW 及以上的发电机，由于采用分相封闭母线，不宜装设隔离开关，但应有可拆连接点。

图 5-10（b）是发电机-三绕组变压器单元接线，为了在发电机停止工作时，变压器高压和中压侧仍能保持联系，发电机与变压器之间应装设断路器和隔离开关。

图 5-10（c）、（d）所示的扩大单元接线，可以减少变压器及高压侧断路器的台数，也相应减少了配电装置间隔，还减少了投资和占地面积。采用低压分裂绕组变压器时，可以限制主变压器低压侧的短路电流，但扩大单元接线的运行灵活性较差，例如检修变压器时，两台发电机必须退出运行。扩大单元的组合容量应与电力系统的总容量和备用容量相适应，一般不超过系统总容量的 8%～10%，以免因主变压器故障退出运行时影响系统的稳定。

有时由于主变容量的限制，大容量机组无法采用扩大单元接线时，也可以将两组发电机-变压器单元在高压侧组合为图 5-10（e）所示的发电机-变压器联合单元接线，以减少昂贵的高压断路器的台数及配电装置的间隔。

单元接线的优点是接线简单清晰，投资小，占地少，操作方便，经济性好，由于不设发电机电压母线，减少了发电机电压侧发生短路故障的概率。

四、桥形接线

当只有两台主变压器和两条线路时，可以采用如图 5-11 所示的接线方式。

这种接线称为桥形接线，可看作是单母线分段接线的变形，即去掉线路侧断路器或主变压器侧断路器后的接线。也可看作是变压器-线路单元接线的变形，即在两组变压器-线路单元接线的升压侧增加一横向连接桥臂后的接线。

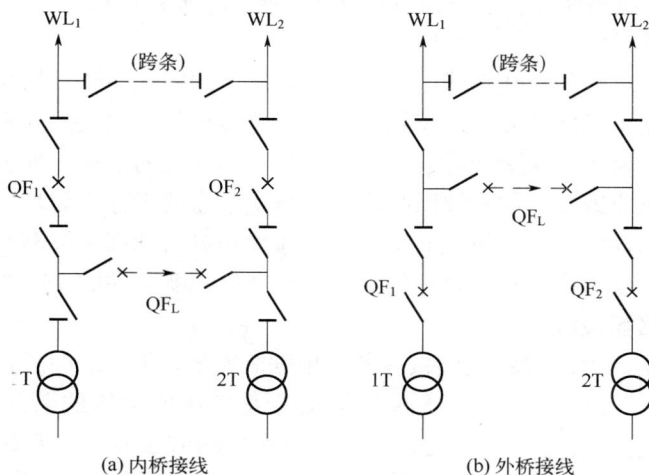

图 5-11 桥形接线

QF_L—联络断路器

桥形接线的桥臂由断路器及其两侧的隔离开关组成，正常运行时处于接通状态。根据桥臂的位置又可分为内桥接线和外桥接线两种形式。

1．内桥接线

内桥接线如图 5-11（a）所示，桥臂置于线路断路器的内侧，其特点如下。

（1）线路发生故障时，仅故障线路的断路器跳闸，其余三条支路可继续工作，并保持相互间的联系。

（2）变压器故障时，联络断路器及与故障变压器同侧的线路断路器均自动跳闸，使未故障线路的供电受到影响，需经倒闸操作后，方可恢复对该线路的供电，例如 1T 故障时，WL_1 受到影响。

（3）正常运行时变压器操作复杂。例如需切除变压器 1T，应首先断开断路器 QF_1 和联络断路器 QF_L，再拉开变压器侧的隔离开关，使变压器停电；然后，重新合上断路器 QF_1 和联络断路器 QF_L，恢复线路 WL_1 的供电。

内桥接线适用于变压器不需要经常改变运行方式、输电线路较长、线路故障概率较高、穿越功率较小的场合。

2．外桥接线

外桥接线如图 5-11（b）所示，桥臂置于线路断路器的外侧，其特点如下。

（1）变压器发生故障时，仅跳故障变压器支路的断路器，其余三条支路可继续工作，并保持相互间的联系。

（2）线路发生故障时，联络断路器及与故障线路同侧的变压器支路的断路器均自动跳闸，需经倒闸操作后，方可恢复被切除变压器的工作。

（3）线路投入与切除时，操作复杂，并影响变压器的运行。

这种接线适用于主变压器需按经济运行要求经常切换、输电线路较短、故障概率较低和电力系统有较大的穿越功率通过桥臂回路的场合。

在桥形接线中，为了在检修断路器时不影响其他回路的运行，减少系统开环机会，可以考虑增设跨条，并在跨条两侧各装一组隔离开关，便于轮流停电检修，正常运行时跨条断开，如图 5-11 中的虚线部分。

桥形接线属于无母线的接线形式，简单清晰，每个回路平均装设的断路器台数最少，既可以节省投资，也便于发展过渡为单母线分段或双母线接线。但因为内桥接线中，当变压器进行正常投入和退出操作或切除变压器故障时，将影响线路的运行；外桥接线中，当线路进行正常投入和退出操作或切除故障线路时，将影响变压器的运行，而且，改变运行方式时，需要用隔离开关作为操作电器，所以其运行的可靠性和灵活性都不够高。根据我国多年的运行经验，桥形接线一般可用于条件合适的中小型发电厂、变电站的 35～220kV 配电装置中。

五、一台半断路器接线

如图 5-12 所示，在两组母线之间接有若干串联断路器，每一串的三台断路器之间接入两

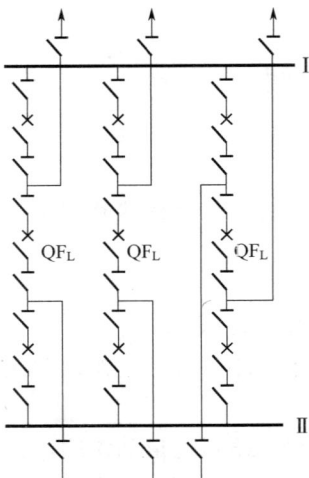

图 5-12　一台半断路器接线（3/2 接线）

个回路。处于每串中间位置的断路器称为联络断路器 QF_L。由于两个回路共装有三台断路器，平均每一个回路装设一台半（3/2）断路器，故称为一台半断路器接线，又称为二分之三断路器接线。

这种接线的主要优点如下。

（1）正常运行时，两组母线和所有断路器都同时工作，形成多环路的供电方式，增强了运行调度的灵活性。

（2）每一回路虽然只平均装设了一台半断路器，但却可由两台断路器同时供电，任何一台断路器检修时，所有回路都不会停止工作。当一组母线故障或检修时，所有回路仍可通过另一组母线继续运行。即使是在某一台联络断路器故障、两侧断路器跳闸，以及检修与事故相重叠等严重情况时，停电的回路数也不会超过两回，不存在整个装置全部停电的危险，提高了工作的可靠性。

（3）隔离开关只用于检修时隔离电压用，免去了为改变运行方式而进行复杂的倒闸操作。当检修任一组母线或任一台断路器时，所有进出线都不需要进行切换操作，操作检修方便。

这种接线的主要缺点有：所用断路器、电流互感器等设备较多，投资较大；由于每个回路都与两台断路器相连，而且联络断路器又连接着两个回路，使得继电保护和二次回路的设计、调试及检修等都较为复杂。

一台半断路器接线的突出优点使得它在大容量、超高压配电装置中得到了广泛应用。为了避免两台主变压器回路或同一个系统的两回线路同时停电，一般应采用交叉配置的原则，即同名回路应接在不同串内，电源回路应与出线回路配合成串，且同名回路还不宜接在不同侧的母线上，如图 5-12 中右边的两串。在我国这种接线普遍应用在 500kV 的发电厂和变电站中。

六、多角形接线

多角形接线又称环形接线或多边形接线，其接线形式如图 5-13 所示。多边形的每一个边

上各安装有一台断路器和两组隔离开关，多边形的各个边相互连接成闭合的环形，各出线回路通过隔离开关分别接到角形的各个顶点上。在多角形接线中，断路器数等于回路数，且每个回路都与两台断路器相连接，即接在"角"上。

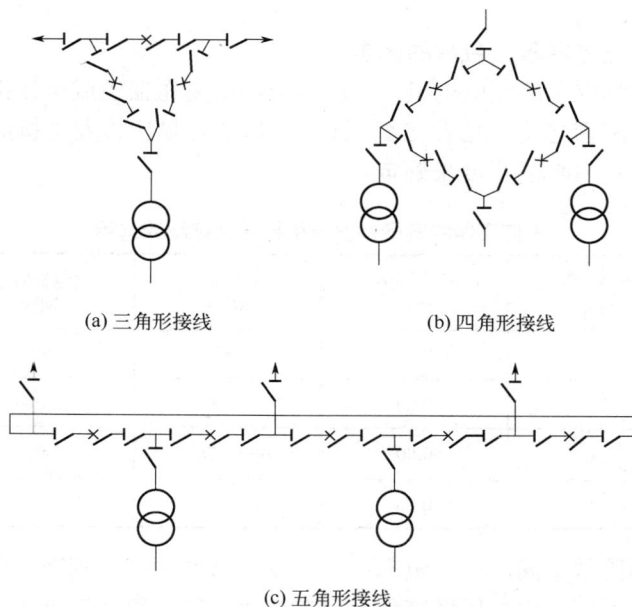

(a) 三角形接线　　　　　　　　(b) 四角形接线

(c) 五角形接线

图 5-13　多角形接线

多角形接线的主要优点如下。

（1）经济性较好。这种接线平均每个回路需设一台断路器，投资少。

（2）工作可靠性与灵活性较高，易于实现远程自动操作。多角形接线属于无汇流母线的主接线，不存在母线故障的问题。每回路均可由两台断路器供电，可不停电检修任一断路器，而任一回路故障时，不影响其他回路的运行。所有的隔离开关不用作操作电器。

多角形接线的主要缺点如下。

（1）任何一台断路器检修时，多角形接线都将开环运行，供电可靠性明显降低。此时不与该断路器所在边直接相连的其他任何设备若发生故障，都可能造成两个及其以上的回路停电，多角形接线将分割成两个相互独立部分，功率平衡也将遭到破坏，甚至造成停电事故。为了提高可靠性，减少设备故障时的影响范围，应将电源与馈线回路按照对角原则相互交替布置。

（2）多角形接线在开环和闭环两种运行状态时，各支路所通过的电流变化可能很大，使得相应的继电保护整定比较复杂，电气设备的选择比较困难。

（3）多角形接线闭合成环，其配电装置扩建较难。

我国经验表明，在 110kV 及以上配电装置中，当出线回数不多且发展比较明确时，可以采用多角形接线，一般以三角形或四角形为宜，最多不要超过六角形。

任务三　主变压器的选择

在发电厂和变电站中，用来向电力系统或用户输送功率的变压器，称为主变压器。用于两种电压等级之间交换功率的变压器，称为联络变压器。只供本厂（站）用电的变压器，称为厂（站）用变压器或称自用变压器。主变压器是电气主接线的中心环节，其容量和台数将直接影响电气主接线的形式和配电装置的结构，并对发电厂和变电站的技术经济性有较大影响。

一、发电厂主变压器容量、台数的确定

对于 200MW 及其以上的发电机组，一般与双绕组变压器组成单元接线，主变压器的容量按照发电机的容量配套选用，见表 5-2，即主变压器容量应按发电机的额定容量扣除本机组的厂用负荷后，留有 10% 的裕度来确定。

表 5-2 主变压器的容量按发电机标准规范配套选用

主变压器容量/MVA	发电机容量/MW	功率因数 $\cos\phi$	主变压器容量/MVA	发电机容量/MW	功率因数 $\cos\phi$
31.5	25	0.80	250	200	0.80
63	50	0.80	360	300	0.85
125	100	0.80	690～760	600	0.85～0.80
160	125	0.80			

由于发电机功率因数不同，厂用电率不同，变压器的生产、制造、供货及发电机和变压器的过负荷能力等也不同，主变压器容量会稍有变化，以上数据仅供参考。

采用扩大单元接线时，应尽可能采用分裂绕组变压器，其容量应按单元接线的设计原则算出两台容量之和来确定。

1．具有发电机电压母线接线的主变压器容量、台数的确定

（1）在满足了发电机电压母线上日最小负荷及厂用负荷后，主变压器应能将发电机电压母线上的最大剩余功率送入系统。

（2）当接在发电机电压母线上最大的一台发电机组停用，且发电机电压母线上的负荷达到最大时，主变压器应能从系统中倒送功率，以获取所需的功率。此时，可考虑主变压器的允许过负荷和限制非重要负荷，重要负荷一般按全部负荷的 60%～75% 估算。

（3）为保证发电机电压出线供电可靠性，接在发电机电压母线上的主变压器一般不少于两台。

2．连接两种升高电压母线的联络变压器容量的确定

（1）为了布置和引线方便，通常联络变压器只选一台。

（2）联络变压器容量一般不应小于接在两种电压母线上最大一台机组的容量，以保证最大一台机组故障或检修时，通过联络变压器可满足本侧负荷的要求。同时，也可在线路检修或故障时，通过联络变压器将剩余功率送入另一系统。

二、变电站主变压器容量、台数的确定

（1）为了保证供电可靠性，避免一台主变压器停运时影响用户的供电，变电站一般装设两台主变压器。当只有一个电源或变电站可由中、低压侧电网取得备用电源给重要负荷供电时，可只装设一台主变压器。对于大型枢纽变电站、地区性孤立变电站或大型企业专用变电站根据工程具体情况，可安装三台主变压器。

（2）主变压器容量一般按变电站建成后 5～10 年的规划负荷选择，并适当考虑远期 10～20 年的负荷发展。对于城郊变电站，主变压器容量应与城市规划相结合。

（3）装有两台主变压器的变电站，应能在一台变压器停运时，另一台变压器的容量在计及过负荷能力允许时间内，仍能保证对 Ⅰ 类及 Ⅱ 类负荷的连续供电。每台变压器容量一般为：

$$S_e = 0.6P_m \tag{5-1}$$

式中 P_m——变电站最大负荷。

这样，当一台变压器停运时，可保证对 60%负荷的供电，考虑变压器 40%的事故过负荷能力，则可保证对 84%负荷的供电。由于一般电网变电站大约有 25%的非重要负荷。因此，该主变压器的容量能保证对变电站重要负荷的供电要求。

三、主变压器型式的选择

1．相数的确定

电力变压器按相数可分为单相变压器和三相变压器两类，主要考虑变压器制造水平、可靠性要求和运输条件等因素进行选择。对于 330kV 及以下电力系统，当不受运输条件限制时，一般都选用三相变压器，因为单相变压器相对而言投资大、占地多、运行损耗也较大，同时配电装置结构复杂，增加了维护工作量。

对于 500kV 及以上电力系统中主变压器的选择，除按容量、制造水平、运输条件确定外，更重要的是考虑负荷和系统情况，要保证供电可靠性，应进行综合分析，在满足技术、经济的条件下来确定选择单相变压器还是三相变压器。

2．绕组数的确定

变压器按其绕组数可分为双绕组普通式、三绕组式、自耦式以及低压绕组分裂式等。当发电厂只升高一级电压时或在 35kV 及以下电压的变电站中，可选用双绕组普通式变压器。当发电厂有两级升高电压时，常使用三绕组变压器作为联络变压器，其主要作用是实现高、中压的联络，其低压绕组接成三角形抵消三次谐波分量。110kV 及以上电压等级的变电站中，也经常使用三绕组变压器作为联络变压器。

自耦变压器的特点是其中两个绕组除有电磁联系外，在电路上也有联系，其绕组布置如图 5-14、图 5-15 所示。

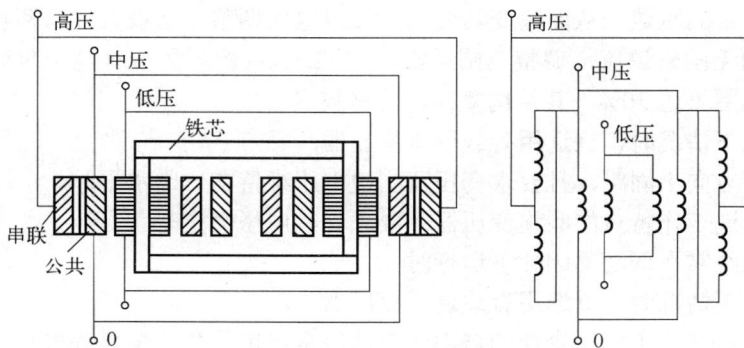

图 5-14 降压型自耦变压器绕组布置图

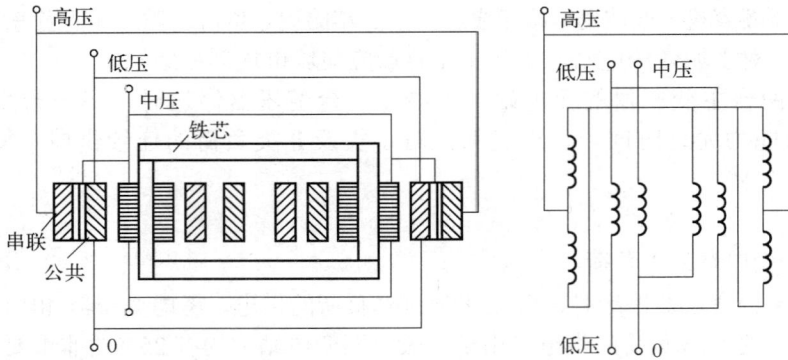

图 5-15   升压型自耦变压器绕组布置图

当自耦变压器用来联系两种电压的网络时，一部分传输功率可以利用电磁联系，另一部分可利用电的联系。电磁传输功率的大小决定变压器的尺寸、重量、铁芯截面和损耗，所以与同容量、同电压等级的普通变压器相比，自耦变压器的经济效益非常显著。但是，由于自耦变压器在高压电网和中压电网之间有电气连接，故具备了过电压从一个电压等级的电网转移到另一个电压等级的电网的可能性。例如，高压侧电网发生过电压时，它可通过串联绕组进入公共绕组，使其绝缘受到危害。如果在中电网出现过电压，它同样可以进入串联绕组，进而可能产生很高的感应过电压。为了防止高压侧电网发生单相接地时，在中压绕组其他两相出现过电压，要求自耦变压器的中性点必须直接接地。

3．绕组连接方式的确定

变压器三相绕组的连接组别必须与系统电压相位一致，否则就不能并列运行。电力系统采用的绕组连接方式只有星形（Y）和三角形（D）两种，因此，变压器三相绕组的连接方式应根据具体工程来确定。

主变压器连接组别一般选用 YN，d11 或 Y，d11 常规接线。110kV 及以上的变压器，高压侧三相绕组采用 YN 连接方式，低压侧三相绕组采用 D 连接方式；35kV 及以下的变压器，高压侧三相绕组采用 Y 连接方式，低压侧三相绕组采用 D 连接方式。

4．调压方式的确定

为了保证供电质量，电压必须维持在允许范围内。通过切换变压器的分接头开关，可改变变压器高压绕组的匝数，从而改变其变比，实现电压调整。切换方式有两种：一种是不带电压切换，称为无励磁调压，调整范围通常在 $\pm 2 \times 2.5\%$ 以内；另一种是带负荷切换，称为有载调压，调整范围可达 30%，其结构复杂，价格较贵。

发电厂在以下情况时，宜选用有载调压变压器。

（1）当潮流方向不固定，且要求变压器副边电压维持在一定水平时。

（2）具有可逆工作特点的联络变压器，要求母线电压恒定时。

（3）发电机经常在低功率因数下运行时。

变电站在以下情况时，宜选用有载调压变压器。

（1）地方变电站、工厂、企业的自用变电站经常出现日负荷变化幅度很大的情况时，又要求满足电能质量，往往需要装设有载调压变压器。

（2）330kV 及以上变电站，为了维持中、低压电压水平需要，应装设有载调压变压器。

（3）110kV 及以下的无人值班变电站，为了满足遥调的需要，应装设有载调压变压器。

5．冷却方式的选择

运行中的变压器，因有损耗而发热，但变压器的温升直接影响它的负荷能力和使用年限。为了降低温升，提高出力，保证变压器安全、经济地运行，就必须改变冷却方式。根据变压器的型式、容量、工作条件的不同，变压器冷却方式也不同。发电厂和变电站中的大部分变压器，都是油浸式变压器，其冷却方式一般有以下几种类型。

（1）油浸自然空气冷却式。容量为 50000kVA 及以下的小容量变压器，采用这种冷却方式，即依靠油箱壁的辐射和变压器周围空气的自然对流散热。为加大油箱冷却面积，一般装有片状或管形辐射式冷却器。

（2）油浸风冷式。对于容量为 50000kVA 以上的变压器，在散热器上加装风扇（每组散热器上加装两台小风扇），将风吹在散热器上，以加速热量的散出，进而降低变压器的油温。

（3）强迫油循环水冷式。由于单纯的加强表面冷却，只能降低油的温度，而当油温降低到一定程度时，油的黏度增加，会使油的流速降低，起不到应有的冷却作用，故对 50000kVA 以上的巨型变压器，采用潜油泵强迫油循环，让水对油管道进行冷却，把变压器中的热量带走。因变压器本身无散热器，在水源充足的条件下，采用这种方式极为有利，散热效率高，节省空间和材料。正常运行时，其冷却水温度不超过 25℃，油压应高于水压 0.1～0.5MPa，以免水渗入油中，影响油的绝缘性能。

（4）强迫油循环风冷式。其原理与强迫油循环水冷式相同。

（5）强迫油循环导向冷却。近年来大型变压器都采用这种冷却方式，它是将油压入线饼和铁芯的油道中，直接对线饼和铁芯进行冷却。

6．电力变压器型号含义及技术参数

（1）电力变压器的型号含义。按标准 JB/T 3837—1996《变压器类产品型号编制方法》的规定，变压器的型号采用汉语拼音大写字母表示，或其他合适字母来表示产品的主要特征，用阿拉伯数字表示产品性能水平代号或规格代号，如图 5-16 所示。

图 5-16 中第一个方框表示产品型号，用图 5-17 所示的方法表示，其具体含义如表 5-3 所示。

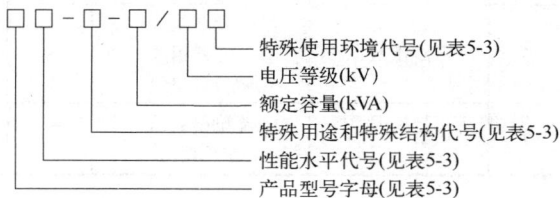

特殊使用环境代号(见表5-3)
电压等级(kV)
额定容量(kVA)
特殊用途和特殊结构代号(见表5-3)
性能水平代号(见表5-3)
产品型号字母(见表5-3)

图 5-16 电力变压器型号组成

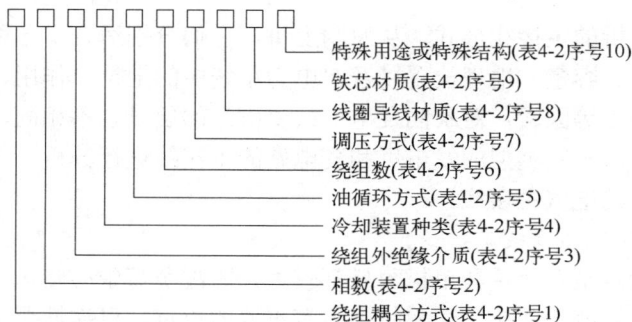

特殊用途或特殊结构(表4-2序号10)
铁芯材质(表4-2序号9)
线圈导线材质(表4-2序号8)
调压方式(表4-2序号7)
绕组数(表4-2序号6)
油循环方式(表4-2序号5)
冷却装置种类(表4-2序号4)
绕组外绝缘介质(表4-2序号3)
相数(表4-2序号2)
绕组耦合方式(表4-2序号1)

图 5-17 电力变压器型号表示法

图 5-16 中第二个方框表示变压器的性能水平，变压器的性能水平应符合 GB/T 6451—2015《三相油浸式电力变压器技术参数和要求》、GB/T 10228—2015《干式电力变压器技术参数和要求》等的相关规定。

（2）电力变压器的技术参数。电力变压器的技术参数见附录 B。电力变压器的型号字母顺序及含义见表 5-2。

表 5-3　　　　　　　　　电力变压器的型号字母顺序及含义

序号	分类	含义	代表字母	序号	分类	含义	代表字母
1	绕组耦合方式	独立 自耦	— O	8	线圈导线材质	铜 铜箔 铝 铝箔	— B L LB
2	相数	单相 三相	D S	9	铁芯材质	电工钢片 非晶合金	— H
3	绕组外绝缘介质	变压器油 空气（干式） 气体 成型固体　浇注式 包绕式 难燃液体	— G Q C CR R	10	特殊用途或特殊结构	密封式 串联用 起动用 防雷保护用 调容用 高阻抗 地面站牵引用 低噪声用 电缆引出 隔离用 电容补偿用 油田动力照明用 常用变压器 全绝缘 同步电机励磁用	M C Q B T K QY Z L G RB Y CY J LC
4	冷却装置种类	自然循环冷却装置 风冷却器 水冷却器	— F S				
5	油循环方式	自然循环 强迫油循环	— P				
6	绕组数	双绕组 三绕组 双分裂绕组	— S F				
7	调压方式	无励磁调压 有载调压	— Z				

任务四　电气主接线方案实例分析

本学习情境所分析的主接线形式，从原则上讲，它们分别适合于各种发电厂和变电站。但是，发电厂的类型、容量、地理位置以及在电力系统中的地位、作用、馈线数目、输电距离的远近和自动化程度等因素，对不同发电厂或变电站的要求各不相同，所采用的主接线形式也就各异。下面仅对不同类型的发电厂和变电站的主接线进行分析。

一、火力发电厂的电气主接线

1．大型区域性电厂主接线

区域性电厂的特点是总容量和单机容量都较大，距离负荷中心较远，通常以高压或超高压远距离输电线路与系统相连接，在系统中占有重要的位置，可靠性要求和设备利用小时数都较高，主要承担系统基本负荷。发电厂内一般不设置发电机电压母线，全部机组都采用简单可靠的单元接线直接接入 220～500kV 高压母线中，以 1～2 个的升高电压将电能送入系统。发电机组采用机-炉-电单元集中控制或计算机控制，运行调度方便，自动化程度高。

大型发电厂通常采用发电机-变压器组单元、扩大单元及联合单元接线。当采用发电机-变压器组单元接线时，单机容量为 200MW 及其以上的大机组一般都是与双绕组变压器组成单元接线，而很少采用与三绕组变压器组成单元接线，以省去昂贵的发电机出口断路器。若发电厂具有两个升高电压时，则通过自耦联络变压器来联络两个升高的电压系统。联络变压器的第三绕组还可以作为本厂的起动或备用电源，以提高厂用电的可靠性，简化配电装置结构，节省投资。

2．生物质能电厂主接线

生物质能电厂主要利用生物质作为燃料，厂址通常靠近生物质原料的产地。生物质能电厂的发电机输出电压一般为 10kV 或 6kV，通过升压变压器将电压升高到 110kV 或 220kV 后接入电网。当机组数量较少、出线回路不多时，可采用单元接线或单母线接线方式。当机组数量较多时，通常采用单母线分段接线，提高供电的可靠性。

图 5-18 所示为某生物质能电厂电气主接线图。该厂建于城市附近，装有 2 台 18MW 汽轮发电机组，总装机容量为 36MW。发电机侧采用单元接线，接线简单清晰，投资小，占地少，操作方便，经济性好。采用一回 110kV 线路与系统相连，110kV 侧采用单母线接线，所有的进出线都连接在同一条母线上，便于操作和维护。

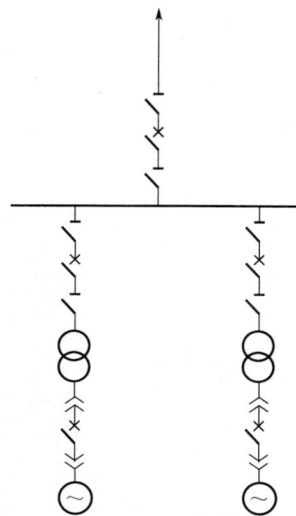

图 5-18　某生物质能电厂电气主接线图

二、水力发电厂的电气主接线

水力发电厂（水电厂）通常建设在水力资源丰富的江河湖泊处，建设规模明确，厂区较为狭窄，一般都远离负荷中心，没有发电机电压负荷，电厂的负荷曲线变化较大，机组启停频繁。因此，水电厂的电气主接线具有区域性火电厂的某些特点，但应尽量采用简单清晰、运行操作灵活、可靠性较高的主接线方式，以便减少电气设备数量，简化配电装置的布置。

某水电厂电气主接线图如图 5-19 所示。电站装机为 2×8MW，机端电压为 6.3kV，电厂是地方电网的骨干电厂，较为重要。采用 110kV 电压送电，与系统相连。由于出线只有一回，故采用一台主变压器的变压器-线路单元接线，主变容量为 20MVA；低压侧采用单母线接线，机组台数少，能满足可靠性要求。同时保护也较为简单。

电厂选用两台厂用变压器，互为备用，一台接在发电机电压侧母线上，另一台接在附近的 10kV 线路上，可使电站获得两个相对独立的厂用电源，保证了对厂用负荷的供电可靠性。其低压侧为 380V，采用单母线分段接线，由于两台厂用变压器高压侧电压不是同相位，故低压侧不允许并列运行。

三、变电站的电气主接线

变电站可分为系统枢纽变电站、地区变电站和一般变电站三类。系统枢纽变电站一般是 500kV 或 220kV 及以上的重要变电站，它汇集多个大电源和大容量负荷之间的联络线，处于系统枢纽位置，高压侧多有较大的功率交换，并担负着向中压侧输送电能的任务。系统枢纽变电站发生故障，会危害系统的安全运行；严重时，甚至会破坏系统稳定，使系统瓦解或造成大面积停电。因此系统枢纽变电站的电气主接线对可靠性、灵活性要求很高。地区变电站一般是 220kV 的变电站，它处于地区电网的枢纽点，高压侧接收或交换功率，并供给中压侧和低压侧负荷。如果地区变电站发生全站停电事故，将会造成地区电网的瓦解，影响整个地区的供电。地区变电站的电气主接线应有较高的可靠性和灵活性。一般变电站多为终端或分支变电站，电压等级在 110kV 及以下。这种变电站降压后供给附近用户或企业，变电站停电后只影响其低压负荷供电。

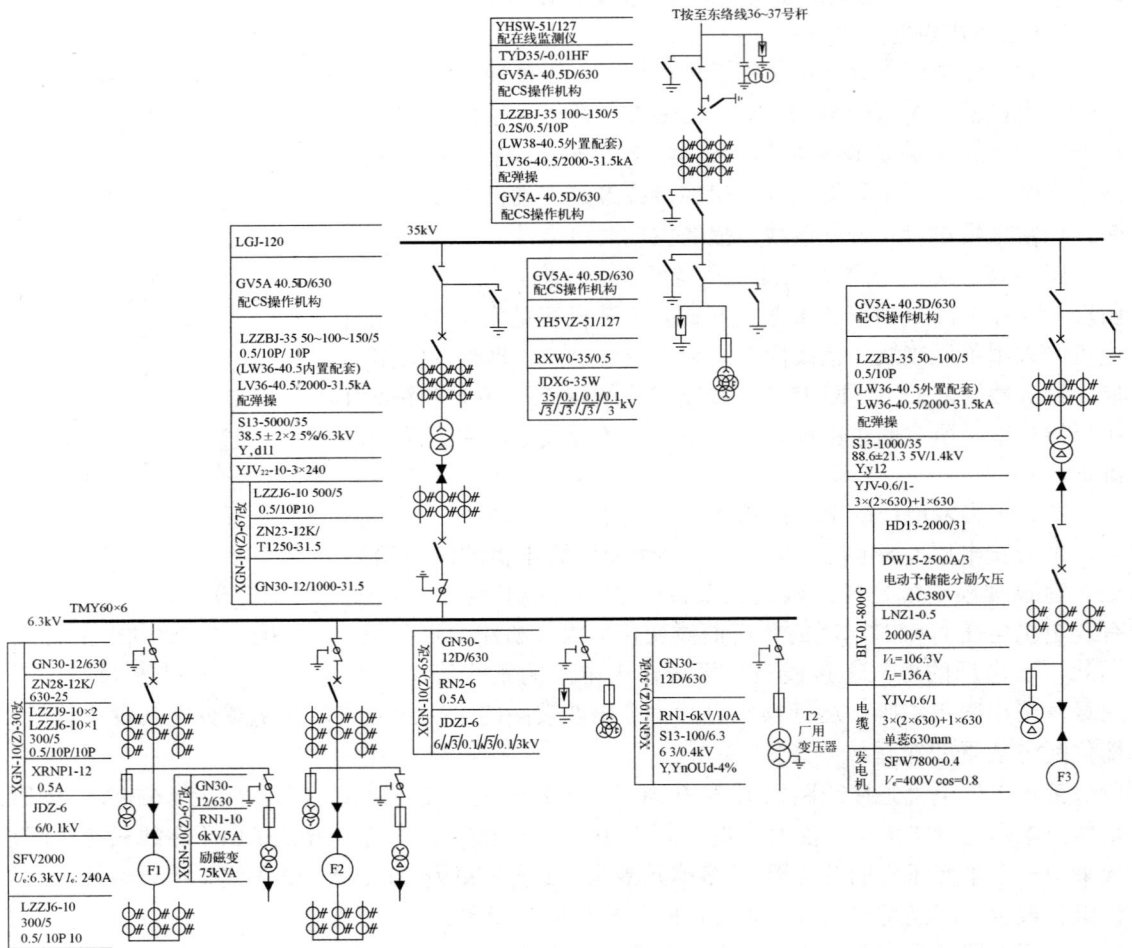

图 5-19　某水电厂电气主接线图

另外，变电站主变压器的容量和台数一般按变电站建成后 5～10 年的规划负荷选择，并适当考虑 10～20 年的负荷发展。对于城郊变电站，主变压器容量应与城市规划相配合。变电站的主接线，要根据变电站在电力系统中的地位、作用、种类、负荷性质、负荷容量、电网结构等多种因素确定。变电站主变压器一般装设 1～3 台；若终端变电站只有一个电源时，可只装设一台主变压器。变电站装设 2 台主变压器时，若其中一台事故断开，另一台主变压器的容量应保证该所 70%负荷供电，在计及变压器过载能力后要保证Ⅰ、Ⅱ类负荷供电。变电站主变压器容量和台数的确定还应根据供电地区的负荷发展前景，做中远期考虑。

当变电站有三个电压等级时，一般可考虑采用三绕组变压器或自耦变压器。但中压侧电压为110kV及以上时，多采用自耦变压器，因为与三绕组变压器相比，自耦变压器具有电能损耗小、投资少以及体积小、便于运输等优点。

1．地区变电站电气主接线

地区变电站的主要负荷是地区性负荷，出线回路数较多，如图5-20所示是某地区重要变电站电气主接线图，由于变电站的重要性高、容量大，故设四台主变压器，两台自耦变压器和两台三绕组变压器，其容量分别是120MVA和60MVA。该变电站高压侧电压为220kV，四回路与系统相连，采用双母线带旁路母线接线；中压侧电压为110kV，六回出线，采用双母线带旁路母线接线；低压侧电压为35kV，八回路出线，采用单母线分段接线；同时还增设了无功补偿装置，提高电网的功率因数和电能质量。

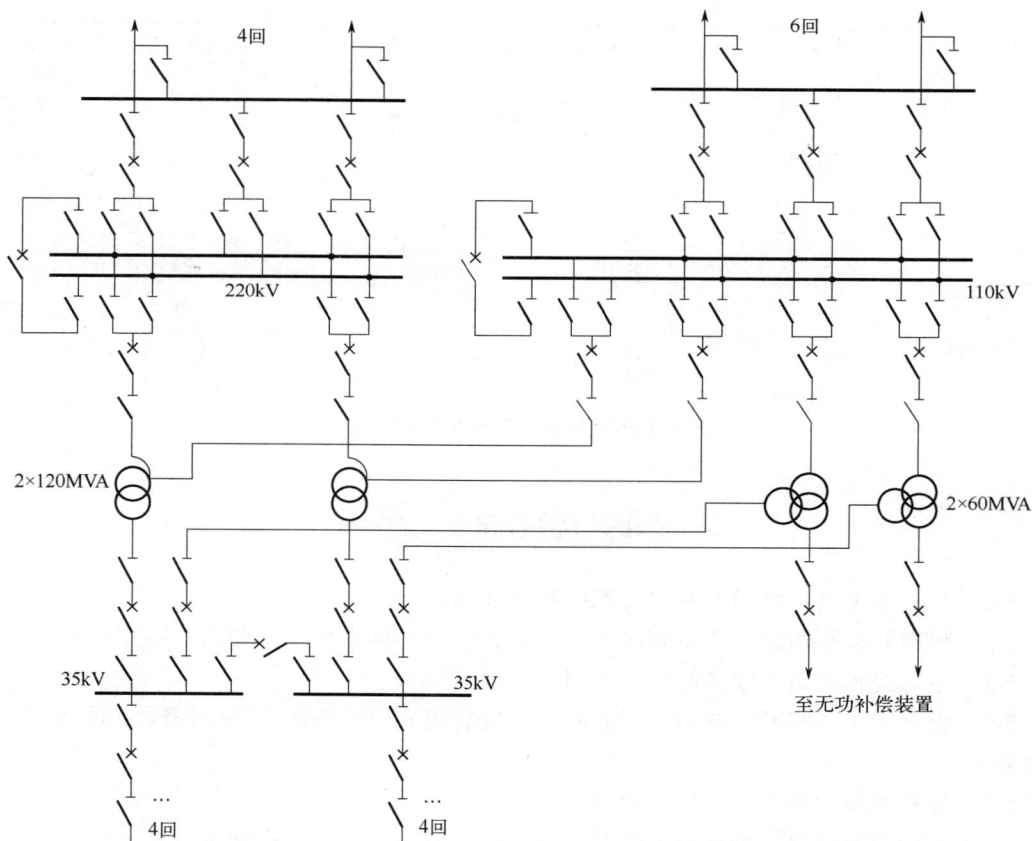

图5-20　某地区重要变电站电气主接线图

2．终端变电站电气主接线

终端变电站容量比较小，一般是直接给负荷点供电。如图5-21所示是某终端变电站110kV侧电气主接线图，设三台三绕组变压器。高压侧电压为110kV，两回路与系统相连，采用扩大内桥接线；中压侧电压为35kV，低压侧电压为10kV，请同学们自行补充35kV及10kV侧主接线方式，并思考采用该主接线方式有哪些优缺点。

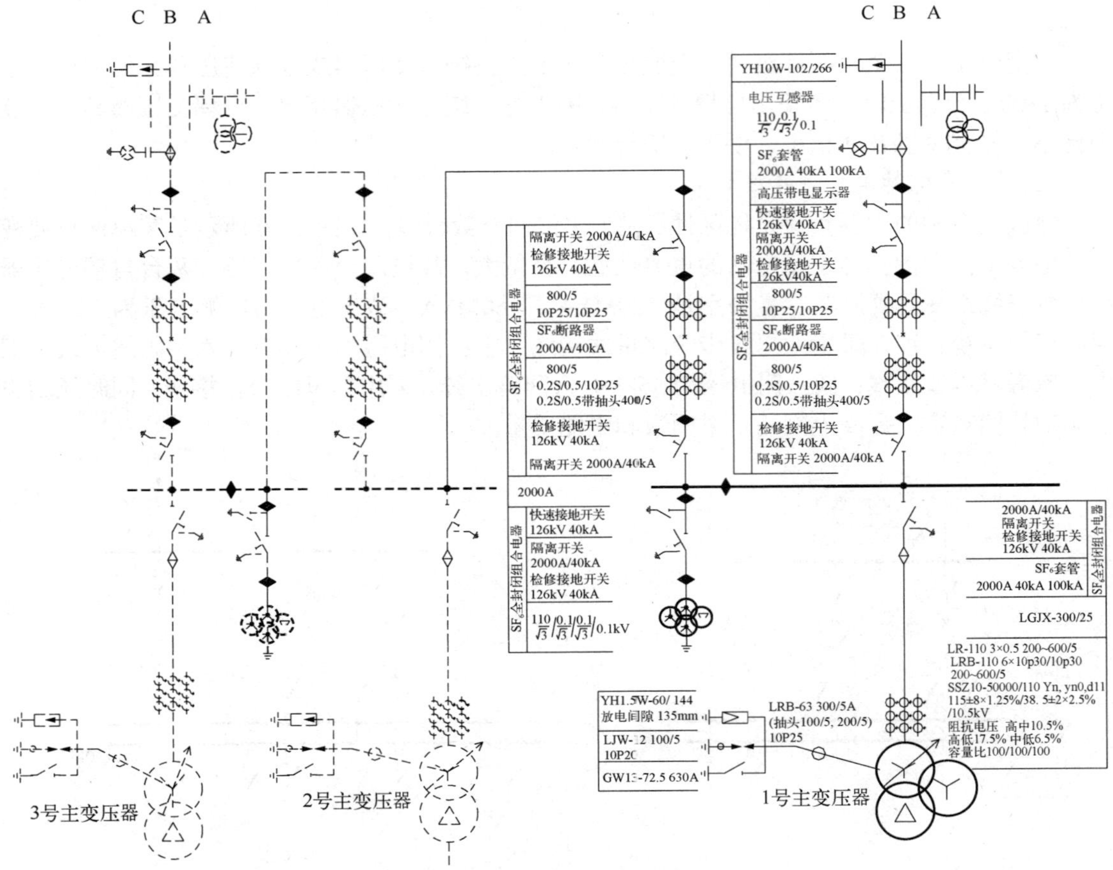

图 5-21　某终端变电站 110kV 侧电气主接线图

习题与思考题

5-1　什么是电气主接线？对它有哪些基本要求？

5-2　隔离开关与断路器的主要区别是什么？它们的操作程序应如何正确配合？

5-3　主母线和旁路母线各起什么作用？

5-4　设置专用旁路断路器和以母联断路器或者用分段断路器兼作旁路断路器，各自有什么特点？

5-5　检修出线断路器时，如何操作？

5-6　一台半断路器接线与双母线带旁路母线接线相比，两种接线各有何利弊？

5-7　在发电机-变压器单元接线中，如何确定是否装设发电机出口断路器？

5-8　在桥形接线中，内桥接线和外桥接线各适用什么场合？

5-9　多角形接线有何特点？

5-10　选择主变压器时应考虑哪些因素？其容量、台数、型式等应根据哪些原则来选择？

学习情境六 自用电及接线

通过本情境的学习，掌握自用电、自用电率的概念，厂用负荷的分类及供电要求；掌握厂用供电电源及其引接，掌握自用电接线的基本接线形式，掌握厂用变压器的选择方法；能够正确分析不同发电厂和变电站的自用电接线方式。

任务一 自用电负荷及供电要求

1．自用电的作用

所谓自用电是指发电厂或变电站在生产过程中，自身所使用的电能，包括发电厂的厂用电和变电站的站用电。尤其是发电厂，为了保证主体设备（如锅炉、汽轮机或水轮机、发电机等）的正常生产，需要许多机械为其服务，这些机械统称为自用机械或厂用机械。此外，还要为运行、检修和试验提供负荷用电。

自用电也是发电厂或变电站的重要负荷，其供电电源、接线和设备必须可靠，以保证发电厂或变电站安全可靠、经济合理地运行。

变电站的自用电很小，以下主要对厂用电进行分析。

2．厂用电率

发电厂在一定时间内，厂用电所消耗的电量占发电厂总发电量的百分数，称为厂用电率。其计算公式为：

$$K_{CY} = \frac{A_{CY}}{A_G} \times 100\% \tag{6-1}$$

式中　　K_{CY}——厂用电率（%）；

A_{CY}——厂用电量，kWh；

A_G——总发电量，kWh。

发电厂的厂用电率与电厂类型、容量、自动化水平、运行水平等多种因素有关。一般凝汽式火电厂的厂用电率为 5%～8%，热电厂为 8%～10%，水电厂为 0.3%～2.0%。降低厂用电率，减少厂用电的耗电量，不仅能降低发电成本，提高发电厂的经济效益，而且可以增加对系统的供电量。

3．厂用负荷分类及供电要求

按照厂用负荷在发电厂生产过程中的作用和重要性，以及供电中断对人身、设备、生产的影响，厂用负荷可以分为以下四类。

（1）I 类负荷。凡短时停电（包括手动操作恢复供电所需的时间）会造成设备损坏、危及人身安全、主机停运或出力明显下降的厂用负荷，如火电厂的给水泵、凝结水泵、循环水泵、引风机、给粉机等以及水电厂的调速器、润滑油泵等负荷。对于 I 类负荷，通常设置双套机械，互为备用，并分别接到有两个独立电源的母线上，当一个电源失去后，另一个电源应立即自动投入。除此外，还应保证 I 类负荷的电动机能够可靠自起动。

（2）Ⅱ类负荷。允许短时停电（不超过数分钟），经运行人员及时操作恢复供电后，不致造成生产混乱的厂用负荷，如输水泵、灰浆泵、输煤设备等。Ⅱ类负荷一般应由两段母线供电，并可采用手动切换。

（3）Ⅲ类负荷。较长时间停电而不直接影响电能生产的厂用负荷，如修配车间、油处理设备等负荷。Ⅲ类负荷一般由一个电源供电。

（4）事故保安负荷。指在发电机停机过程及停机后的一段时间内，仍应保证供电的负荷，否则将引起主要设备损坏、自动控制失灵或者推迟恢复供电，甚至危及人身安全。按事故保安负荷对供电电源的不同要求，其可分为以下两类：

1）直流保安负荷，包括直流润滑油泵、事故照明等。直流保安负荷由蓄电池组供电。

2）交流保安负荷，包括顶轴油泵、交流润滑油泵、盘车电机、实时控制用的电子计算机等。

4．厂用负荷统计

（1）火力发电厂的厂用负荷。火力发电厂的主要厂用负荷有如下几种。

1）煤场中用来装卸、运输的机械设备：卸煤机的抓斗起重机、扒煤机、推煤机等。

2）将煤从煤场送到碎煤机，然后再送到锅炉间的机械：煤斗升降机、链斗运煤机、输煤皮带等。

3）碎煤机械：煤筛和碎煤机。

4）制造煤粉的机械：磨粉机、给煤机、磨粉机的排粉机、输送煤粉的螺旋输粉机等。

5）为锅炉服务的机械：给粉机、鼓风机、引风机、给水泵、除灰泵等。

6）为汽轮发电机组服务的机械：凝结水泵、循环水泵等。

7）为变压器冷却的机械：通风机、油泵、水泵等。

8）供热装置的机械：热网给水泵和凝结水泵等。

9）其他辅助机械：油泵、消防泵、输水泵、生产场所的通风机、电梯、汽轮机间的行车、电除尘装置、蓄电池组充电用的充电机组或整流设备，发电机的备用励磁机，电动的汽、水阀门用的电动机等。

10）其他辅助车间：化学车间、修配场、仓库等的机械，在热电厂中供热装置的机械。

（2）水电厂的厂用负荷。水电厂的主要厂用负荷有如下几种。

1）为水轮机和发电机服务的机械：机组的调速和润滑系统的油泵、空气压缩机、发电及冷却系统和机组润滑系统中的水泵。

2）为变压器冷却服务的机械：通风机、油泵、水泵等。

3）为堤坝、进水管、发电机车间等服务的机械：起重机、卷扬机、行车、电梯等。

4）辅助设备的机械：供水泵、排水泵、蓄电池组充电用的充电机组或整流设备、发电机的备用励磁机、修配场中的设备、滤油和油处理设备、厂房通风机等。

（3）变电站的站用电负荷。在中小型降压变电站中，站用电负荷主要是照明、蓄电池的充电设备、硅整流设备、变压器的冷却风扇、采暖、通风、油处理设备、检修器具以及供水水泵等。其中，重要负荷有主变压器的冷却风扇或强迫油循环冷却装置的油泵、水泵、风扇以及整流操作电源等。

任务二 厂用变压器的选择

1．厂用负荷的计算

一般厂用变压器连接在厂用母线段上，而用电设备由母线引接。为了合理正确地选择厂用变压器容量，需对每段上引接的电动机台数和容量进行统计和计算，常用负荷的计算常采用换算系数法，按下式计算：

$$S = \sum (KP) \tag{6-2}$$

$$K = \frac{K_m K_L}{\eta \cos \varphi}$$

式中　S ——厂用分段上的计算负荷（kVA）；

　　　P ——电动机的计算功率（kW）；

　　　K ——换算系数；

　　　K_m ——同时系数；

　　　K_L ——负荷率；

　　　η ——效率；

　　$\cos \varphi$ ——功率因数。

换算系数 K，一般取表 6-1 中的数值。

表 6-1 　　　　　　　　　　　　　　　换算系数

机组容量/kW	≤125000	≥200000
给水泵及循环水泵电动机	1.0	1.0
凝结水泵电动机	0.8	1.0
其他高压电动机及低压常用变压器/kVA	0.8	0.85
其他低压电动机	0.8	0.7

电动机的计算功率 P，应根据负荷的运行方式及特点确定。

（1）对经常连续运行的设备和连续不经常运行的设备，即连续运行的电动机均应全部计入，按下式计算：

$$P = P_e \tag{6-3}$$

式中　P_e ——电动机额定功率（kW）。

（2）对经常短时及经常断续运行的电动机应按下式计算：

$$P = 0.5 P_e \tag{6-4}$$

（3）对不经常短时及不经常断续运行的设备，一般可不予计算，即：

$$P = 0 \tag{6-5}$$

这类负荷如行车、电焊机等。在选择变压器时由于留有裕度，同时也考虑到变压器具有较大的过载能力，所以该类负荷可不予计入。但是，若经电抗器供电时，因电抗器一般为空气自然冷却，过载能力较小，所以这些设备的负荷应全部计算在内。

（4）对中央修配场的用电负荷，通常按下式计算：

$$P = 0.14 P_{\Sigma} + 0.4 P_{\Sigma 5} \tag{6-6}$$

式中　　P_Σ ——全部电动机额定功率总和（kW）；

　　　　$P_{\Sigma 5}$ ——其中最大 5 台电动机的额定功率之和（kW）。

（5）煤场机械负荷中，对大型机械应该根据机械工作情况具体分析确定。对中、小型机械，按下式计算：

$$P = 0.35P_\Sigma + 0.6P_{\Sigma 3} \qquad (6\text{-}7)$$

式中　　$P_{\Sigma 3}$ ——其中最大 3 台电动机的额定功率之和（kW）。

（6）对照明负荷按下式计算：

$$P = K_{\mathrm{d}}P_{\mathrm{i}} \qquad (6\text{-}8)$$

式中　　K_{d} ——需要系数，一般取 0.8～1.0；

　　　　P_{i} ——安装容量（kW）。

利用换算系数法求得计算负荷后，必要时可用轴功率法进行校验。轴功率法的计算式为：

$$S = K_{\mathrm{m}}\sum \frac{P_{\max}}{\eta \cos\varphi} + \sum S_{\mathrm{L}} \qquad (6\text{-}9)$$

式中　　K_{m} ——同时系数，新建电厂取 0.9，扩建电厂取 0.96；

　　　　$P_{\max}$ ——最大运行轴功率（kW）；

　　　　η ——对应于轴功率的电动机效率；

　　　　$\cos\varphi$ ——对应于轴功率的电动机功率因数；

　　　　$\sum S_{\mathrm{L}}$ ——低压厂用计算负荷之和（kVA）。

2．厂用变压器容量选择

厂用变压器容量选择的基本原则和应考虑的因素如下。

（1）变压器原、副边额定电压必须与引接电源电压和厂用网络电压相一致。

（2）变压器的容量必须保证厂用机械能从电源获得足够的功率。因此，对高压厂用工作变压器的容量应按高压厂用电计算负荷的 110%与低压厂用电计算负荷之和进行选择；而低压厂用工作变压器的容量应留有 10%左右的裕度。

对于高压厂用工作变压器，当为双绕组变压器时按下式选择容量：

$$S_{\mathrm{T}} \geqslant 1.1S_{\mathrm{h}} + S_{\mathrm{L}} \qquad (6\text{-}10)$$

式中　　S_{h} ——高压厂用电计算负荷之和；

　　　　S_{L} ——低压厂用电计算负荷之和。

当选用分裂绕组变压器时，其各绕组容量应满足各自的要求。

对于高压绕组：

$$S_{\mathrm{tS1}} \geqslant \sum S_{\mathrm{C}} - S_{\mathrm{r}} \qquad (6\text{-}11)$$

对于低压绕组：

$$S_{\mathrm{tS2}} \geqslant \sum S_{\mathrm{C}} \qquad (6\text{-}12)$$

式中　　S_{tS1} ——厂用变压器高压绕组额定容量（kVA）；

　　　　S_{tS2} ——厂用变压器低压绕组额定容量（kVA）；

　　　　S_{C} ——厂用变压器分裂绕组计算负荷（kVA），$S_{\mathrm{C}} = 1.1S_{\mathrm{h}} + S_{\mathrm{L}}$；

　　　　S_{r} ——分裂绕组两分支重复计算负荷（kVA）。

对于低压厂用工作变压器，可按下式选择变压器容量：

$$K_\theta S \geqslant S_{\mathrm{L}} \qquad (6\text{-}13)$$

式中 S ——低压厂用工作变压器容量（kVA）；

K_θ ——变压器温度修正系数。一般对装于屋外或由屋外进风小间的变压器，均可取

$K_\theta = 1$ ，但宜将小间进出风温差控制在 10℃ 以内；对于主厂房进风小间内的

变压器，当温度变化较大时，随地区而异，应适当考虑温度的修正。

（3）厂用高压备用变压器或起动变压器与最大一台厂用工作变压器的容量相同，低压厂用备用变压器的容量应与最大一台低压厂用工作变压器容量相同。

（4）厂用电抗器的容量应满足最大运行负荷的需求，并留有适当的裕度以防过载。如果环境温度超过设计温度，电抗器允许的工作电流应按下式换算：

$$I = I_\mathrm{e} \sqrt{\frac{100 - \theta_\mathrm{m}}{100 - \theta_\mathrm{al}}} \qquad (6\text{-}14)$$

式中 I ——电抗器允许的工作电流（A）；

I_e ——电抗器的额定电流（A）；

100——电抗器绕组最高允许温度（℃）；

θ_al ——电抗器允许的最高空气温度，一般取 $\theta_\mathrm{al} = 40℃$ ；

θ_m ——周围最高空气温度（即小室排风温度，℃）。

电抗器的电抗百分值，应适当选择。电抗值较大虽然对限制厂用系统短路电流有利，但增大了正常运行时的电压降，因为电抗器不能调压，不能保证厂用电压质量，故通常取电抗值在 8%以内。此外，对电抗器尚需进行动稳定和热稳定校验。

任务三 厂 用 电 接 线

1．厂用供电电源

（1）厂用电的供电电压等级。确定厂用电电压等级，应从电动机的容量和厂用电供电电源这两个方面综合考虑，这样才能保证厂用电的供电可靠性和经济性。

发电厂中拖动各种机械的电动机容量相差很大，从数千瓦到数千千瓦，可以从投资和有色金属消耗量两个方面考虑厂用电的供电电压。随着单台电动机容量的增大，其额定电压也相应提高。因为大容量电动机采用较低的额定电压时，会使包括厂用供电系统在内的有色金属消耗量增大，功率损耗增大，投资和运行费用也相应增加。另外，高压电动机绝缘等级高，尺寸大，价格也高。因此，厂用电仅用一种电压供电显然是不合理的。实践表明，容量在 75kW 以下的电动机采用 380V 的电压、220kW 及其以上的电动机采用 6kV 的电压、1000kW 以上的电动机采用 10kV 的电压供电比较经济合理。

电压等级过多，会造成厂用系统接线复杂，运行维护不方便，从而降低厂用电的可靠性。所以，大中型火力发电厂的厂用电，一般都用两级电压，且大多为 6kV 及 380V/220V 两个等级。当发电机的额定电压为 6.3kV 时，高压厂用电压即定为 6kV。当发电机额定电压为 10.5kV 或更高时，需要设置高压厂用变压器将 10.5kV 的电压降压至 6kV 后供电。小型火电厂厂用电只设置 380V/220V 母线，少量高压电动机直接接于发电机电压母线上。水电厂的厂用电动机容量都不大，通常只设置 380V/220V 一个电压等级。大型水电厂在坝区和水利枢纽装设有大型机械如船闸或升船机、闸门启闭装置等，这些设备距主厂房较远，需在那里设置专用的

变压器，采用 6kV 或 10kV 的电压等级供电。

（2）工作电源。发电厂正常运行时，向厂用电供电的电源称为厂用工作电源。厂用电的供电可靠性很大程度上是由厂用电源的取得方式所决定的。

现代发电厂的厂用电一般都由主发电机供电。在设计发电厂电气主接线时，总是力求使主发电机与电力系统有紧密联系。由于制造技术和运行水平的不断提高，电力系统和主发电机的事故率都已大大降低，即便发生故障，继电保护与自动装置也能迅速将故障切除；再加上当厂内发电机全部停机时，可以方便地从系统获得倒送电源，因此由主发电机供电的方式有很高的可靠性，具有运行简单、调度方便、投资和运行费都较低等优点。而且由于靠近电源，重要电动机的自起动也可得到保证。

由主发电机引接厂用电源的具体方案，取决于发电厂的自接线方式。当有发电机电压母线时，从各段发电机电压母线引接厂用工作电源，向接于同一母线段上机组（发电机、汽轮机、锅炉）的厂用负荷供电。当发电机与主变压器接成单元接线时，则从主变压器低压侧引接。厂用工作电源的两种引接方式如图 6-1 所示。

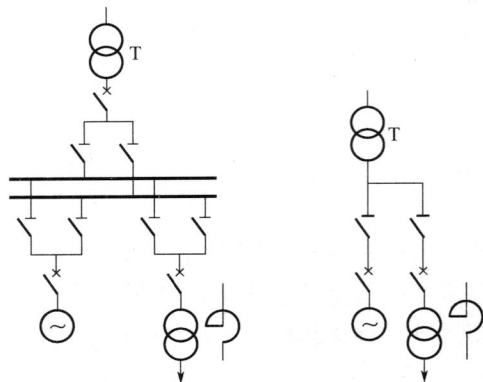

(a) 从发电机电压母线引接　(b) 从主变压器低压侧引接

图 6-1　厂用工作电源的引接方式

除合理引接厂用电工作电源外，也不能忽视电力系统、主发电机以及厂用电自身的故障给整个厂用系统造成的严重后果。为此，必须进一步采取措施以提高供电可靠性，这些措施包括厂用电母线按炉分段、设置可靠的备用电源和装设备用电源自动投入装置。

（3）备用电源。为了提高厂用电的可靠性，每一段厂用母线至少要由两个电源供电，其中一个为工作电源，另一个为备用电源。当工作电源故障或检修时，仍然能够不间断地由备用电源供电。厂用备用电源的备用方式有以下两种。

1）明备用。明备用就是专门设置一台变压器（或线路），并经常处于热备用状态（停运），如图 6-2（a）T3 变压器。正常运行时，断路器 QF$_1$、QF$_2$ 和 QF$_3$ 都处在分闸状态。当任何一台厂用工作变压器退出运行时，都可由 T3 替代工作。显然，备用变压器的容量应等于最大的一台厂用工作变压器的容量。

2）暗备用。暗备用就是不设置专用的备用变压器，而是将每台工作变压器的容量加大。当任何一台厂用工作变压器退出运行时，失去电源的母线段可由另一台厂用工作变压器同时供电，如图 6-2（b）所示。正常工作时，每台厂用变压器只在一半负载下运行，因此这种备用方式投资较大，运行费用较高。

大中型发电厂特别是大型火电厂，由于每台机组的厂用负荷很大，为了不使每台厂用变压器的容量过大，通常都采用明备用方式。中小型水电厂和降压变电站，大多采用暗备用方式。

在确定厂用备用电源的取得时，既要求独立性，又要有足够的容量，并应从与系统联系最紧密处取得，以便在全厂停电的情况下，仍能从系统获得厂用电源。当有发电机电压母线时，厂用备用电源一般从发电机电压母线引接，这样既简单又经济。虽然当所在段主母线故障时会失去厂用备用电源，但两个元件同时发生故障的概率很小，可以不用考虑。若需要两个厂用备用电源时，两个备用电源不应都从发电机电压母线引接。当发电厂没有设置发电机电压母线时，备用电源一般从与系统相联系的最低一级的高压母线引接，这样发电厂的厂用系统与电力系统的联系就更加紧密，可靠性更高。

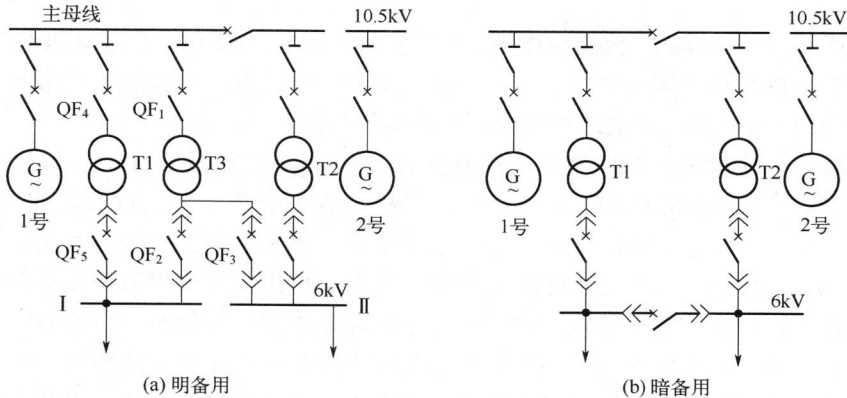

图 6-2 厂用备用电源的两种接线方式

（4）备用电源自动投入装置。为了保证对厂用电的不间断供电，还应装设备用电源自动投入装置。当工作电源因故障退出运行时，这种装置能自动地、有选择地把备用电源迅速投入停电的母线段上。如图 6-2（a）所示，当厂用工作变压器 T1 故障时，QF_4、QF_5 自动跳闸，然后 QF_1、QF_2 在装置的作用下自动合闸，厂用备用变压器 T3 投入运行，从而替代厂用变压器 T1 向 I 段厂用母线继续供电。在切换过程中，拖动重要机械的电动机还在惰性转动，母线电压恢复后，便可很快升速并进入正常运行，因而提高了厂用电的供电可靠性。

（5）不间断交流电源。现代发电厂、变电站一般都装设有计算机实时监控系统。它具有数据处理、计算、调节和自动控制的功能，并能记录各种状态下发电厂、变电站的运行数据，特别是各种形式的故障状态，有利于我们进行分析研究。但是，对计算机的供电，即使是短暂的中断也是不允许的。因为计算机的电源一旦消失，会出现数据丢失、控制出错等现象，可能导致电力系统发生严重事故。所以，计算机的供电电源不能用一般的备用电源自动投入装置。若使用蓄电池的逆变装置供电，不但设备复杂，而且不经济、不方便。为了解

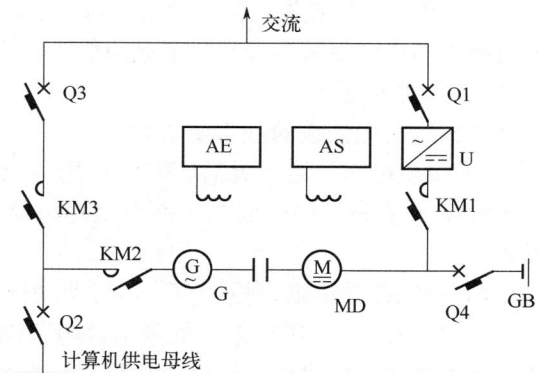

图 6-3 不间断交流电源

Q1~Q4—低压断路器；KM1~KM3—接触器；
U—整流装置；AE—自动励磁调节装置；
AS—自动调速装置；GB—蓄电池；
G—交流发电机；MD—直流电动机

决这个问题可以采用如图 6-3 所示的不间断交流电源。当工作电源全部消失时，可以将计算机电源转移到蓄电池上，由蓄电池组继续供电。

正常运行时，低压断路器 Q1 合上，接触器 KM1 接通，整流装置向蓄电池组 GB 进行浮充电，同时也向直流电动机供电。直流电动机 MD 运转带动交流发电机 G，交流发电机 G 发

出交流电。当接触器 KM2 接通并合上低压断路器 Q2 时，直流电动机 MD 和交流发电机 G 装有自动调速装置 AS 和自动励磁调节装置 AE，可以保证交流电压的稳定。

当交流系统发生故障、电压消失时，Q1 便自动断开，直流电动机 MD 利用蓄电池组的电能继续运转，交流发电机 G 仍然可向计算机供给交流电源，不会中断对计算机的供电。

当直流系统发生故障时，直流电源消失，因直流电动机 MD 和交流发电机 G 有足够的惯性，所以仍然可以在短时间内继续运转，计算机不会失去供电，直到低压断路器 Q3 及接触器 KM3 自动接通后，由交流系统直接向计算机提供电源。

如果要检修直流电动机 MD 和交流发电机 G，可先合上 Q3 及 KM3，计算机由交流系统供电，然后再断开 KM2 和 KM1。投入直流电动机 MD 和交流发电机 G 时可先合上 KM2 和 KM1，然后再断开 Q3 和 KM3。整个过程，计算机都不会有片刻失去交流电源。

（6）事故保安电源。对于 200MW 及其以上的发电机组，当厂用电源完全消失时，为确保在事故状态下机组能够安全停机，必须设置事故保安电源，并且在厂用电源完全消失时能够自动投入，保证事故保安负荷的用电。事故保安电源包括直流和交流两种。

由蓄电池组组成的直流事故保安电源，向发电机组的直流润滑系统、事故照明等负荷供电。事故照明由装在主控制室的专用事故照明屏或事故照明箱供电。事故照明屏顶设置有事故照明小母线，分布在全厂各处的事故照明电源都从小母线引出，小母线上同时接有交流电源和直流电源。正常运行时由交流电源供电，直流电源断开；当交流电源消失时，在自动装置作用下实现自动切换，即交流电源断开，直流电源投入，由直流电源供电。直流电源通常采用单回路供电。

交流事故保安电源一般采用快速起动的柴油发电机组，或是从发电厂外部引接的可靠交流电源。此外，还应设置交流不停电电源。交流不停电电源宜采用接于直流母线上的电动机-发电机组或静止逆变装置，目前多采用静止逆变装置。

2．厂用电接线

（1）厂用电接线的基本要求如下。

1）供电可靠、运行灵活。确保厂用负荷的连续供电，并能在正常、事故、检修、起动等各种情况下满足供电要求。而且要尽可能地使切换操作方便，使备用电源可在短时间内投入。

2）接线简单清晰、投资少、运行费用低。

3）尽量缩小厂用电系统的故障停电范围，并应尽量避免引起全厂停电事故。各机、炉的厂用电源由本机供电，这样当厂用系统发生故障时，只影响一台发电机组的运行。

4）接线应有整体性。厂用电接线应与发电厂电气主接线紧密配合，体现其整体性。

5）电厂分期建设时厂用电接线应合理。应便于分期扩建或连续施工，不致中断厂用电的供应。尤其是对备用电源的接入和公共负荷的安排要全面规划、便于过渡。

（2）厂用电接线的基本形式。发电厂厂用电系统接线通常都采用单母线分段接线形式，并多以成套配电装置接收和分配电能。

在火电厂中，高压母线均采取按炉分段的接线原则，即将厂用电母线按照锅炉的台数分成若干独立段，凡属同一台锅炉及同组的汽轮机的厂用负荷均接于同一段母线上，这样既便于运行、检修，又能使事故影响范围局限在一机一炉，不致过多干扰正常运行的完好机炉。

任务四　厂用电接线实例分析

1. 火电厂的厂用电接线

图 6-4 所示为火电厂厂用电接线，该厂共装设有二机三炉。因此高压厂用母线按锅炉台数分为三段，厂用高压为 6kV，由发电厂主母线的两组工作母线通过 T3、T4、T5 三台高压厂用工作变压器供电。由于机组容量不大，低压厂用母线分为两段。备用电源采用明备用方式，即专门设置高压厂用备用变压器 T6。为了提高厂用系统运行的可靠性，在运行方式上，可将发电厂的一台升压变压器如 T2 与高压厂用备用变压器 T6 都接到备用主母线上，将所在段的母联断路器 QF₂ 合闸，这样可使高压厂用备用变压器与系统的联系更加紧密，而且受主母线故障的影响也较小。

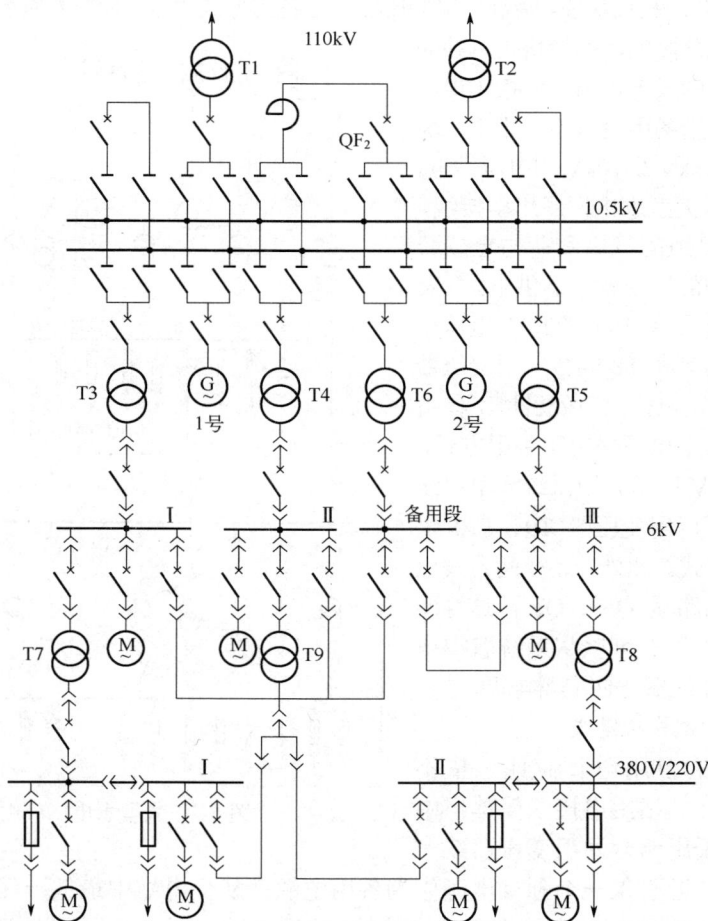

图 6-4　火电厂厂用电接线

对厂用电动机的供电，有分别供电和成组供电两种方式。图 6-4 中所示的高压（6kV）电动机的供电属于分别供电方式。即对每台电动机各敷设一条电缆线路，通过专用的高压开关柜或低压配电盘进行供电。55kW 及其以上的 I 类厂用负荷和 40kW 以上的 II、III 类厂用重要机械的电动机，应采用分别供电方式。图 6-4 所示的低压（380V/220V）I、II 段的其他馈线表示去往车间的专用盘,是成组供电方式,即数台电动机用同一条线路送到车间的专用盘后,再分别引接到各电动机。对一般不重要机械的小电动机和距离厂用配电装置较远的车间(如中央水泵房)的电动机,这种供电方式最为适宜,可以节省电缆,简化厂用配电装置。

高压厂用备用变压器同时也兼作全厂的起动变压器,当全厂停止运行而重新起动时,首先投入高压厂用备用变压器,向各厂用工作母线段和公用母线段送电,一般应选有载调压变压器作为高压厂用备用变压器。

2．水电厂的厂用电接线

水电厂的厂用机械的数量和容量都要比同容量的火电厂小得多,因此厂用电系统也比较简单。但是,水电厂仍有重要的Ⅰ类厂用负荷,如调速系统和润滑系统的油泵、发电机的冷却系统等,仍应认真考虑其供电的可靠性。中小型水电厂一般只有380V/220V一个电压等级,厂用母线采用单母线分段,并且全厂只设两段,两台厂用变压器以暗备用方式供电。对于大型水电厂,380V/220V厂用母线是按机组分段的,每段均由单独的厂用变压器从各自的发电机出口引接供电,并设置明备用的厂用备用变压器。距主厂房较远的坝区负荷以6kV或10kV的电压供电。

图6-5所示为大型水电厂厂用电接线,它的特点是发电机组的厂用负荷与全厂公用负荷分别由不同的厂用变压器供电。各发电机组的厂用负荷采用380V/220V电压,分别由T5、T6、T7和T8四台厂用变压器供电,并从各自的发电机出口处引接工作电源。各段的厂用备用电源采用明备用方式,从公用段引接。6kV厂用公用系统为单母线分段接线,由高压厂用变压器T9、T10供电,采用暗备用方式。此外,还在两台发电机的出口装设了断路器QF₁、QF₄,这样即使在全厂停电时,仍然可以从系统取得电源,即从T1或T4的低压侧取得电源。

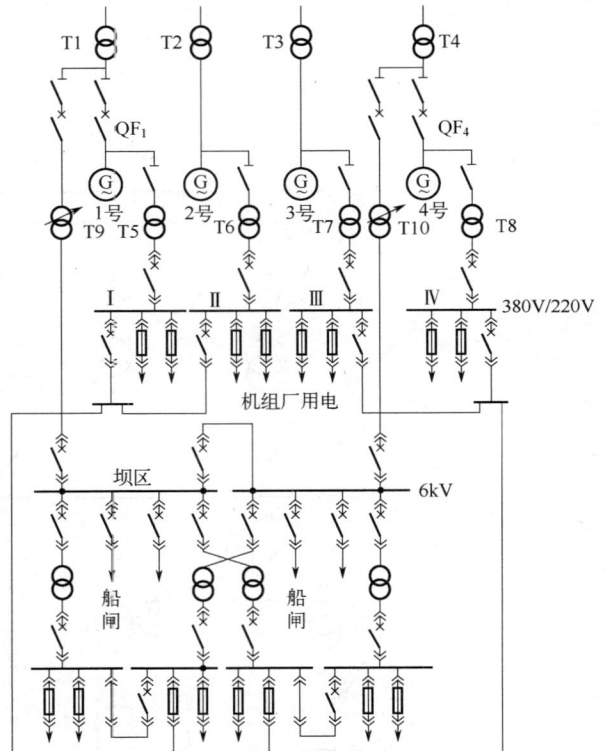

图6-5　大型水电厂厂用电接线

3．变电站的站用电接线

由于变电站的自用电负荷耗电量不多,因此,变电站的站用电接线简单,中小型降压变电站采用两台站用变压器或一台站用变压器并就近引入一个独立电源作为备用电源,从变电站中最低一级电压母线引接电源,其副边采用380V/220V中性点直接接地的三相四相制供电,动力和照明合用一个电源。

枢纽变电站、总容量为60MVA及以上的变电站、装有水冷却或强迫油循环冷却的主变压器以及装有同步调相机的变电站,均装设两台所用变压器,分别接在最低一级母线的不同分段上。

对装有两台所用变压器的变电站一般采用单母线分段接线形式,并装设备用电源自动投入装置,以提高对所用电供电的可靠性。小型变电站的所用电由于所用电负荷较小,也常采用进线电源自动切换供电的单母线接线形式,如图6-6所示。

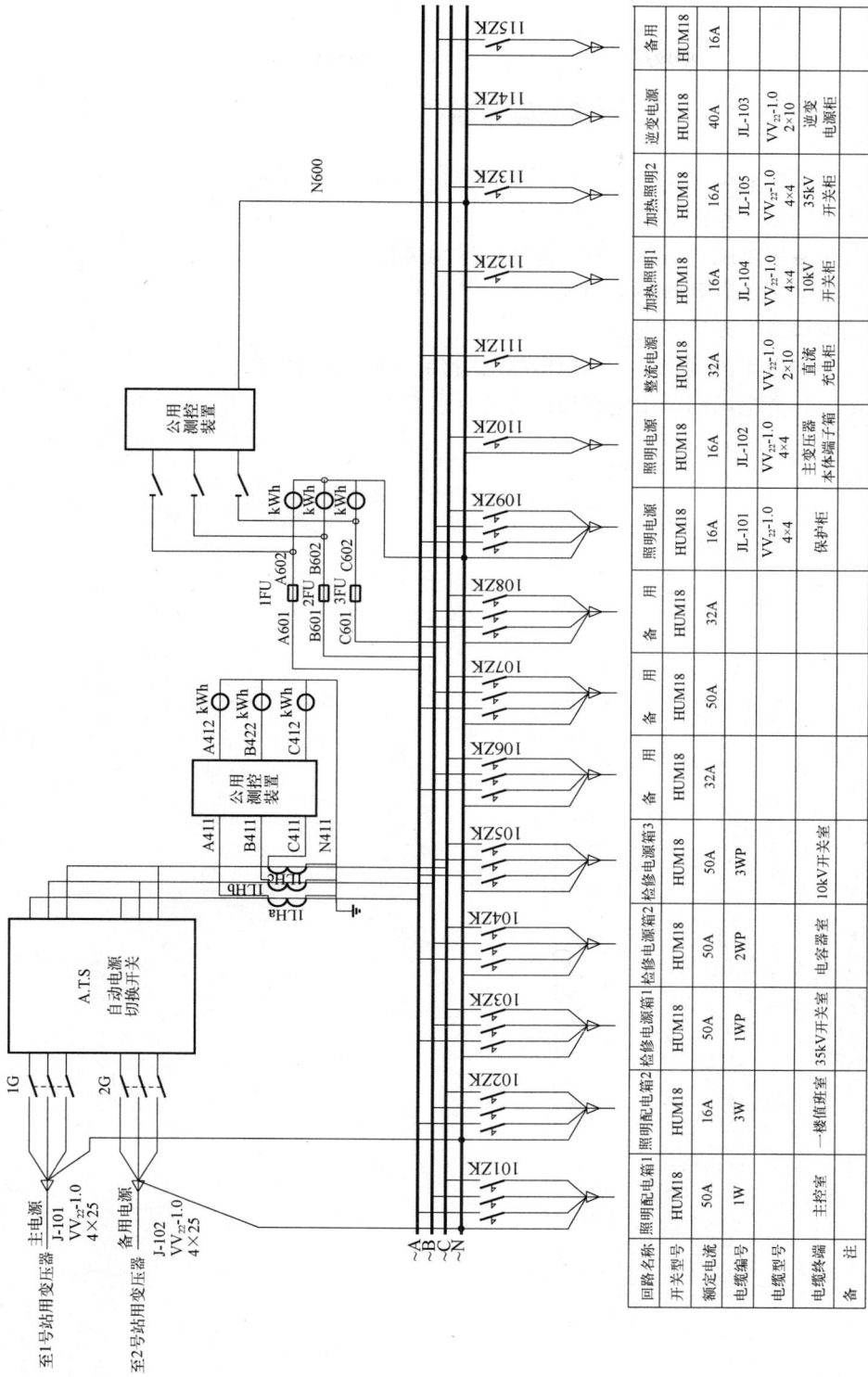

图 6-6　小型变电站站用电接线

回路名称	开关型号	额定电流	电缆编号	电缆型号	电缆终端	备注
照明配电箱1	HUM18	50A	1W	VV_{22}-1.0 4×4	主控室	
照明配电箱2	HUM18	16A	3W		一楼值班室	
检修电源箱1	HUM18	50A	1WP		35kV开关室	
检修电源箱2	HUM18	50A	2WP		电容器室	
检修电源箱3	HUM18	50A	3WP		10kV开关室	
备用	HUM18	32A				
备用	HUM18	50A				
备用	HUM18	32A				
照明电源	HUM18	16A	JL-101	VV_{22}-1.0 4×4	保护柜	
照明电源	HUM18	16A	JL-102	VV_{22}-1.0 4×4	主变压器本体端子箱	
整流电源	HUM18	32A		VV_{22}-1.0 2×10	直流充电柜	
加热照明1	HUM18	16A	JL-104	VV_{22}-1.0 4×4	10kV开关柜	
加热照明2	HUM18	16A	JL-105	VV_{22}-1.0 4×4	35kV开关柜	
逆变电源	HUM18	40A	JL-103	VV_{22}-1.0 2×10	逆变电源柜	
备用	HUM18	16A				

主电源　至1号站用变压器　J-101　VV_{22}-1.0 4×25

备用电源　至2号站用变压器　J-102　VV_{22}-1.0 4×25

A.T.S 自动电源切换开关

公用测控装置

N600

习题与思考题

6-1　什么是厂用电和厂用电率？厂用电负荷是怎样进行分类的？

6-2　厂用电的作用和意义是什么？

6-3　什么是备用电源？明备用和暗备用的区别是什么？

6-4　对厂用电接线有哪些基本要求？

6-5　厂用电接线的设计原则是什么？

6-6　对厂用电电压的确定、厂用电电压的引接，其依据是什么？

6-7　发电厂和变电站的厂用电在接线上有何区别？

学习情境七　简单电力系统短路电流的计算

熟悉短路电流计算中的基本概念；掌握短路电流计算的方法、步骤和要点，掌握三相短路计算及两相短路电流计算，会计算冲击短路电流、母线残压等值。

任务一　短路的基本概念

1．短路的种类

在电力系统的设计和运行中，必须考虑到可能发生的故障和不正常运行情况，因为它们会破坏电气设备的正常工作，影响对用户的供电。运行经验指出，故障大多是由短路引起的。所谓短路，是指不正常的相与相或相与地（中性点接地系统中）之间的短接。电力系统中发生的短路有三相短路 $k^{(3)}$、两相短路 $k^{(2)}$、单相接地短路 $k^{(1)}$ 和两相接地短路 $k^{(1.1)}$ 等基本类型。其中，三相短路时三相系统仍然保持对称，称为对称短路，其他各种类型短路发生时，三相系统不再对称，称为不对称短路。短路的类型见表 7-1。

表 7-1　　　　　　　　　　　短路的类型

短路种类	示意图	代表符号	事故几率/（%）
三相短路		$k^{(3)}$	5
两相短路		$k^{(2)}$	10～15
单相接地短路		$k^{(1)}$	65～70
两相接地短路		$k^{(1.1)}$	10～20

运行经验表明，在中性点直接接地系统中，最常见的是单相接地短路，约占短路故障总数的 65%～70%，两相短路约占 10%～15%，两相接地短路约占 10%～20%，三相短路只占 5%。可见，单相接地短路发生的概率最大，三相短路发生的概率最小，但后果最为严重。本章主要讨论三相短路。

2．短路的原因

发生短路的原因很多，主要有以下几个方面。

（1）电气设备的绝缘被破坏。如绝缘材料陈旧老化、绝缘机械损伤、未及时发现和消除设备的缺陷以及设计、安装不当所致等。

（2）误操作事故。如运行人员不遵守技术操作规程和安全工作规程，以及技术水平低、管理不善而造成误操作事故。

（3）自然灾害。如雷击、大风、洪水、冰雪、塌方等引起的线路倒杆、倒塔、断线，以及小动物跨接导体等造成短路。

3．短路的危害及防止措施

短路故障会给电力系统的正常运行带来严重后果。电力系统发生短路时，短路电流可能超过该回路正常工作电流的几倍甚至几十倍，而且系统网络电压降低会对导体、电气设备、电能用户及整个电力系统都将产生严重后果，主要表现在以下方面。

（1）短路故障使短路点附近的某些支路中流过巨大的短路电流，会使导体严重发热、绝缘损坏，甚至使导体发红、熔化，致使设备损坏。

（2）短路电流通过导体，相互间会产生强大的电动力，使导体弯曲变形，甚至使设备或其支架受到损坏。

（3）短路故障发生后，短路点的电压为零，电源到短路点之间的网络电压降低，使部分用户的供电受到破坏，网络中的用电设备不能正常工作。例如，异步电动机转速降低会导致产生废品和次品，其绕组将流过较大的电流，导致电动机过热，使绝缘迅速老化，缩短电动机的寿命，甚至烧毁电动机。

（4）影响电力系统运行的稳定性。在由多个发电机组成的电力系统中发生短路时，由于电压大幅度下降，发电机输出的电磁功率急剧减少，由原动机供给的机械功率来不及调整，所以发电机就会加速而失去同步，使系统瓦解而造成大面积停电，破坏了各发电厂并联运行的稳定性，整个系统会被解列为几个异步运行的部分。这是短路造成的最严重、最危险的后果。

（5）干扰通信。当发生接地短路时，接地短路电流所产生的强大磁通可能在临近的平行线路（如通信线、电话线、铁路信号系统等）上感应出很高的电势，会对临近的通信线产生干扰。

短路所引起的危害程度，与短路故障的地点、种类及持续时间等因素有关。

为了保证电气设备安全可靠地运行，减轻短路的影响，除应努力设法消除可能引起短路的一切原因外，一旦发生短路，应尽快切除故障部分，使系统的电压在较短的时间内恢复到正常值。为此，可采用快速动作的继电保护和断路器，并在发电厂装设自动电压调整器。另外，还可以采用限制短路电流的措施，如在出线上加装限流电抗器、将并联的变压器解列运行等。

4．短路电流计算的基本假设

计算短路电流是为了在电气装置的设计和运行中，选择电气设备，确定继电保护装置的定值，确定限制短路电流的措施和分析电力系统的故障等。

考虑到现代电力系统的实际情况，要进行准确的短路计算是相当复杂的，同时对解决大部分实际问题，并不要求十分精确的计算结果。为简化计算，实用中多采用近似计算方法。这些方法是建立在一系列的假设基础之上的，其计算结果稍偏大，一般误差为 10%～15%。

基本假设如下。

（1）电力系统是对称的三相系统。

（2）电力系统中所有发电机电势的相角在短路过程中都相同，频率与正常工作时相同。

（3）变压器的励磁电流略去不计。

（4）电力系统中各元件的磁路不饱和，即各元件的参数不随电流而变化，计算中可以应用叠加原理。

（5）电压等级为330kV及以下的输电线路的电容略去不计。

（6）电力系统中各元件的电阻略去不计。只在计算非周期分量的衰减时间常数时，才计电阻的作用。

任务二　标 幺 值

计算短路电流时常涉及四个电气量，即电压U、电流I、功率S和电抗X。四量之间的关系有：$U = \sqrt{3}IX$、$I = \dfrac{S}{\sqrt{3}U}$、$S = \sqrt{3}UI$、$X = \dfrac{U^2}{S}$。上述四个电气量可用有名值表示，也可用标幺值表示。为了短路计算方便，通常用标幺值表示。

1．标幺值的意义

某些电气量的标幺值是该电气量的有名值与所选定的基准值之比，即：

$$标幺值 = \frac{有名值（任意单位）}{基准值（与有名值同单位）}$$

可见标幺值是一个无单位的比值。例如以200V电压作为基准值，则50V电压的标幺值为50V/200V=0.25。标幺值的符号为各量符号加下标"*"。

2．额定标幺值

电力系统中每个元件都有其额定参数。以各元件的额定参数作为基准值的标幺值称为额定标幺值。元件的四个额定参数U_N、I_N、S_N、X_N中只有2个是独立量。通常将I_N和X_N用U_N和S_N来表示，有$I_N = \dfrac{S_N}{\sqrt{3}U_N}$和$X_N = \dfrac{U_N^2}{S_N}$。若以$U$、$I$、$S$、$X$表示元件任一状态的四个有名值，则其额定标幺值为：

$$\begin{cases} U_{*N} = \dfrac{U}{U_N} \\[2mm] S_{*N} = \dfrac{S}{S_N} \\[2mm] I_{*N} = \dfrac{I}{I_N} = I\dfrac{\sqrt{3}U_N}{S_N} \\[2mm] X_{*N} = \dfrac{X}{X_N} = X\dfrac{S_N}{U_N^2} \end{cases} \qquad (7\text{-}1)$$

发电机、变压器、电抗器等由产品给出额定标幺值。例如某发电机$X''_{d*} = 0.20$，其下角"N"被省略。

3．基准标幺值

额定标幺值不便于直接进行短路电流的计算。为此，任意选择统一的基准参数作为基准值，所得的标幺值叫做基准标幺值。为了便于利用基准标幺值直接进行短路电流的计算，其基准值通常以 S_j 和 U_j 为独立基准功率和基准电压，则基准电流为 $I_j = \dfrac{S_j}{\sqrt{3}U_j}$ ，基准电抗为 $X_j = \dfrac{U_j^2}{S_j}$ 。

四个量的基准标幺值分别为：

$$\begin{cases} U_{*j} = \dfrac{U}{U_j} \\[2mm] S_{*j} = \dfrac{S}{S_j} \\[2mm] I_{*j} = I\dfrac{\sqrt{3}U_j}{S_j} \\[2mm] X_{*j} = X\dfrac{S_j}{U_j^2} \end{cases} \tag{7-2}$$

在实用计算中，基准功率常取 S_j =100MVA 或 S_j =1000MVA（大容量系统中用）；基准电压则取 $U_j = U_p$ ， U_p 为各级电压的平均值，即平均额定电压。例如，3kV 的平均额定电压为 3.15kV、6kV 的为 6.3kV、10kV 的为 10.5kV、35kV 的为 37kV、110kV 的为 115kV、220kV 的为 230kV 等，统一记为 U_p 。

4．标幺值、有名值及百分值之间的换算

（1）由标幺值计算有名值。根据标幺值定义和式（7-1）、式（7-2），可直接由标幺值写出有名值，即：

$$\begin{cases} U = U_{*N} \cdot U_N = U_{*j} \cdot U_j \\[2mm] S = S_{*N} \cdot S_N = S_{*j} \cdot S_j \\[2mm] I = I_{*N} \cdot \dfrac{S_N}{\sqrt{3}U_N} = I_{*j} \cdot \dfrac{S_j}{\sqrt{3}U_j} \\[2mm] X = X_{*N} \cdot \dfrac{U_N^2}{S_N} = X_{*j} \cdot \dfrac{U_N^2}{S_j} \end{cases} \tag{7-3}$$

在短路电流计算中，四种电气量有名值的单位规定为：电压——千伏（kV），电流——千安（kA），功率——兆伏安（MVA），电抗——欧姆（Ω）。

（2）由电抗额定标幺值换算为电抗基准标幺值。先由额定标幺值算出有名值，然后再与基准值相比，即：

$$X_{*j} = X_{*N} \cdot \frac{X_N}{X_j} = X_{*N} \cdot \frac{U_N^2}{S_N} \Big/ \frac{U_j^2}{S_j} = X_{*N} \cdot \frac{S_j}{S_2} \cdot \frac{U_N^2}{U_j^2} \tag{7-4}$$

（3）电抗额定标幺值与电抗百分值之间的换算。电抗有名值占电抗额定值的百分数称为电抗百分值，记为 $X\%$ 。据此定义， $X\% = \dfrac{X}{X_N} \times 100$ 。两边同除 100，得：

$$X_{*N} = \frac{X\%}{100} \qquad (7\text{-}5)$$

标幺值的特点如下。

1）在三相电路中，相电压和相电流的标幺值等于线电压和线电流的标幺值，即：

$$U_{*xg} = U_* \text{ 和 } I_{*xg} = I_*$$

式中　U_{*xg}、I_{*xg}——相电压和相电流的标幺值；

　　　U_*、I_*——线电压和线电流的标幺值。

2）三相功率和单相功率的标幺值相同。

3）三相电路的标幺值欧姆定律为 $U_* = I_* X_*$，功率为 $S_* = U_* I_*$，与单相电路的相同。

4）当电网的电源电压为额定值时（即 $U_* = 1$），功率标幺值与电流标幺值相等，且等于电抗标幺值的倒数，即：

$$S_* = I_* = \frac{1}{X_*} \qquad (7\text{-}6)$$

由于上述特点，用标幺值计算短路电流可使计算简便，且结果明显，便于迅速及时地判断计算结果的正确性。

任务三　电力系统各元件电抗值的计算

计算短路电流时，必须知道电力系统中各元件的电抗值。在高压网络的短路电流计算中，一般只考虑同步电机、电力变压器、架空线路和电缆线路及电抗器等主要元件的电抗。配电装置中的母线、长度较小的连接导线、断路器、互感器等的阻抗值较小，均予以忽略。

1．同步电机

在三相短路电流的实用计算中，只需知道同步电机在短路起始瞬间的电抗，即纵轴次暂态电抗 X_d''。

（1）额定标幺值。各型同步电机的次暂态电抗额定标幺值 X_{d*N}'' 可由产品目录中查出。在无厂家数据的情况下，可采用表 7-2 所列的平均值作近似计算。

表 7-2　　　　　　　　　　　各类同步电机 X_{d*N}'' 的平均值

同步电机类型	X_{d*N}''
汽轮发电机	0.125
有阻尼绕组的水轮发电机	0.20
无阻尼绕组的水轮发电机	0.27
同步补偿机	0.16
同步电动机	0.20

（2）基准标幺值。由同步电机的电抗额定标幺值计算其基准标幺值，可按式（7-4）计算，即 $X_{d*j}'' = X_{d*N}'' \cdot \dfrac{S_j}{S_N} \cdot \dfrac{U_N^2}{U_j^2}$，可得发电机的电抗基准标幺值为：

$$X''_{d*j} = X''_{d*N} \cdot \frac{S_j}{S_N} \cdot \frac{U_N^2}{U_j^2} \cdot \frac{U_p^2}{U_N^2} = X''_{d*N} \cdot \frac{S_j}{S_N} \cdot \frac{U_p^2}{U_j^2}$$

若取 $U_j = U_p$，上式简化为：

$$X''_{d*j} = X''_{d*N} \cdot \frac{S_j}{S_N} \qquad\qquad (7\text{-}7)$$

式中　X''_{d*j} ——同步电机的次暂态电抗标幺值；

S_N ——同步电机的额定容量（MVA），一般可由 $S_N = \dfrac{p_N(\text{MW})}{\cos\varphi}(\text{MVA})$ 计算，其中 p_N

为同步电机的有功功率（MW）。

2．电力变压器

（1）额定标幺值。双绕组变压器产品给出阻抗电压百分值 $U_d\%$，按定义为：

$$U_d\% = \frac{\sqrt{3}I_N X_T}{U_N} \times 100 = \frac{X_T}{U_N/\sqrt{3}I_N} \times 100 = \frac{X_T}{X_N} \times 100 = X_T\%$$

可见，变压器的阻抗电压（或短路电压）百分值即为其电抗百分值。于是，根据式（7-5），变压器的电抗额定标幺值为：

$$X_{T*N} = \frac{U_d\%}{100} \qquad\qquad (7\text{-}8)$$

三绕组变压器如图 7-1（a）所示。各绕组之间的短路电压百分值分别记为 $U_{d\,I\text{-}II}\%$、$U_{d\,II\text{-}III}\%$、$U_{d\,I\text{-}III}\%$，数值由产品目录给出。角注 I、II、III 分别表示高、中、低三侧。三绕组变压器的等值电路图如图 7-1（b）所示。

各绕组的电抗额定标幺值分别记为 X_{I*N}、X_{II*N}、X_{III*N}，则有：

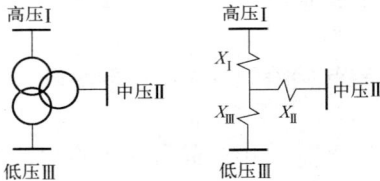

(a) 三相绕组变压器　　(b) 等值电路

图 7-1　三相绕组变压器及其等值电路

$$\begin{cases} X_{I*N} + X_{II*N} = X_{I\text{-}II} = \dfrac{U_{d\,I\text{-}II}\%}{100} \\[2mm] X_{I*N} + X_{III*N} = X_{I\text{-}III} = \dfrac{U_{d\,I\text{-}III}\%}{100} \\[2mm] X_{II*N} + X_{III*N} = X_{II\text{-}III} = \dfrac{U_{d\,II\text{-}III}\%}{100} \end{cases}$$

解此方程组，得：

$$\begin{cases} X_{I*N} = \dfrac{1}{200}\left(U_{d\,I\text{-}II}\% + U_{d\,I\text{-}III}\% - U_{d\,II\text{-}III}\%\right) \\[2mm] X_{II*N} = \dfrac{1}{200}\left(U_{d\,I\text{-}II}\% + U_{d\,II\text{-}III}\% - U_{d\,I\text{-}III}\%\right) \\[2mm] X_{III*N} = \dfrac{1}{200}\left(U_{d\,I\text{-}II}\% + U_{d\,II\text{-}III}\% - U_{d\,I\text{-}II}\%\right) \end{cases} \qquad (7\text{-}9)$$

（2）基准标幺值。与同步电机同理，对双绕组变压器和对三绕组变压器

$$
\left\{
\begin{aligned}
X_{\mathrm{T}*j} &= X_{\mathrm{T}*N} \cdot \frac{S_j}{S_N} = \frac{U_d\%}{100} \cdot \frac{S_j}{S_N} \\[2mm]
X_{\mathrm{I}*j} &= X_{\mathrm{I}*N} \cdot \frac{S_j}{S_N} \\[2mm]
X_{\mathrm{II}*j} &= X_{\mathrm{II}*N} \cdot \frac{S_j}{S_N} \\[2mm]
X_{\mathrm{III}*j} &= X_{\mathrm{III}*e} \cdot \frac{S_j}{S_N}
\end{aligned}
\right.
\tag{7-10}
$$

式中　$U_d\%$——变压器短路电压百分值；

$\quad\quad S_N$——变压器的额定容量（MVA）。

3．架空线路和电缆线路

（1）有名值。线路给出每公里的电抗值 X_o，在实用计算中，通常采用表 7-3 所给的平均值。于是 l 公里长线路的电抗有名值为 $X_o l$。

表 7-3　　　　　　　　　　　　各种线路电抗平均值

线路种类	电抗/($\Omega \cdot km^{-1}$)
6～220kV 架空线路（每一回）	0.4
1kV 及以下架空线路（每一回）	0.3
35kV 电缆线路	0.12
3～10kV 电缆线路	0.07～0.08
1kV 及以下电缆线路	0.06～0.07

（2）基准标幺值。线路电抗有名值 $X_o l$ 再除以电抗基准值 U_j^2 / S_j，即得线路的电抗基准标幺值为：

$$
X_{\mathrm{w}*j} = X_o l \cdot \frac{S_j}{U_P^2}
\tag{7-11}
$$

4．电抗器

（1）百分值与额定标幺值。产品给出电抗百分值 $X_L\%$，其意义为：

$$
X_L\% = \frac{X_L}{X_{LN}} \times 100 = X_L \frac{\sqrt{3} I_{LN}}{U_{LN}} \times 100
$$

上式两边同除以 100，得到电抗额定标幺值为：

$$
X_{L*N} = \frac{X_L\%}{100}
\tag{7-12}
$$

（2）基准标幺值。电抗器基准标幺值可由下式求出：

$$
X_{L*j} = \frac{X_L\%}{100} \cdot \frac{U_{LN}}{\sqrt{3} I_{LN}} \cdot \frac{S_j}{U_P^2}
\tag{7-13}
$$

式中　X_{L*j}——电抗器的基准标幺值；

$\quad\quad X_L\%$——电抗器的百分值；

$\quad\quad U_{LN}$——电抗器的额定电压（kV）；

I_{LN}——电抗器的额定电流（kA）；

S_j——基准容量；

U_P——电抗器所在电压级的平均额定电压（kV）。

由于电抗器的电抗值大，不宜将U_{LN}和U_P等同，以免增大计算误差。

【例 7-1】 图 7-2 所示为某发电机、变压器、架空线路、电抗器等的额定参数，试求发电机、变压器、架空线路、电抗器的各电抗基准标幺值，取$S_j = 100MVA$、$U_j = U_P$。

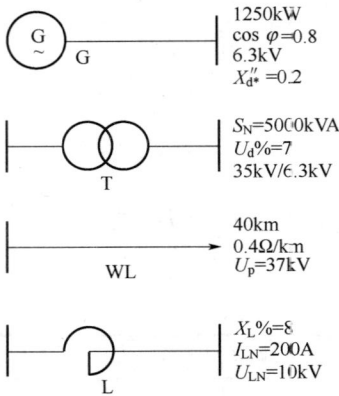

1250kW
cos φ=0.8
6.3kV
$X_{d*}'' = 0.2$

S_N=5000kVA
$U_d\%$=7
35kV/6.3kV

40km
0.4Ω/km
U_P=37kV

$X_L\%$=8
I_{LN}=200A
U_{LN}=10kV

图 7-2　[例 7-1] 的元件

解： 发电机的电抗基准标幺值为：

$$X_{d*j}'' = 0.2 \times \frac{100}{1.25/0.8} = 12.8$$

变压器的电抗基准标幺值为：

$$X_{T*j} = \frac{7}{100} \times \frac{100}{5} = 1.4$$

电抗器的电抗基准标幺值为：

$$X_{L*j} = \frac{8}{100} \times \frac{10}{\sqrt{3} \times 0.2} \times \frac{100}{10.5^2} = 2.1$$

架空线路的电抗基准标幺值为：

$$X_{w*j} = 0.4 \times 40 \times \frac{100}{37^2} = 1.17$$

任务四　短路电流的计算程序

计算短路电流前，应根据计算的目的收集有关资料，如电力系统接线图、运行方式及各元件的技术数据等资料。计算时，根据资料首先拟出计算电路图，再选定计算短路点。对每一短路点作出等值电路图，并逐步化简至最简短路回路，求出短路回路总电抗，最后根据短路回路总电抗便可求出短路电流值。详细程序如下。

1．作计算电路图

短路电流的计算电路图是以计算短路点周围电力网的电气接线图为基础，首先省去其中与计算短路电流无关的设备，基本上只保留发电机（或调相机）、变压器、线路及电抗器四类阻抗元件，同时保持其连接顺序；其次就近标注各元件的设计文字符号、计算编号及有关参数；最后根据计算目的，在图中标出计算短路点。计算电路图如图 7-3 所示。

在计算电路图中，各级电网电压用平均额定电压代替，并标注在各级母线上（如图 7-3 中有 37kV 和 6.3kV）。同时，将接在同一级电压等级上的所有元件（电抗器除外）的额定电压也都以平均额定电压代替。所谓平均额定电压是电力网首末两端额定电压的平均值。采用平均额定电压代替电网电压可使短路计算大为简化，各级平

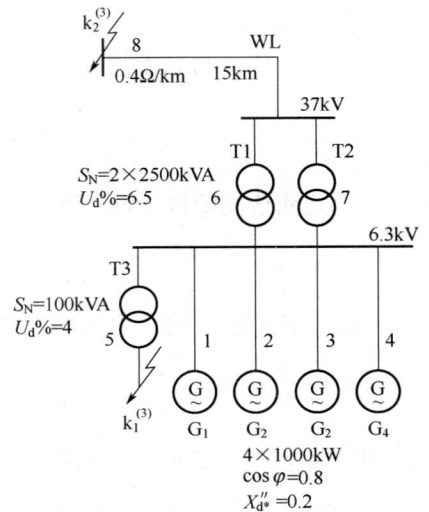

$k_2^{(3)}$

8　　　　WL
0.4Ω/km　15km

37kV

T1　　　T2

S_N=2×2500kVA
$U_d\%$=6.5　6　　7

6.3kV

T3

S_N=100kVA
$U_d\%$=4　5　　1　　2　　3　　4

$k_1^{(3)}$

G_1　G_2　G_2　G_4

4×1000kW
cos φ=0.8
X_{d*}''=0.2

图 7-3　计算电路图

均额定电压分别为 0.23kV、0.4kV、3.15kV、6.3kV、10.5kV、37kV、63kV、115kV、230kV 等。

2．等值电路图

等值电路图是电源电流流向短路计算点的全部网络图。在短路电流计算中，对应一个短路计算点作一张等值电路图。在作等值电路图时，应将其中的变压器、线路、电抗器等全部抽象为电抗，用统一的电抗符号表示；将发电机表示为一个电动势符号与电抗符号串联。各元件的参数一律换算成电抗基准标幺值后，就近用分数的分母表示；分数的分子则表示元件的编号，并与计算电路图相一致。在电源电动势的符号旁只标注额定容量。图 7-6（a）为对应图 7-3 计算电路图中 k_1 点短路时的等值电路图。此时，变压器和线路的电抗均不在其短路回路中，因此不绘入。图 7-6（b）为同一计算电路图在 k_2 点短路时的等值电路图，其中不绘入变压器 T3 的电抗。

3．等值电路图的化简

将初始等值电路图逐步进行等值变换，也就是逐步合并电抗，同时也合并部分电源，直到只有一个支路电源经一个支路总电抗到达短路点，此时的电路图就是化简后的等值电路图。这一过程中主要是电抗的变换与合并，常采用以下几种方法。

（1）串联元件的等值电抗。

$$X = X_1 + X_2 + \cdots + X_n$$

（2）并联元件的等值电抗。

$$\frac{1}{X} = \frac{1}{X_1} + \frac{1}{X_2} + \cdots + \frac{1}{X_n}$$

（3）电抗三角形等值变换为星形。将图 7-4 中的三个互相接为△形的电抗 X_{12}、X_{23}、X_{31} 变换为三个互接为 Y 形的电抗 X_1、X_2、X_3 后，外线路上的电流与线间电压应保持不变。直接引用电工学公式有：

$$\begin{cases} X_1 = \dfrac{X_{12}X_{31}}{X_{12} + X_{23} + X_{31}} \\[2mm] X_2 = \dfrac{X_{23}X_{12}}{X_{12} + X_{23} + X_{31}} \\[2mm] X_3 = \dfrac{X_{31}X_{23}}{X_{12} + X_{23} + X_{31}} \end{cases} \tag{7-14}$$

（4）电抗星形变换为等值三角形。

$$\begin{cases} X_{12} = X_1 + X_2 + \dfrac{X_1 X_2}{X_3} \\[2mm] X_{23} = X_2 + X_3 + \dfrac{X_2 X_3}{X_1} \\[2mm] X_{31} = X_3 + X_1 + \dfrac{X_3 X_1}{X_2} \end{cases} \tag{7-15}$$

（5）ΣY 法。如图 7-5 所示，当各电源支路和短路点之间有公共电抗 X 时，为求出各电源直达短路点的等值电抗，即所谓转移电抗，可采用此法。

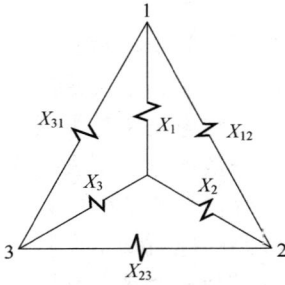

图 7-4　电抗的 $\triangle \rightarrow Y$ 等值变换

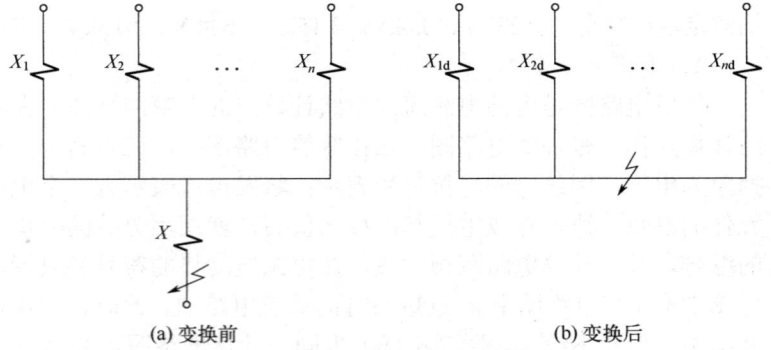

(a) 变换前　　　　　　　　(b) 变换后

图 7-5　用 ΣY 法进行等值变换

直接引用电工学公式，各支路转移电抗为：

$$\begin{cases} X_{1d} = X_1 X \Sigma Y \\ X_{2d} = X_2 X \Sigma Y \\ X_{3d} = X_3 X \Sigma Y \end{cases} \tag{7-16}$$

式中　$\Sigma Y = \dfrac{1}{X_1} + \dfrac{1}{X_2} + \ldots + \dfrac{1}{X_n} + \dfrac{1}{X}$。

【例 7-2】　试计算图 7-3 中 $k_1^{(3)}$ 和 $k_2^{(3)}$ 点短路时短路回路总电抗的标幺值。

解： 设 $S_j = 100 \text{MVA}$，　$U_j = U_P$。

$k_1^{(3)}$ 点短路时，其等值电路化简如图 7-6（a）、（b）、（c）所示。

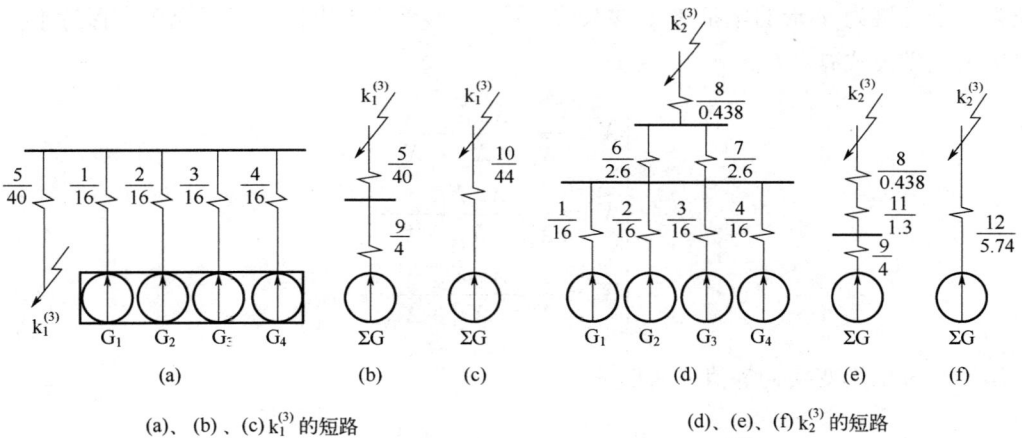

(a)、(b)、(c) $k_1^{(3)}$ 的短路　　　　　　　　(d)、(e)、(f) $k_2^{(3)}$ 的短路

图 7-6　［例 7-2］的等值电路

$$X_1 = X_2 = X_3 = X_4 = 0.2 \times \frac{100}{1/0.8} = 16$$

$$X_5 = \frac{4}{100} \times \frac{100}{0.1} = 40$$

$$X_9 = \frac{1}{4} \times 16 = 4$$

短路回路总电抗为:

$$X_{10} = 4 + 40 = 44$$

$k_2^{(3)}$ 点短路的等值电路化简如图7-6（d）、（e）、（f）所示。

$$X_6 = X_7 = \frac{6.5}{100} \times \frac{100}{2.5} = 2.6$$

$$X_8 = 0.4 \times 15 \times \frac{100}{37^2} = 0.438$$

$$X_{11} = \frac{1}{2} \times 2.6 = 1.3$$

短路回路总电抗为:

$$X_{12} = 4 + 1.3 + 0.438 = 5.74$$

因高压电路的短路电流计算均采用标幺值，所以算式中电抗符号的脚码可只标编号而省略 $*$ ，如 X_1 、 X_2 、$\cdots$。

任务五 无限大容量电力系统供电电路三相短路

1．无限大容量电力系统的概念

实际电力系统的容量和阻抗都有一定的数值，因此当供电电路中的电流发生变动时，系统母线电压便相应地变动。系统发电机越多，则系统内阻抗就越小。这时若外电路元件的阻抗比系统内阻抗大得多，则当外电路中电流发生变动甚至出现短路时，系统出口母线电压变化甚微。在实用的短路计算中，可忽略此电压的变动而近似认为系统出口母线电压维持不变。此种短路回路所接的电源便认为是无限大容量电力系统。即系统容量等于无限大，而其内阻等于零。在等值图上表示为 $S = \infty$ 和 $X = 0$ 。

在短路电流计算中，若系统阻抗远小于短路回路总阻抗时，便可以不考虑此系统的阻抗，即将此系统当作无限大容量电力系统来进行处理。如许多有限容量的发电机并联运行时，或者电源距离短路点的电气距离很远时，就可以将其等值电源近似看作无限大容量电力系统。

按无限大容量电力系统计算所得的短路电流是装置通过的最大短路电流。因此，在估算装置的最大短路电流时，就可以认为短路回路所接电源是无限大容量电力系统。

2．短路电流的变化过程

现以图7-7（a）为例，讨论当无限大容量电力系统供电的电路内发生三相短路时，短路电流的变化过程。由于是对称短路，故只画出一相电路。系统出口母线电压为相应电压级的平均额定电压。

（1）短路电流的解析式。正常运行情况时，电路中的负荷电流决定于系统母线电压 U_P 、网络阻抗 Z_Σ 和负载阻抗 Z_f 。当 $k^{(3)}$ 点发生三相短路时，整个电路的总阻抗突然减小到 Z_Σ ，如图7-7（b）等值电路所示。此时无限大容量电力系统的出口母线电压不变，所以电路中的

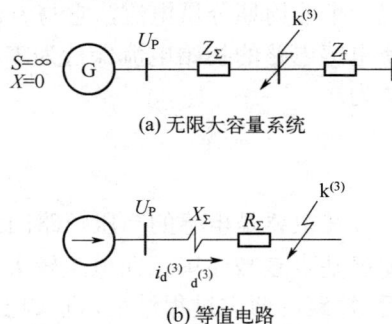

(a) 无限大容量系统

(b) 等值电路

图7-7 由无限大容量电力系统供电电路的三相短路

电流增大。

高压短路回路基本上是感性电路，由于电感电路内电流不能突变，故在短路回路中将出现一个暂态过程。假设短路前负荷电流为零，即在空载下发生三相金属性短路。这种情况即相当于恒定的正弦电势突然加到 L-R 电路，将出现一个暂态过程。现直接引用电工学公式，当系统某相电压为 $u = \dfrac{\sqrt{2}U_{\mathrm{P}}}{\sqrt{3}}\sin(\omega t + \psi)$ 时，该相短路电流瞬时值为：

$$i_{\mathrm{k}}^{(3)} = \frac{\sqrt{2}U_{\mathrm{P}}}{\sqrt{3}\sqrt{X_{\Sigma}^2 + R_{\Sigma}^2}}\sin(\omega t + \psi - \varphi) - \frac{\sqrt{2}U_{\mathrm{P}}}{\sqrt{3}\sqrt{X_{\Sigma}^2 + R_{\Sigma}^2}}\sin(\psi - \varphi)\cdot \mathrm{e}^{-\frac{R_{\Sigma}}{L_{\Sigma}}t}$$

式中 ψ ——短路发生时刻相电势的相位；

　　　　φ ——短路回路的阻抗角。

在实际高压短路回路中，φ 值接近于 $90°$，阻抗中的 R_{Σ} 与 X_{Σ} 相比小得多，可忽略不计。以 T_{f} 代替 L_{Σ}/R_{Σ}。若短路刚好发生在某相的 $\psi = 0$ 时刻，得最大相短路电流的实用计算公式为：

$$i_{\mathrm{k}}^{(3)} = \sqrt{2}\,\frac{U_{\mathrm{P}}}{\sqrt{3}X_{\Sigma}}\sin(\omega t - 90°) + \sqrt{2}\,\frac{U_{\mathrm{P}}}{\sqrt{3}X_{\Sigma}}\mathrm{e}^{-\frac{t}{T_{\mathrm{f}}}} \tag{7-17}$$

（2）周期分量。由式（7-17）可见，短路电流中有一个幅值恒定的正弦周期分量（第一项），其有效值可用欧姆定律直接求出，即：

$$I_{\mathrm{dz}}^{(3)} = \frac{U_{\mathrm{P}}}{\sqrt{3}X_{\Sigma}} \tag{7-18}$$

两边同除以基准电流 $I_{\mathrm{j}} = \dfrac{S_{\mathrm{j}}}{\sqrt{3}U_{\mathrm{j}}}$，并取 $U_{\mathrm{j}} = U_{\mathrm{P}}$，得标幺值为：

$$I_{\mathrm{dz}^*}^{(3)} = \frac{U_{\mathrm{P}}}{\sqrt{3}X_{\Sigma}}\frac{\sqrt{3}U_{\mathrm{P}}}{S_{\mathrm{j}}} = \frac{1}{X_{\Sigma}}\frac{U_{\mathrm{P}}^2}{S_{\mathrm{j}}} = \frac{1}{X_{\Sigma^*}} \tag{7-19}$$

此式与式（7-6）一致。

（3）非周期分量。式（7-17）中的第二项是按指数规律衰减的非周期分量。假定短路前电路处于空载，电流等于零，由于电感电路的电流不能突变，所以短路开始时，必将出现一个非周期分量电流，它与 $t=0$ 时的周期分量瞬时值大小相等，方向相反，可相互抵消，使电感电路的初始电流保持为零。出现的非周期分量电流将逐渐衰减至零，其衰减时间常数为：

$$T_{\mathrm{f}} = \frac{L_{\Sigma}}{R_{\Sigma}} = \frac{X_{\Sigma}}{314R_{\Sigma}} \tag{7-20}$$

在主要是电感的高压短路回路中，T_{f} 的平均值取 0.05s。非周期分量约经 $4T_{\mathrm{f}}$ 即 0.2s 后便已基本衰减完毕。在电阻较大的电路中，非周期分量衰减得更快。非周期分量衰减到零后，短路的暂态过程结束，进入稳定状态。此时的短路电流称为稳态电流，其有效值记为 $I_{\infty}^{(3)}$，显然 $I_{\infty}^{(3)} = I_{\mathrm{dz}}^{(3)}$。

对应式（7-17）的短路电流曲线如图 7-8 所示，从图中可见，该相电势曲线 e 刚好过零时发生短路，产生短路电流周期分量 $i_{dz}^{(3)}$ 和非周期分量 $i_{dfz}^{(3)}$，二者叠加得总短路电流 $i_{k}^{(3)}$。

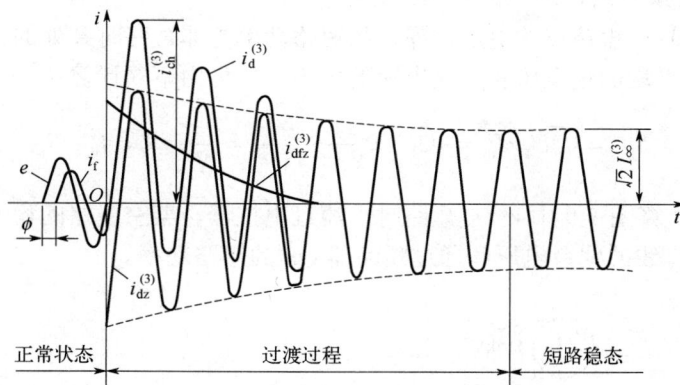

图 7-8　无限大容量电力系统供电的三相短路电流曲线

e —电源电势；$i_{dz}^{(3)}$ —周期分量电流；$i_{dfz}^{(3)}$ —非周期分量电流；$i_{k}^{(3)}$ —总短路电流；i_f —正常负荷电流

（4）冲击短路电流。由图 7-8 可见，在短路后半个周期即 0.01s 瞬间，总短路电流达到最大数值，略小于周期分量振幅的两倍，称为冲击短路电流，记为 $i_{ch}^{(3)}$。其值为：

$$i_{ch}^{(3)} = \sqrt{2}I_{dz}^{(3)} + \sqrt{2}I_{dz}^{(3)}e^{-\frac{0.01}{T_f}} = \sqrt{2}I_{dz}^{(3)}\left(1 + e^{-\frac{0.01}{T_f}}\right) = \sqrt{2}K_{ch}I_{dz}^{(3)} \qquad （7-21）$$

$$K_{ch} = 1 + e^{-\frac{0.01}{T_f}} \qquad （7-22）$$

K_{ch} 称为冲击系数。当取 $T_f = 0.05s$，$K_{ch} = 1.8$，则：

$$i_{ch}^{(3)} = 2.55I_{dz}^{(3)} \qquad （7-23）$$

在短路开始时，三相电势处于不同相位 ψ。上述分析假定某相 $\psi = 0$，该相的冲击短路电流值最大。其他两相也在同时出现冲击短路电流，但数值较小。这种情况下的短路（短路时某相 $\psi = 0$）是最严重的短路，所以将以此作为计算短路电流的计算条件。

3．母线残余电压

在继电保护装置的整定计算中，常要计算短路点以前某一母线的残余电压。三相短路时短路点电压为零。距短路点电抗为 X 的母线残余电压即为该电抗上的三相电压降。达到稳态时的残余电压数值为：

用有名值　　$U^{(3)} = \sqrt{3}I_{\infty}^{(3)} \cdot X$

用标幺值　　$U_*^{(3)} = \dfrac{U^{(3)}}{U_j} = \dfrac{\sqrt{3}I_{\infty}^{(3)} \cdot X}{\sqrt{3}I_j \cdot X_j} = I_{\infty*}^{(3)} \cdot X_*$ 　　　　（7-24）

$$U^{(3)} = U_*^{(3)} \cdot U_P \qquad （7-25）$$

4．短路功率

系统发生短路时，某点的短路功率，可按下式计算：

$$S_k^{(3)} = \sqrt{3}U_P \cdot I_{dz} \qquad （7-26）$$

式中　　U_P——某点电路的平均额定电压；

　　　　I_{dz}——通过某点的短路电流周期分量。

由于三相短路时，短路点的电压为零，故短路功率并非短路时某处的实际电功率，它用来综合反映电路的平均额定电压和短路电流的大小，也可由下式计算：

$$S_k^{(3)} = \sqrt{3}U_P \cdot I_{dz} = \sqrt{3}U_P \cdot \frac{1}{X_{\Sigma*}} \cdot \frac{S_j}{\sqrt{3}U_P} = \frac{1}{X_{\Sigma*}} \cdot S_j = I_{dz*}^{(3)} \cdot S_j \qquad (7-27)$$

【**例 7-3**】　试计算图 7-9 中 $k^{(3)}$ 点短路时，流过电抗器、架空线路的稳态短路电流和冲击短路电流，6.3kV 母线的残余电压和通过断路器 QF 的短路功率。

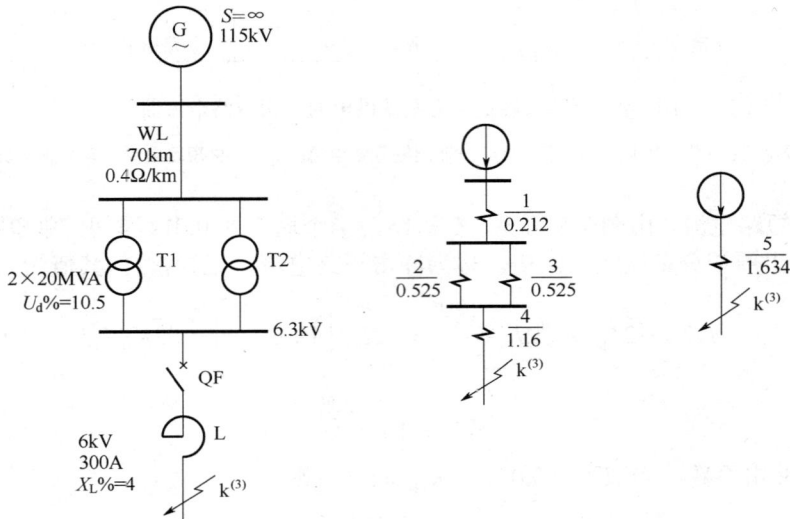

图 7-9　例 7-3 电路图

解：取 $S_j = 100\text{MVA}$，$U_j = U_P$，有：

$$X_1 = 0.4 \times 70 \times \frac{100}{115^2} = 0.212$$

$$X_2 = X_3 = \frac{10.5}{100} \times \frac{100}{20} = 0.525$$

$$X_4 = \frac{4}{100} \times \frac{6}{\sqrt{3} \times 0.3} \times \frac{100}{6.3^2} = 1.16$$

$$X_5 = 0.212 + \frac{1}{2} \times 0.525 + 1.16 = 1.634$$

流过电抗器的稳态短路电流和冲击短路电流为：

$$I_{\infty L}^{(3)} = \frac{1}{X_5} \cdot I_j = \frac{1}{1.634} \times \frac{100}{\sqrt{3} \times 6.3} = 5.61(\text{kA})$$

$$i_{chL}^{(3)} = 2.55 \times 5.61 = 14.3(\text{kA})$$

流过架空线路的稳态短路电流和冲击短路电流为：

$$I_{\infty w}^{(3)} = \frac{1}{X_5} \cdot I_j = \frac{1}{1.634} \times \frac{100}{\sqrt{3} \times 115} = 0.31(\mathrm{kA})$$

$$i_{\mathrm{chw}}^{(3)} = 2.55 \times 0.31 = 0.79(\mathrm{kA})$$

6.3kV 母线的残余电压为：

$$U^{(3)} = I_{\infty *}^{(3)} \cdot X_* \cdot U_P = \frac{1}{1.634} \times 1.16 \times 6.3 = 4.47(\mathrm{kV})$$

通过断路器 QF 的短路功率为：

$$S_k^{(3)} = \sqrt{3} \times 6.3 \times 5.61 = 61.21(\mathrm{MVA})$$

$$\text{或} \quad S_k^{(3)} = \frac{1}{1.634} \times 100 = 61.20(\mathrm{MVA})$$

由于计算短路功率用的是 6.3kV，而不是残余电压 4.47kV，所以短路功率是个假定值。

习题与思考题

7-1　简单短路的基本类型有哪些？哪种短路发生的概率最高？

7-2　选用标幺值计算有什么实际意义？

7-3　用标幺值表示电气量时，线电压标幺值跟相电压标幺值有什么关系？

7-4　何谓无限大容量电力系统？在无限大容量电力系统中发生短路和在有限容量电力系统中发生短路有什么不同？

7-5　什么叫热稳定？什么叫动稳定？

7-6　计算电路如图 7-10 所示，当 k_1 点发生三相短路时无限大容量电源供给的短路功率为 60MVA，求 k_2 点发生三相短路时无限大容量电源供给的短路功率。

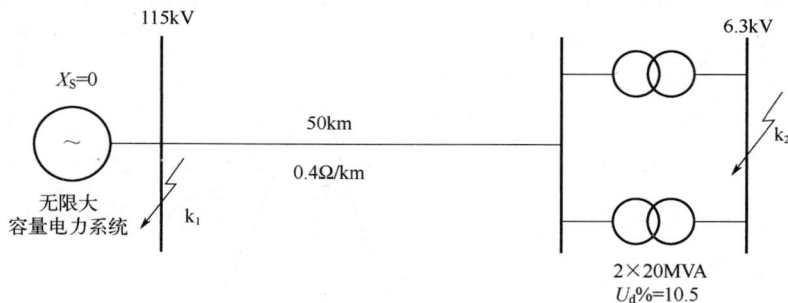

图 7-10　习题 7-6 图

学习情境八 电气一次设备选择

通过本情境的学习熟悉电气设备发热和电动力的计算；掌握电气设备选择的基本知识；掌握主要电气设备选择的方法、步骤及技巧。

任务一 电器和载流导体的发热

一、发热对电器和载流导体的影响

发热对电器和载流导体的影响如下。

（1）机械强度下降。金属材料温度升高时，会使材料退火软化，机械强度下降，例如，铝导体在长期发热时，当温度超过 100℃，其抗拉强度便急剧降低。

（2）接触电阻增加。导体的接触连接处，如果温度过高，接触连接表面会强烈氧化，使得接触电阻增加，温度又会随电阻增加而升高，因而可能导致接触处松动或烧熔。

（3）绝缘性能降低。有机绝缘材料若长期受到高温作用，会逐渐变脆和老化，使绝缘材料失去弹性、绝缘性能下降，进而使用寿命大为缩短。

电气设备的发热有两种情况：一是正常情况下通过工作电流产生的长期发热，其发热温度较低但持续时间比较长；二是因短路电流通过产生的短时发热，其发热温度高但持续时间极短。载流导体的发热过程如图 8-1 所示。电气设备绝缘的老化和金属机械强度的降低除与温度有关外，还与发热的持续时间有关。因此，我国规定了电器载流部分长期发热的允许温度和短时发热的允许温度（参见有关规定），以及载流导体长期发热的允许温度和短时发热允许温度（见表 8-1）。上述温度的规定值，可以作为发热计算的依据。

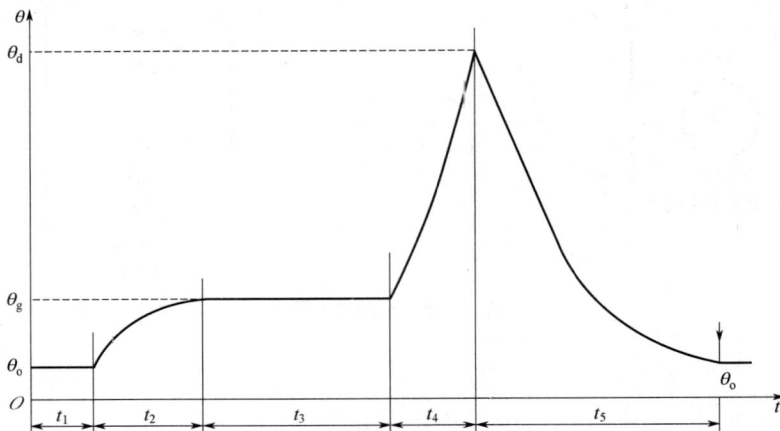

图 8-1 载流导体的发热过程

t_1 —未通电流前的时间；t_2 —通电流后到稳定发热的时间；t_3 —稳定发热时间；t_4 —短路电流通过的时间；t_5 —切除短路电流后导体的冷却时间；θ_o —实际环境温度；

θ_g —电流为 I_g 时的稳定发热温度；θ_d —短路时的最高发热温度

表 8-1 载流导体长期和短时发热允许温度

导体种类和材料		允许温度/℃	
		长期发热 (θ_e)	短时发热 (θ_{de})
裸母线：铜		70	300
铝		70	200
钢（不和电器直接连接的）		70	400
钢（和电器直接连接的）		70	300
油浸纸绝缘 电力电缆	1～3kV（铝芯）	80	200
	6kV（铝芯）	65	200
	10kV（铝芯）	60	200
	35kV（铜芯）	50	175
交联聚乙烯绝缘 电力电缆	6～10kV（铝芯）	90	200
	35kV（铝芯）	80	200
聚氯乙烯绝缘 电力电缆		65	130
聚乙烯绝缘 电力电缆		70	140

二、正常情况下均匀导体的长期发热

均匀导体就是沿全长有相同截面和材料的导体（如母线、电缆）。导体内不通电流时，其温度与周围实际环境温度 θ_o 相等，如图 8-1 中 t_1 阶段所示；当电流流过导体时，导体内发出热量，使其温度升高；若导体通过其额定电流 I_e，则温度将稳定上升到导体的长期发热允许温度 θ_e；若导体流过的电流为某一值 I_g 时，则其升高的稳定温度 θ_g 可用下式计算：

$$\theta_g = \theta_o + (\theta_e - \theta_{oe})\left(\frac{I_g}{I_e}\right)^2 \qquad (8-1)$$

式中　θ_{oe}——基准环境温度。我国目前常采用的基准环境温度如下。

（1）电力变压器和电器（如断路器、隔离开关、互感器等）为 40℃；

（2）发电机（利用空气冷却时，进入机内的空气温度）为 35～40℃；

（3）裸导体、绝缘线、母线和电力电缆（放在空气中）为 25℃；

（4）埋在地下的电力电缆为 15℃。

长期发热过程如图 8-1 中 t_2 和 t_3 阶段所示。如果 $\theta_g \leqslant \theta_e$，可认为导体满足长期发热条件。

三、短路情况下均匀导体的短时发热

短路时短路电流流过导体的时间一般为零点几秒到几秒，这是一种短时发热的状况。

短路情况下均匀导体的短时发热，如图 8-1 中 t_4 时间段所示。发生短路后，导体温度急剧升高，θ_d 是短路后导体的最高发热温度。t_5 时间段短路被切除，导体温度逐渐下降，最后与周围环境温度相同。

由于短路电流超出正常许多倍，所以虽然通流的时间很短，但温度却可以上升到很高数值，以至于超出短时发热允许温度，使电气设备的有关部分受到损坏。因此，把电气设备具有承受短路电流的热效应而不至于因短时过热而损坏的能力，称为电气设备的热稳定。

如果导体在短路电流作用下，t 时间内产生的热效应 Q_d 不超过它所允许的热效应 Q_{re}，则 θ_d 不会超过 θ_{de}，就认为该导体满足热稳定要求。Q_{re} 的数据一般由制造厂提供，也可查阅有关手册得到。

短路电流热效应 Q_d 的计算方法有以下两种。

1．实用计算法

Q_d 由短路电流的周期分量热效应 Q_{zt} 和非周期分量热效应 Q_{fzt} 组成，即

$$Q_d = Q_{zt} + Q_{fzt} \tag{8-2}$$

利用复化辛普生公式求积分近似值的方法，并经适当的假定，可得如下计算 Q_{zt} 的公式：

$$Q_{zt} = \frac{(I'')^2 + 10I_{z(t/2)}^2 + I_{zt}^2}{12} t \tag{8-3}$$

式中 $I_{z(t/2)}$——短路时间为 $\frac{t}{2}$ s 时的短路电流周期分量有效值。

式（8-3）分子上各项的系数为 1、10、1，可简称为 1-10-1 公式。利用式（8-3）进行计算的工作量小，且有足够的准确度，故推荐采用。

2．等值时间法

这个方法是依据等效发热的概念，取短路电流的热效应 $\int_0^{t_d} I_{dt}^2 dt$ 等于稳态电流在一段相应时间内产生的热效应。这样的一段相应时间又叫做等值时间 t_{dz}，如图 8-2 所示。

采用等值时间法计算短路电流热效应的公式为：

$$Q_d = Q_{zt} + Q_{fzt} = I_\infty^2 t_z + I_\infty^2 t_{fz} \tag{8-4}$$

式中 I_∞——短路电流的稳态值（kA）；

       t_z——周期分量的等值时间（s）；

       t_{fz}——非周期分量的等值时间（s）。

下面分别确定周期分量的等值时间 t_z 与非周期分量的等值时间 t_{fz}。

（1）周期分量的等值时间 t_z：其与短路时间 t_d 有关，与短路电流衰减特性 β'' $\left(\beta'' = \dfrac{I''}{I_\infty}\right)$ 有关，还与发电机的电压调节性能有关。可由图 8-3 查得。

图 8-3 给出了 $t_z = (\beta'', t_d)$ 的曲线，它适用于具有自动电压调节器的 50MW 以下的发电机供电的短路回路。图 8-3 中只给出了 $t_d \leqslant 5s$ 的曲线，当 $t_d > 5s$ 时，可以认为短路电流已达到稳定值，$t_d > 5s$ 后的时间也即等值时间可按 $t_z = t_{z(5)} + (t_d - 5)$ 计算。

（2）非周期分量的等值时间 t_{fz} 可按下式进行计算：

$$t_{fz} = 0.05\beta''^2 \tag{8-5}$$

最后得到短路全电流的热效应为：

$$Q_d = I_\infty^2 t_z + I_\infty^2 t_{fz} = I_\infty^2 (t_z + t_{fz}) \tag{8-6}$$

当短路电流切除时间 $t_d > 1s$ 时，导体发热主要由周期分量来决定，在此情况下，可不计非周期分量的影响，此时：

$$Q_d = I_\infty^2 t_z \tag{8-7}$$

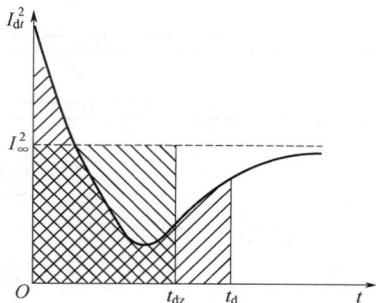

图 8-2 等值时间 t_{dz} 的意义

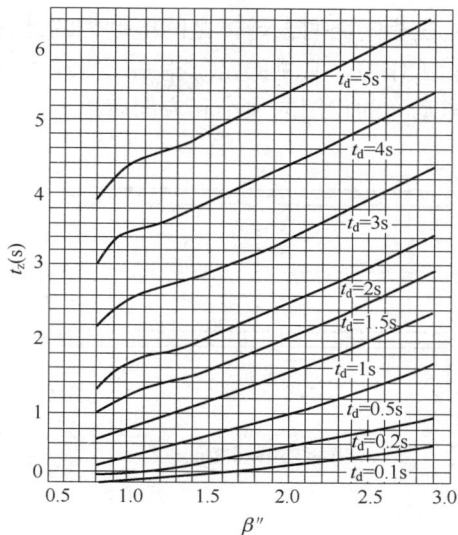

图 8-3 短路电流周期分量等值时间曲线

任务二 电器和载流导体的电动力效应

载流导体位于磁场中,要受到磁场力的作用,这种力称为电动力。正常情况下工作电流不大,电动力也不大;但在短路电流通过的情况下,其电动力可达很大数值,以致导体的载流部分产生变形或损坏。因此,把导体和电器承受短路电流电动力效应的能力,称为电动力稳定,简称动稳定。

一、两根平行导体之间电动力的计算

当无限长时的两平行导体通过电流,并假定电流集中在各导体的轴线时,导体间的相互作用力可用下式计算:

$$F = 2i_1i_2\frac{l}{a}\times10^{-7}(\text{N}) \tag{8-8}$$

式中 F——作用于导体长度中点的瞬时合力(实际作用力沿导体长度均匀分布)(N);

l——平行导体长度(m);

a——两导体轴线间的距离(m);

i_1、i_2——两导体分别通过的瞬时电流(A)。

两导体间作用力的方向是:电流同方向时相吸,反之相斥,如图 8-4 所示。

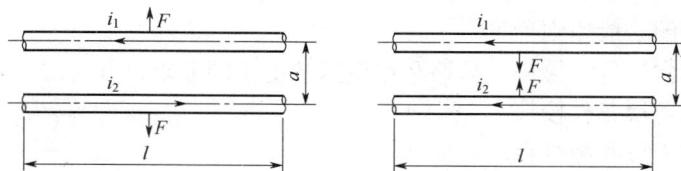

(a) 电流方向相反   (b) 电流方向相同

图 8-4 两根平行载流导体间的作用力

二、三相短路时，导体之间电动力的计算

实际工作中，常见的是三相系统母线水平敷设，三相母线的相互位置以及各相瞬时电流对承受电动力的作用的大小和方向有重要影响，如图 8-5 所示。

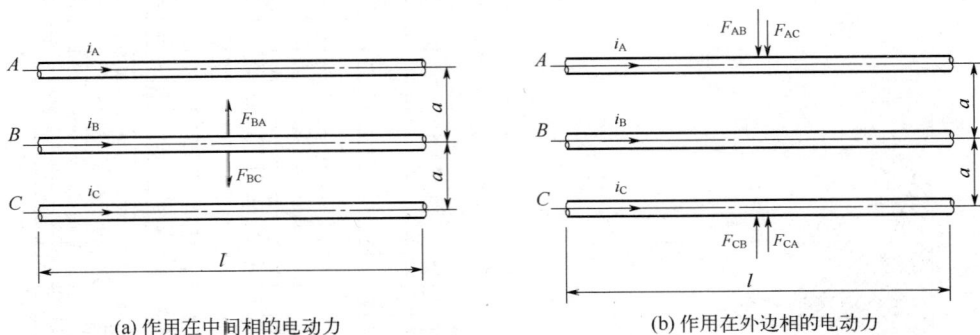

(a) 作用在中间相的电动力　　　　　　　　(b) 作用在外边相的电动力

图 8-5　三相硬母线的相互作用力

计算中，通常只选择可能出现的最大电动力瞬时值作为计算的依据。三相短路时，瞬时出现的最大电流为短路冲击电流 $i_{ch}^{(3)}$，它在一相中发生，此时中间 B 相将受到最大作用力，这个作用力 $F^{(3)}$ 为：

$$F^{(3)} = 1.77 i_{ch}^{(3)2} \frac{l}{a} \times 10^2 \tag{8-9}$$

式中　$i_{ch}^{(3)}$ ——三相短路时的冲击短路电流（kA）；

l ——支持绝缘子间的长度或跨距（cm）；

a ——母线相间距离（cm）。

由于三相和两相短路的冲击短路电流的关系是 $i_{ch}^{(2)} = \frac{\sqrt{3}}{2} i_{ch}^{(3)}$，所以两相短路时两故障平行母线间的最大电动力 $F^{(2)}$ 为：

$$F^{(2)} = 2.04 i_{ch}^{(2)2} \frac{l}{a} \times 10^{-2} = 2.04 \left[\frac{\sqrt{3}}{2} i_{ch}^{(3)} \right]^2 \frac{l}{a} \times 10^{-2} = 1.53 i_{ch}^{(3)2} \frac{l}{a} \times 10^{-2} \tag{8-10}$$

显然，$F^{(2)} < F^{(3)}$，因此选择电气设备校验动稳定时，应采用三相短路电流进行校验。

任务三　电气设备选择的一般条件

一、电气设备选择的一般原则和环境条件

（一）一般原则

电气设备选择的一般原则如下。

（1）应满足正常运行、检修、短路和过电压情况下的要求，并考虑远景发展。

（2）应按当地环境条件校核。

（3）力求技术先进和经济合理。

（4）与整个工程的建设标准协调一致。

（5）同类设备应尽量减少品种。

（6）选用的新产品均具有可靠的试验数据，并经正式鉴定合格。

（二）环境条件

1．温度

选择电气设备的环境温度如表 8-2 所示。

表 8-2　　　　　　　　　　　　选择电气设备的环境温度

安装场所	环境温度	
	最高	最低
屋外	年最高温度	年最低温度
电抗器室	该处通风设计最高排风温度	
屋内其他处	该处通风设计温度。当无资料时，可取最热月平均最高温度加5℃	

　　注　1．年最高（或最低）温度为一年中所测得的最高（或最低）温度的多年平均值。
　　　　2．最热月平均最高温度为最热月每日最高温度的月平均值，取多年平均值。

我国规定，普通高压电器在环境为+40℃时，允许按额定电流长期工作。当电器安装点的环境温度高于+40℃（但不高于+60℃）时，环境温度每增高 1℃，建议减小额定电流 1.8%；当使用环境温度低于+40℃时，环境温度每降低 1℃，建议增加额定电流 0.5%，但最大不得超过额定电流的 20%。

普通高压电器一般可在环境最低温度为−30℃时正常运行。

2．日照

屋外高压电器在日照影响下将产生附加温升。如果制造部门未能提出产品在日照下额定载流量下降的数据，在设计中可暂按电器额定电流的 80%选择设备。

3．风速

一般高压电器可在风速≤35m/s 的环境下使用。最大设计风速＞35m/s 的地区，可在屋外配电装置的布置中采取措施，如加强基础固定或降低安装高度等。

4．冰雪

在积雪和覆冰严重的地区，应采取措施防止冰串引起瓷件绝缘对地闪络，重冰区应选覆冰厚度大的隔离开关。

5．湿度

一般高压电器可使用在+20℃，相对湿度为 90%的环境中（电流互感器为 85%）。在长江以南和沿海地区，当相对湿度超过一般产品使用标准时，应选用湿热带型高压电器。

6．污秽

污秽地区的工厂（如化工厂、冶炼厂、火电厂及盐雾场所等）排出的二氧化硫、硫化氢、氨等成分的烟气、粉尘等对电气设备危害较大。可采用防污型绝缘子或选高一级电压的产品，以及采用屋内配电装置等办法来解决。

7．海拔

电器的一般使用条件为海拔高度≤1000m，对安装在海拔高度＞1000m 地区的电器，外绝缘一般应予加强，可选用高原型产品或选外绝缘提高一级的产品，由于现有 110kV 及以下大多数电器的外绝缘有一定裕度，故可使用在海拔 2000m 以下的地区。

8．地震

选择电器时，应根据当地的地震烈度选择能够满足地震要求的产品。一般电器产品可以耐受地震烈度为 8 度的地震力。

二、按正常运行条件选择

1．按环境条件选型

选择电气设备时，应按当地环境条件，如气温、风速、湿度、污秽、海拔、地震、覆冰等，尽量选用满足要求条件下的普通型产品。

电气设备的装置地点也影响所选设备的型式。通常装设户内的设备应选择户内型，也可以选择户外型，但不经济。装设户外的设备只能选择户外型。

2．按工作电压选择

电气设备的额定电压就是铭牌或技术参数标出的线电压。电气设备的绝缘均有一定裕度，可长期在超过额定电压 10%～15% 的电压下工作，此称为最高允许工作电压。正常情况下，选择电气设备的最高允许工作电压不得小于该回路的最高运行电压。由于回路的最高运行电压通常在线路首端，它比电力网的额定电压只高 5%～10%，因此，按工作电压选择的条件为：

$$U_e \geqslant U_{we} \tag{8-11}$$

式中　U_e——电气设备额定电压（kV）；

　　　U_{we}——电气设备所在电网额定电压等级（kV）。

按式（8-11）的条件选择设备，即使运行电网各点电压不同，但总不会超过电气设备的最高允许工作电压。

3．按工作电流选择

电气设备的额定电流是指在基准环境温度 θ_{oe} 下，发热不超过长期发热允许温度时所允许长期通过的最大电流。

开关电器没有明确的过载能力规定，为安全起见，选择电器时一律按其没有过载能力计算，如有裕度，留给运行单位需要时使用。因此，按工作电流选择的条件为：

$$I_y \geqslant I_{gmax} \tag{8-12}$$

式中　I_y——导体和电器的长期允许通过电流（A）；

　　　I_{gmax}——各种可能运行方式下回路最大持续工作电流（A），一般认为连续运行超过 4min 即为持续工作电流。

I_y 的确定如下：

$$I_y = \sqrt{\frac{\theta_e - \theta_o}{\theta_e - \theta_{oe}}} \cdot I_e = K_\theta I_e \tag{8-13}$$

式中　K_θ——环境温度修正系数；

　　　I_e——载流导体的额定载流量（A）；

　　　θ_{oe}——基准环境温度；

　　　θ_o——实际环境温度。

I_{gmax} 的确定步骤如下。

（1）由于发电机、变压器和调相机在电压降低 5% 时，出力保持不变，故其相应回路的 $I_{gmax} = 1.05 = I_e$（I_e 为电机的额定电流）。

（2）母联断路器回路一般可取母线上最大一台发电机或变压器的 I_{gmax}。

（3）母线分断电抗器的 I_{gmax} 应为母线上最大一台发电机跳闸时，保证该段母线负荷所需的电流。

（4）出线回路的 I_{gmax} 除考虑线路正常负荷电流（包括线路损耗）外，还应考虑事故时由其他回路转移过来的负荷。

三、按短路条件进行校验

1. 短路计算条件

按短路条件检验电气设备的动、热稳定以及电器开断能力时，必须采用流过设备的最大可能的短路电流，为此作验算用的短路电流应按下列条件确定。

（1）容量和接线。按本工程（施工期长的大型水电厂为本期工程）设计最终容量计算，并考虑电力系统的远景发展规划（可为本期工程建成后 5～10 年）；其接线应采用可能发生最大短路电流的正常接线方式，而不考虑在切换过程中可能并列运行的接线方式。

（2）短路的种类。一般按三相短路验算。若发机出口的两相短路较三相短路严重时，则应按最严重情况验算。

（3）短路计算点。校验电器和载流导体时，必须在计算电路图上确定电器和载流导体处于最严重情况的短路地点，这些地点称为短路计算点。

选择计算点的方法举例如下：如图 8-6 所示，选择发电机回路断路器 QF₁，应考虑两个可能计算点，即 d₁ 点和 d₂ 点，由图 8-6 可知，d₁ 点短路时流过断路器 QF₁ 的仅为发电机 G₁ 供给的短路电流，而 d₂ 点短路时流过断路器 QF₁ 的为其他三台发电机和系统供给的短路电流，显然，d₂ 点短路流过断路器 QF₁ 的短路电流大，它是选择断路器 QF₁ 的短路计算点。选择分段断路器 QF₂ 时，可考虑两种非切换过程的运行方式，一是变压器 T₁ 和 T₂ 并列运行方式，此时由于电路对称，d₃ 点或 d₄ 点短路通过断路器 QF₂ 的短路电流一样大，可任选一个点为计算点。二是变压器 T₁ 检修，但两段发电机电压母线通过断路器 QF₂ 并列运行，此时若 d₃ 点短路，则通过断路器 QF₂ 的短路电流将比第一种运行方式，由于系统通过 QF₂ 的短路电流，因为第一种运行 T₁ 和 T₂ 各分流一半，所以较小，故这种情况更严重，因此选 d₃ 点为计算点；同理，T₂ 检修时，选 d₄ 点作为计算点。选择配电变压器 T₃ 的断路器 QF₃，很明显 d₅ 点是计算点，此时所有电源供给的短路电流均通过断路器 QF₃。选择右边发电机汇流主母线时，由于主母线的损坏将使该段母线上的所有设备长期不能工作，因此必须选择最严重的 d₆ 点作为计算点。

2. 短路计算时间

选择电器和载流导体时，除了考虑上述计算条件外，还必须正确估计短路的两个计算时间。一是断路器的实际开断时间 t_k，t_k 由下式决定：

$$t_k = t_b + t_{gf} \tag{8-14}$$

式中　　t_b——继电保护（主保护）动作时间，它是起动机构、延时机构及执行机构动作时间之和，对于无延时的速断保护可取 $t_b = 0.05 \sim 0.06s$，对于晶体管速断保护取 $t_b = 0.04s$；

　　　　t_{gf}——断路器固有分闸时间。

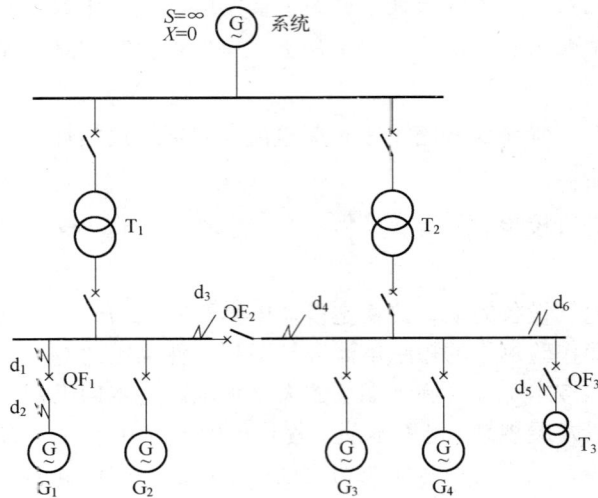

图 8-6　选择断路器和汇流主母线短路计算点示意图

另一个是短路热稳定计算时间 t_d，t_d 由下式决定：

$$t_d = t_b + t_{kd} \qquad (8\text{-}15)$$

式中　t_b——对于验算裸导体及 110kV 以下电缆热稳定时，一般采用主保护动作时间，如主保护有死区，则应采用能对该死区起作用的后备保护动作时间，并采用相应处的短路电流值；对于验算开关电器热稳定，一般采用后备保护动作时间；

t_{kd}——断路器全开断时间，为断路器固有分闸时间与熄弧时间之和。

3．短路热稳校验

短路电流通过电气设备产生了热效应，满足短路热稳定的一般条件是：

$$Q_{re} \geqslant Q_d \text{ 或 } I_{re}^2 t_{re} \geqslant Q_d \qquad (8\text{-}16)$$

式中　Q_{re}——电气设备额定热效应（kA^2·s），制造部门常以 t_{re} 秒额定热稳定电流 I_{re} 表示；

Q_d——在短路计算时间 t_d 内，短路电流所产生的热效应（kA^2·s）。

4．短路动稳校验

短路时，电气设备承受的电动力效应由冲击短路电流决定，为了校验方便，制造部门通常用额定动稳定电流，即极限通过的电流峰值来表示电器承受电动效应的能力。因此，满足开关电器动稳定的一般条件是：

$$i_{de} \geqslant i_{ch} \qquad (8\text{-}17)$$

式中　i_{de}——电气设备的额定动稳定电流（kA）；

i_{ch}——三相短路冲击短路电流（kA）。

采用熔断器作为保护电器的回路是否按短路条件进行校验，规定如下。

（1）用限流型熔断器保护的电器和载流导体，可不校验动、热稳定。

（2）用非限流型熔断器保护的电器和载流导体，可不校验热稳定，但仍应校验动稳定。

高压电气设备选择及校验项目见表 8-3。

表 8-3　　　　　　　　高压电气设备选择及校验项目

设备名称 ＼ 选择及校验项目	电压/kV	电流/A	开断电流/kA	短路电流稳定 热稳定	短路电流稳定 动稳定	其他校验项目
断路器	√	√	√	√	√	
隔离开关	√	√		√	√	
负荷开关	√	√	√	√	√	
熔断器	√	√	√			
电压互感器	√					选择性 准确度及二次负荷 准确度及二次负荷
电流互感器	√	√		√	√	
支持绝缘子	√				√	
套管绝缘子	√	√		√	√	
母线		√		√	√	
电力电缆	√	√		√		

注　表中 √ 为应选择或校验的项目。

任务四　高压开关电器的选择

一、高压断路器的选择

高压断路器除应按满足前述电气设备选择的原则和一般条件（环境、电压、电流和动、热稳定等）进行选择外，还应按其本身的特殊要求进行选择，现介绍如下。

1．型式的选择

高压断路器应根据断路器安装地点、环境和使用技术条件等要求选择其种类和型式。由于油断路器的运行维护及可靠性都比真空断路器和 SF_6 断路器差，所以现在使用得越来越少。真空断路器和 SF_6 断路器由于运行维护简单、可靠性高、开断电流大，得到了广泛应用。

在选择断路器型式的同时，应根据工程的规模性质以及操作电源，选配断路器的操作机构。

2．按开断电流选择

为了保证断路器开断可能的最大短路电流后还能继续可靠工作，必须按开断电流选择，即：

$$I_{ke} \geqslant I_{dt} = \sqrt{I_{zt}^2 + I_{fzt}^2} = \sqrt{I_{zt}^2 + (\sqrt{2}I'' \cdot e^{-t_k/T_{fi}})^2} \qquad (8\text{-}18)$$

式中　　　I_{ke}——断路器的额定开断电流（kA）；

　　　　　t_k——断路器的实际开断时间（s）；

I_{dt}、I_{zt}、I_{fzt}——t_k 时刻短路全电流有效值、周期分量有效值及非周期分量有效值（kA）；

　　　　　T_{fi}——短路点的非周期分量衰减时间常数（s），一般取 0.05s；

　　　　　I''——一次暂态短路电流。

式（8-18）适用于高速开断（即 $t_k < 0.1s$ 或 $T_{ft} > 0.1s$ 的情况。对于中速断路器（即 $t_k = 0.1 \sim 0.2s$），当非周期分量小于周期分量幅值的 20% 时，可以仅按开断电流的周期分量选择断路器，即：

$$I_{ke} \geqslant I_{zt} \qquad (8\text{-}19)$$

当断路器的额定开断电流较系统的短路电流大很多时，为了简化计算和偏于安全，也可

用次暂态电流 I'' 计算，即：

$$I_{ke} \geqslant I'' \tag{8-20}$$

对于低速开断（即 $t_k > 0.2s$）的断路器，可按下式进行选择：

$$I_{ke} \geqslant I_{z0.2} \tag{8-21}$$

式中　$I_{z0.2}$ —— 0.2s 周期分量有效值（kA）。

对装设自动重合闸装置的断路器要求有连续开断事故电流的能力，若断路器不能保证额定开断能力，则上述公式应按降低的开断电流进行选择。

二、隔离开关的选择

隔离开关的选择要求和方法与高压断路器基本相同，仅不必验算其开断能力。由于隔离开关触头长期外露，易受污秽直接影响引起接触状态恶化，过载能力低，因此选择隔离开关额定电流时宜稍留裕度。对装设有接地闸刀的，还应根据其安装处的短路电流校验接地闸刀的动、热稳定。

隔离开关的型式选择十分重要，应根据配电装置的布置特点和使用要求等因素，进行综合技术经济比较后确定。对于小水电系统的 10kV 户内配电装置，通常选用 GN19-10（C）型隔离开关和 GN30-10D 型旋转式隔离开关。其中 GN19-10C 型带有穿墙套管；GN30-10D 型旋转式隔离开关用于 XGN2-12 型高压开关柜中。35kV 及以上电压等级户外配电装置广泛选用 GW4 型、GW5 型或 GW6 型等隔离开关。

隔离开关及其接地闸刀一般采用手动操作机构，110kV 及以上电压等级的隔离开关也有采用电动操作的。

三、高压熔断器的选择

1. 型式的选择

发电厂和变电站常用的高压熔断器有两大类。一类是户内熔断器，最高电压能达 35kV，常用的型号有 RN_1、RN_3 和 RN_5 型，主要用于电力线路、电力变压器和电力电容器等设备的过载和短路保护；RN_2 型额定电流均为 0.5A，为保护电压互感器的专用熔断器。另一类是户外熔断器，常用的有 RW_3、RW_4、RW_5 和 RW_7 等跌落式熔断器，其作用除与 RN_1 型相同外，在一定条件下还可以分断和关合空载架空线路、空载变压器和小负荷电流，RW10-35/0.5 型为保护 35kV 电压互感器专用的户外产品。

2. 按工作电压选择

$$U_e \geqslant U_{\omega \cdot e} \tag{8-22}$$

式中　U_e —— 熔断器的额定电压（kV）；

　　　$U_{\omega \cdot e}$ —— 熔断器安装处电网额定电压（kV）。

按式（8-22）进行选择时，必须注意充填石英砂的限流型熔断器只能按 $U_e = U_{\omega \cdot e}$ 的条件选择，这种情况下熔断器熔断产生的最大过电压倍数限制在规定的 2.5 倍相电压之内，此值并未超过同一电压等级电器的绝缘水平。如果熔断器使用在工作电压低于其额定电压的电网中，过电压倍数可能达 3.5～4，大大超过电器绝缘的耐受水平。

3. 按工作电流及保护特性选择

$$I_{eRg} \geqslant I_{eRt} \geqslant I_{gmax} \tag{8-23}$$

式中 I_{eRg}——熔断器熔管的额定电流（A）；

$\quad\quad I_{eRt}$——熔断器熔件的额定电流（A）；

$\quad\quad I_{gmax}$——回路最大持续工作电流（A）。

式（8-23）是选择熔断器额定电流的总要求，其中熔件额定电流的选择最重要，它的选择与其熔断特性有关，应能满足保护的可靠性、选择性和灵敏度要求。若熔件额定电流选择过大，则会延长熔断时间，降低灵敏度；若选择过小，则不能保证保护的可靠性和选择性。选择熔件额定电流的具体方法介绍如下。

（1）保护 35kV 及以下电力变压器。

$$I_{eRt} = kI_{gmax} \quad\quad\quad (8-24)$$

式中 I_{gmax}——变压器回路最大持续工作电流（A）；

$\quad\quad k$——自起动系数，当不考虑电动机自起动时，可取 $1.1 \sim 1.3$；当考虑电动机自起动时，可取 $1.5 \sim 2.0$。

考虑系数 k 的目的是使变压器在通过变压器励磁涌流（为变压器额定电流的 7 倍左右）的 0.5s 内，以及电动机自起动或保护范围以外短路产生的冲击电流不应使熔件熔断，并且还应保证前后级保护动作的选择性以及本段范围内短路能以最短时间切除故障。

（2）保护电力电容器。

$$I_{eRt} = KI_{ce} \quad\quad\quad (8-25)$$

式中 I_{ce}——电容器回路的额定电流（A）；

$\quad\quad K$——系数，对于跌落式熔断器，取 $1.2 \sim 1.3$；对于限流型熔断器，当为一台电容器时，系数取 $1.5 \sim 2.0$，当为一组电容器时，系数取 $1.3 \sim 1.8$。

考虑系数 K 的目的是防止由电网电压升高、波形畸变、运行过程中的涌流等原因引起的电容器回路电流增大而产生的误熔断。

4．按开断电流选择

$$I_{ke} \geqslant I_{dt} \quad (\text{或 } S_{ke} \geqslant S_{dt}) \quad\quad\quad (8-26)$$

式中 I_{ke}（或 S_{ke}）——熔断器的额定开断电流（kA）[或额定开断容量（MVA）]；

$\quad\quad I_{dt}$——短路全电流（kA），对于限流型熔断器，取 $I_{dt} = I''$；对于非限流型熔断器，须考虑非周期分量影响，取 $I_{dt} = I_{ch}$（全电流最大有效值）。

跌落式熔断器的开断能力应分别按上、下限值验算，在验算上限值时应用系统的最大运行方式；验算下限值时，应用最小运行方式。

保护电压互感器的熔断器，只需按额定电压和开断能力选择。

5．熔断器的选择性校验

为了保证前后两级熔断器之间或熔断器与电源（或负荷）保护之间的选择性，应进行熔体的选择性校验。各种型号熔断器的熔体熔断时间可从制造厂提供的安秒特性曲线上查出。

【例 8-1】 图 8-7 所示为某水电站电气主接线图。试选择发电机回路的断路器 QF_1 和隔离开关 QS_1，断路器 QF_1 和隔离开关 QS_1 均安装于高压开关柜内。实际环境温度 $\theta_o = +35℃$，海拔为 658m。发电机主保护动作时间 $t_{b1} = 0.05s$，后备保护动作时间 $t_{b2} = 3.5s$，6.3kV 母线三相短路电流计算参数见表 8-4。

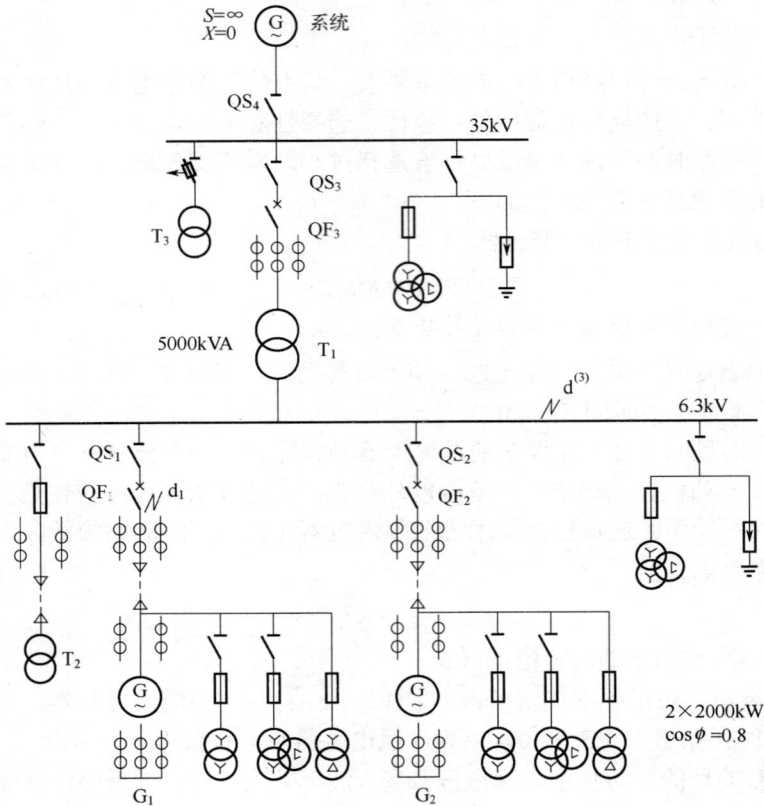

图 8-7 某水电站电气主接线图

<table>
<tr><td rowspan="2">表 8-4</td><td colspan="9" align="center">6.3kV 母线三相短路电流计算参数</td></tr>
</table>

电源 名称	短路参数								
	I'' /kA	$I_{z0.1}$ /kA	$I_{z0.2}$ /kA	I_{z1} /kA	I_{z2} /kA	I_{z4} /kA	i_{ch} /kA	I_{ch} /kA	S'' /MVA
系统支路	4.62	4.62	4.62	4.62	4.62	4.62	11.78	7.02	50.4
电站支路	2.53	1.86	1.77	1.63	1.55	1.48	6.83	4.10	27.7
合计	7.15	6.48	6.39	6.25	6.17	6.10	18.61	11.12	78.1

解：（1）最大持续工作电流 I_{gmax} 的计算。

$$I_{gmax} = 1.05 = I_e = 1.05 = \frac{P}{\sqrt{3}U_e \cos\phi} = 1.05 \times \frac{2000}{\sqrt{3} \times 6.3 \times 0.8} = 241(A)$$

（2）根据 $U_{we} = 6\,kV$ 和 $I_{gmax} = 241A$ 及安装于高压开关柜的条件，查表选用 ZN28A-10 I /630 真空断路器和 GN19-10C/400 隔离开关，真空断路器的固有分闸时间为 $t_{gf} \leqslant 0.06s$，全开断时间 $t_{kd} = 0.08s$。

（3）短路电流的确定。发电机回路短路计算点不难确定为图 8-7 中的 d_1 点，通过该回路中断路器 QF_1 和隔离开关 QS_1 的短路电流为除本回路发电机外所有电源供给的短路电流之和，即：

$$I'' = 7.15 - \frac{1}{2} \times 2.53 = 5.89 \text{ (kA)}$$

同理可得：$I_{z0.1} = 5.55(\text{kA})$，$I_{z0.2} = 5.51(\text{kA})$，$I_{z1} = 5.44(\text{kA})$，$I_{z2} = 5.4(\text{kA})$，$I_{z4} = 5.36(\text{kA})$，$i_{ch} = 15.2(\text{kA})$，$I_{ch} = 9.07(\text{kA})$，$S'' = 64.25(\text{MVA})$

（4）短路计算时间的确定。断路器 QF_1 的实际开断时间为

$$t_k = t_b + t_{gf} = 0.05 + 0.06 = 0.11(\text{s})$$

热稳定计算时间为：

$$t_d = t_b + t_{kd} = 3.5 + 0.08 \approx 4(\text{s})$$

（5）短路电流热效应的计算。

$$
\begin{aligned}
Q_d &= \frac{(I'')^2 + 10 I_{z(t/2)}^2 + I_{zt}^2}{12} t + I''^2 T_{fi} \\
&= \frac{5.89^2 + 10 \times 5.4^2 + 5.36^2}{12} \times 4 + 5.89^2 \times 0.05 \\
&= 120.08(\text{kA}^2 \cdot \text{s})
\end{aligned}
$$

（6）列表比较如表 8-5 所示。

表 8-5 计算数据与技术数据

计算数据		技术数据		
计算参数	计算值	额定参数	ZN28-10 I /630 保证值	GN19-10C/400 保证值
U_{we} /kV	6	U_e (kV)	12	6
I_{gmax} /A	241	I_e (A)	630	400
I'' /kA	5.89	I_{ke} (kA)	20	—
i_{ch} /kA	15.2	i_{de} (kA)	50	40
Q_d /(kA² · s)	120.08	$I_{re}^2 t_{re}$ (kA² · s)	$20^2 \times 4 = 1600$	$14^2 \times 5 = 980$

经列表比较，技术数据大于或等于计算数据，所选设备合格。

任务五 母线、电缆和绝缘子的选择

一、母线的选择

1．选型

母线的选型与工作电流有关，通常还应考虑尽量减小集肤效应系数、散热良好、断面系数大、安装检修简单及连接方便。母线一般采用铝质材料，小水电厂由于工作电流较小，户内配电装置的母线一般采用矩形铝母线，35kV 户外配电装置一般采用钢芯铝绞线或矩形铝母线。大型发电厂和 110kV 及以上变电站中的母线还可以采用槽型或圆管型等。槽型母线一般可用于 4000~8000A 的配电装置中；管型母线可用于 8000A 以上的大电流母线。另外，由于圆管型母线表面光滑、电晕放电电压高，因此可用作 110kV 及以上配电装置母线。

2．按满足长期允许发热条件选择

按满足长期允许发热条件选择的条件如下：

$$I_y \geqslant I_{gmax} \tag{8-27}$$

$$I_y = \sqrt{\frac{\theta_e - \theta_o}{\theta_e - \theta_{oe}}} \cdot I_e = K_\theta I_e$$

式中各量代表的意义与式（8-12）和式（8-13）相同。其中环境温度修正系数 K_θ 可按式（8-27）计算，也可以查表 8-6。对于户外钢芯铝绞线，由于风速、日照和海拔高度的影响，长期发热允许温度可按不超过+80℃考虑，此时的环境温度修正系数 K_θ 可直接查表 8-6。当导体接触面处有镀（搪）锡可靠覆盖层时，长期发热允许温度可提高至+85℃，母线的额定载流量也相应提高。

表 8-6　　　　　　　　　裸导体在不同海拔高度及环境温度下的综合修正系数 K_θ

长期发热允许温度/℃	适用范围	海拔高度/m	实际环境温度 θ_o/℃						
			+20	+25	+30	+35	+40	+45	+50
+70	户内矩形导体及不计日照的户外软导体		1.05	1.00	0.94	0.88	0.81	0.74	0.67
+80	计及日照的户外软导线	1000 及以下	1.05	1.00	0.95	0.89	0.83	0.76	0.69
		2000	1.01	0.96	0.91	0.85	0.79		
		3000	0.97	0.92	0.87	0.81	0.75		
		4000	0.93	0.89	0.84	0.77	0.71		

3．按经济电流密度选择

当正常工作电流通过母线时，在母线中将引起电能损耗。当电流一定时，母线截面越大，电能损耗费用就越小，见图 8-8 中曲线 1。然而母线截面越大，初投资越大，年维修折旧费也因此增加，见图 8-8 中曲线 2。图 8-8 中曲线 3 为曲线 1 和 2 相加而得，它表明母线结构的年运行费用与母线截面的关系。由图 8-8 可见，当母线截面为 S_j 时，年运行费用最小，称之为经济截面。电能损耗还与电流大小和通过的时间长短有关，如年最大负荷利用小时数增大，电能损耗也就增大为曲线 $1'$，曲线 $1'$ 和 2

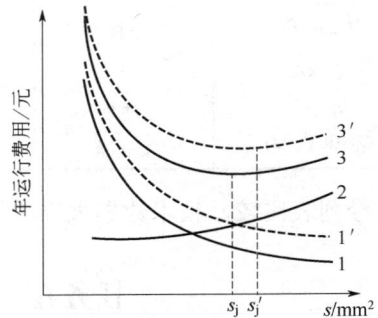

图 8-8　年运行费与载流导体截面的关系曲线

相加即得到曲线 $3'$，此时经济截面 S_j' 将大于 S_j。由曲线 3（或 $3'$）可见，在经济截面附近曲线比较平坦，选择的标准化截面稍大或稍小于经济截面，增加的年运行费用差不多，但总体看来，选择稍小的标准化截面可使母线初投资和有色金属耗用量减小，还是比较合适的。

除配电装置的汇流主母线外，长度在 20m 以上的母线，例如发电机至主变压器或者发电机至配电装置等的连接母线，其截面首先应按经济电流密度选择，即：

$$S \approx S_j = \frac{I_{gmax}}{J} \tag{8-28}$$

式中　S——所选用的比经济截面 S_j 略小的标准截面，或接近的标准截面（mm²）；

I_{gmax}——正常工作情况下的最大持续工作电流（A）；

J——经济电流密度（A/mm²），可按最大负荷利用小时数查表 8-7 得到，对于由经济电流密度决定的户外导体，一般不校验日照的影响。

表 8-7　　　　　　　　　　　　导体的经济电流密度 J（A/mm²）

导体材料	最大负荷利用小时（h/年）		
	3000 以下	3000～5000	5000 以上
铜裸导线与母线	3.0	2.25	1.75
铝裸导线与母线	1.65	1.15	0.9
铜 芯 电 缆	2.5	2.25	2.0
铝 芯 电 缆	1.92	1.73	1.54

4．按电晕电压校验

110kV 及以上电压等级的线路、发电厂和变电站母线均应以当地气象条件下晴天不出现全面电晕为控制条件，使导线安装处的最高工作电压小于临界电晕电压，即：

$$U_{gmax} \leqslant U_o \tag{8-29}$$

式中　U_{gmax}——导线安装处的最高工作电压（kV）；

　　　　U_o——临界电晕电压（kV）。

5．按短路热稳定校验

进行母线热稳定校验之前，应先计算短路前母线通过最大持续工作电流 I_{gmax} 后的稳定温度 θ_ω，θ_ω 可按下式计算：

$$\theta_\omega = \theta_o + (\theta_e - \theta_o)\left(\frac{I_{gmax}}{I_y}\right)^2 \tag{8-30}$$

式中　θ_o、θ_e 代表的意义与式（8-1）相同，I_y、I_{gmax} 代表的意义与式（8-27）相同。

满足母线热稳定的条件为：

$$\begin{cases} S \geqslant S_{min} \\ S_{min} = \dfrac{\sqrt{Q_d}}{C} \times 10^3 \end{cases} \tag{8-31}$$

式中　S——所选用母线的截面（mm²）；

　　　　S_{min}——满足短路热稳定的母线最小截面（mm²）；

　　　　Q_d——短路电流的热效应（kA²·s）；

　　　　C——热稳定系数。

母线在短路前稳定温度 θ_ω 不同时，C 值可取表 8-8 中所列数值。

表 8-8　　　　　　　　　　　　母线短路前温度为 θ_ω 时的 C 值

导体材料及短时发热允许温度 θ_{de}/℃		短路前稳定温度 θ_ω/℃										
		40	45	50	55	60	65	70	75	80	85	90
铝	200	99	97	95	93	91	89	87	85	83	81	79
铜	300	186	183	181	179	176	174	171	169	166	164	161

对于钢芯铝绞线，由于钢芯损耗的影响，C 值暂取铝导体的 87%。

6. 按短路动稳定校验

装在支持绝缘子上的硬母线的最大允许应力应不小于短路时母线中所产生的应力，否则将产生变形或损坏，因此必须满足：

$$\sigma_y \geqslant \sigma \tag{8-32}$$

式中　σ_y——硬母线最大允许应力（kg/cm^2），对于铝为 700 kg/cm^2，对于铜为 1400 kg/cm^2；

　　　　σ——短路时母线的最大应力（kg/cm^2）。

当三相单片矩形母线同一平面布置时，其应力计算可假定母线结构为一多跨的连续梁，受均匀负荷的作用力，其承受的最大应力 σ 为：

$$\sigma = \frac{M}{W} = \frac{1}{W} \cdot \frac{F^{(3)}l}{10} = \frac{F^{(3)}l}{10W} = 1.77 \frac{l^2}{aW} i_{ch}^{(3)2} \times 10^3 \tag{8-33}$$

式中　M——跨距母线承受的最大弯矩（kg·cm）；

　　　　W——母线断面系数（cm^3），可查表 8-9。

表 8-9　　　　　　　　　　　　矩形铝母线额定载流量及计算用数据

导体尺寸 $h \times b$/(mm× mm)	导体截面 /mm^2	额定载流量 I_e/A		断面系数 W/cm^3		惯性半径 r_i/cm		导体共振的最大允许跨距 /cm		机械强度允许的最大跨距 /cm	
		平放	竖放	平放	竖放	平放	竖放	平放	竖放	平放	竖放
25×4	100	292	308	0.42	0.067	0.723	0.116	96	39	$408\sqrt{a}/i_{ch}$	$163\sqrt{a}/i_{ch}$
25×5	125	332	350	0.52	0.104	0.723	0.145	96	43	$454\sqrt{a}/i_{ch}$	$203\sqrt{a}/i_{ch}$
40×4	160	456	480	1.07	0.107	1.156	0.161	122	39	$651\sqrt{a}/i_{ch}$	$206\sqrt{a}/i_{ch}$
40×5	200	515	543	1.33	0.167	1.156	0.145	122	43	$726\sqrt{a}/i_{ch}$	$257\sqrt{a}/i_{ch}$
50×4	200	565	594	1.67	0.133	1.445	0.116	136	39	$814\sqrt{a}/i_{ch}$	$230\sqrt{a}/i_{ch}$
50×5	250	637	671	2.08	0.208	1.445	0.145	136	43	$908\sqrt{a}/i_{ch}$	$287\sqrt{a}/i_{ch}$
63×6.3	397	872	949	4.17	0.417	1.821	0.182	153	48	$1288\sqrt{a}/i_{ch}$	$407\sqrt{a}/i_{ch}$
63×8	504	995	1082	5.29	0.672	1.821	0.231	153	55	$1448\sqrt{a}/i_{ch}$	$516\sqrt{a}/i_{ch}$
63×10	630	1129	1227	6.62	1.050	1.821	0.289	153	61	$1620\sqrt{a}/i_{ch}$	$645\sqrt{a}/i_{ch}$
80×6.3	504	1100	1193	6.72	0.529	2.312	0.182	172	48	$1632\sqrt{a}/i_{ch}$	$458\sqrt{a}/i_{ch}$
80×8	640	1249	1358	8.53	0.853	2.312	0.231	172	55	$1839\sqrt{a}/i_{ch}$	$582\sqrt{a}/i_{ch}$
80×10	800	1411	1535	10.67	1.333	2.312	0.289	172	61	$2057\sqrt{a}/i_{ch}$	$727\sqrt{a}/i_{ch}$
100×6.3	630	1363	1481	10.50	0.662	2.890	0.182	193	48	$2040\sqrt{a}/i_{ch}$	$512\sqrt{a}/i_{ch}$
100×8	800	1547	1682	13.33	1.067	2.890	0.231	193	55	$2299\sqrt{a}/i_{ch}$	$650\sqrt{a}/i_{ch}$
100×10	1000	1663	1807	16.67	1.667	2.890	0.289	193	61	$2571\sqrt{a}/i_{ch}$	$813\sqrt{a}/i_{ch}$
125×6.3	788	1693	1840	16.41	0.827	3.613	0.182	216	48	$2551\sqrt{a}/i_{ch}$	$573\sqrt{a}/i_{ch}$
125×8	1000	1920	2087	20.83	1.333	3.613	0.231	216	55	$2874\sqrt{a}/i_{ch}$	$727\sqrt{a}/i_{ch}$
125×10	1250	2063	2242	26.04	2.083	3.613	0.289	216	61	$3213\sqrt{a}/i_{ch}$	$909\sqrt{a}/i_{ch}$

其余各量代表的意义与式（8-9）相同。

在设计中，往往是根据母线的最大允许应力来确定母线允许的最大跨距 l_{max}（cm），把 σ_y

代入式（8-33）可得：

$$l_{max} = \frac{23.8}{i_{ch}}\sqrt{\sigma_y a W}$$ （8-34）

式中　i_{ch}——三相短路时冲击短路电流（kA）；

　　l_{max}——母线允许的最大跨距（cm）；

　　a——母线相间距离（cm）；

　　σ_y——母线最大允许应力（kg/cm²）；

　　W——母线断面系数（cm³）。

在实用计算中，机械强度允许的最大跨距 l_{max} 可直接查表 8-9 中的计算用数据。若母线实际跨距 l 小于 l_{max}，则满足动稳定要求，否则应采取措施，如限制短路电流、改变布置方式、增大相间距离、增大母线截面及减小跨距等。其中以减小跨距最为有效，但要增加支持绝缘子数量。若计算所得 l_{max} 很大，为避免母线因自重而过分弯曲，选用的实际跨距以不超过 1.5～2.0m 为宜。

在小水电系统中，按以上介绍的方法选择配电装置汇流主母线时，由于规定不按经济电流密度选择，加上主母线较短、汇集的容量不大，故所选的截面往往小于连接于它的某些回路母线的截面，为了便于安装，在这种情况下主母线可按回路最大的母线截面选用。

对于装设于开关柜内的母线和绝缘子可不做选择和校验，对于户外软导线可不进行机械强度方面的校验。另外对某些母线还要进行机械共振条件的校验。

【例 8-2】　试选择［例 8-1］中发电机 6.3kV 电压母线。母线安装于高压开关柜上，采用平放布置，其 $a = 25$cm，$l = 120$cm，其保护动作时间也为发电机的后备保护动作时间 $t_{b2} = 3.5$s。

解：（1）最大持续工作电流 I_{gmax} 的计算。

$$I_{gmax} = 2 \times 1.05\ I_e = 2 \times 241 = 482(A)$$

（2）按满足长期允许发热条件选择。根据 $I_{gmax} = 482$A，查表 8-9 选用矩形铝母线 $S = (50 \times 5)$mm²（考虑到机械加工时的强度影响，汇流主母线一般不应小于 50×5 的截面），其 $I_e = 637(A)$（$\theta_{oe} = 25℃$，着色），则：

$$I_y = \sqrt{\frac{\theta_e - \theta_o}{\theta_e - \theta_{oe}}} \cdot I_e = \sqrt{\frac{70 - 35}{70 - 25}} \times 637 = 561.78(A) > I_{gmax} = 482(A)$$

因主母线不按经济电流密度选择，故选用 LMY-50×5 矩形铝母线。

（3）按短路热稳定校验。短路计算点为图 8-7 中 6.3kV 母线上的 $d^{(3)}$ 点，短路电流值为表 8-4 "合计" 栏，则热稳定计算时间为：

$$t_d = t_b + t_{kd} = 3.5 + 0.08 \approx 4(s)$$

主母线短路前可能的最高温度为：

$$\theta_\omega = \theta_o + (\theta_e - \theta_o)\left(\frac{I_{gmax}}{I_y}\right)^2 = 35 + (70 - 35)\left(\frac{482}{561.78}\right)^2 = 60.76(℃)$$

由 $\theta_w = 60.76$（℃）查表 8-8 得：$C = 89$。

短路电流热效应的计算如下：

$$Q_d = \frac{(I'')^2 + 10I_{z(t/2)}^2 + I_{zt}^2}{12}t + I''^2 T_{fi}$$

$$= \frac{7.15^2 + 10 \times 6.17^2 + 6.10^2}{12} \times 4 + 7.15^2 \times 0.05$$

$$= 158.9(kA^2 \cdot s)$$

$$S_{min} = \frac{\sqrt{Q_d}}{C} \times 10^3 = \frac{\sqrt{158.9}}{89} \times 10^3 = 142(mm^2)$$

$$S = 50 \times 5(mm^2) > S_{min}$$

由此可见，所选母线满足热稳定要求。

（4）按短路动稳定校验。满足机械强度要求的最大允许跨距 l_{max}（cm）为：

$$l_{max} = \frac{23.8}{i_{ch}}\sqrt{\sigma_y aW} = \frac{23.8}{18.61}\sqrt{700 \times 25 \times 2.08} = 244(cm) > l = 120 \ (cm)$$

由此可见，所选母线满足动稳定要求。由于电压等级只有 6.3kV，所以不按电晕电压校验，故所选 LMY-50×5 矩形铝母线合格。

二、电力电缆的选择

1．型式的选择

根据敷设环境和使用条件选择电缆型式时，一般按下列原则。

（1）根据电缆的额定电压和类别来选择。

（2）一般采用铝芯电缆。但对 4mm² 及以下截面的电缆应选用铜芯电缆，对移动设备，有剧烈振动或对铝有严重腐蚀场合的线路，如闸门移动滑线、电焊机检修电源和蓄电池等，应选用铜芯电缆及橡套电缆。

（3）绝缘和护套的选择。其选择原则如下。

1）聚氯乙烯绝缘及护套电缆，价格便宜，安装简便，没有敷设高差限制，在很大范围内可以代替不滴流和黏性纸绝缘电缆，1kV 及以下系统应优先选用。

2）交联聚乙烯绝缘聚氯乙烯护套电缆，线芯工作温度高，载流量大，适用于高落差和垂直敷设，安装简便，性能优良，6～35kV 电压等级应优先选用。

3）不滴流纸绝缘电缆和黏性纸绝缘电缆的制造工艺完全一样，价格基本相同。但不滴流电缆线芯工作温度高，抗老化性能好，使用寿命长，除能适应黏性纸绝缘电缆的敷设环境外，还能适应高落差和垂直敷设，故在选用纸绝缘电缆时应优先选用不滴流纸绝缘电缆。

（4）外护层及铠装的选择。其选择原则如下。

1）明敷（包括架空、隧道、沟道内等）在电缆支架的电缆，可选用聚氯乙烯绝缘护套，必要时可选用钢带铠装，但不应选用黄麻外护层。

2）电缆敷设在垂直高差很大的竖井或需承受大拉力的场合宜选用内钢丝铠装电缆。

3）电缆直埋敷设时，一般选用钢带铠装电缆，在潮湿或具有腐蚀性土壤的地区，还应带有塑料外护层或黄麻外护层。按过电压要求，最外层需有金属外皮，护层可采用钢铠外包型。

2．按工作电压选择

按工作电压选择的条件如下：

$$U_e \geqslant U_{\omega \cdot e} \qquad (8-35)$$

式中　　U_e——电缆的额定电压（kV）；

　　　　$U_{\omega \cdot e}$——电缆安装处电网额定电压（kV）。

3．按满足长期允许发热条件选择

按满足长期发热条件选择的条件如下：

$$I_y = KI_e \geqslant I_{gmax} \qquad (8-36)$$

式中　　I_y、I_e、I_{gmax}——代表的意义与式（8-16）相同。

　　　　K——考虑不同敷设条件下的校正系数。对于小型水电站，所选电缆数目较少，且一般敷设在空气中，所以 K 值可同于环境温度修正系数 K_θ，见表 8-10。常用交联聚乙烯绝缘电力电缆的载流量见表 8-11。

表 8-10　　　　　　　　　环境温度变化时电缆载流量的修正系数 K_θ

基准环境温度 $\theta_{oe}/℃$	缆芯允许温度 $\theta_e/℃$	环境温度 $\theta_e/℃$							
		10	15	20	25	30	35	40	45
15	90	1.03	1.00	0.99	0.931	0.894	0.856	0.816	0.755
25		1.23	1.07	1.04	1.00	0.961	0.920	0.877	0.832
15	80	1.04	1.00	0.961	0.920	0.877	0.832	0.784	0.734
25		1.13	1.09	1.04	1.00	0.953	0.905	0.853	0.798
15	70	1.04	1.00	0.953	0.905	0.853	0.798	0.739	0.674
25		1.15	1.11	1.06	1.00	0.943	0.882	0.816	0.745
15	65	1.05	1.00	0.949	0.894	0.837	0.775	0.707	0.632
25		1.17	1.12	1.06	1.00	0.935	0.866	0.791	0.707
15	60	1.06	1.00	0.943	0.882	0.816	0.745	0.667	0.577
25		1.20	1.13	1.07	1.00	0.926	0.845	0.756	0.655
15	50	1.07	1.00	0.956	0.845	0.756	0.655	0.535	0.378
25		1.26	1.18	1.10	1.00	0.894	0.775	0.632	0.447

表 8-11　　　　　　　　交联聚乙烯绝缘电力电缆直埋敷设载流量

交联聚乙烯绝缘电力电缆直埋地敷设的载流量（$\rho_T = 1.2℃ \times m/W$）

截面 mm²		0.6/1kV(A) $\theta_n = 90℃$				6/6kV～8.7/10kV(A) $\theta_n = 90℃$				26/35kV(A) $\theta_n \theta_n = 80℃$		
		4 芯			单芯 $\theta_n = 80℃$	3 芯			单芯 $\theta_n = 30℃$	3 芯	单芯 $\theta_n = 30℃$	
		20℃	25℃	30℃		20℃	25℃	30℃		25℃		
铝芯	4	42	40	38								
	6	47	45	43								
	10	62	60	58								
	16	83	80	77								

续表

材料	截面 mm²	0.6/1kV(A) θn=90℃ 4芯 20℃	4芯 25℃	4芯 30℃	单芯 θn=80℃	6/6kV~8.7/10kV(A) θn=90℃ 3芯 20℃	3芯 25℃	3芯 30℃	单芯 θn=30℃	单芯 θn=30℃	26/35kV(A) θn=80℃ 3芯 25℃	单芯 θn=30℃
铝芯	25	104	100	96		109	105	101				
	35	125	120	115		130	125	120				
	50	146	140	136		151	145	139			137	
	70	182	175	168		187	180	173	215	205	172	
	95	218	210	202		224	215	206	255	235	206	
	120	244	235	226		255	245	235	280	265	224	
	150	276	265	254		286	275	264	320	305	243	
	185	317	305	293		322	310	298	350	335		
	240	369	355	341		374	360	346	400	390		
	300								440	430		
	400								505	515		
	500								555	575		
	630								610	640		
铜芯	4	52	50	48								
	6	62	60	58								
	10	83	80	77								
	16	104	100	96								
	25	135	130	125		140	135	130				
	35	161	155	149		166	160	154				
	50	192	185	178		198	190	182				
	70	234	225	216		239	230	221	270	260	177	
	95	281	270	259		286	275	264	320	300	221	
	120	317	305	293		322	310	298	355	340	267	
	150	359	345	331		364	350	336	390	385	288	
	185	406	390	374		411	395	379	430	430	313	
	240	473	455	437		473	455	437	490	490		
	300					536	515	494	535	550		
	400								595	570		
	500								655	630		
	630								710	765		

注　若考虑土壤水分迁移时，表中载流量应乘以校正系数 0.78。

4．按经济电流密度选择

除厂用电缆外，长度超过 20m 的电力电缆应按经济电流密度选择，选择计算公式与式

（8-28）相同，经济电流密度 J 可查表 8-7。

选用电缆时，应尽量不用截面大于 185mm^2 的规格，而采用多根电缆并列，以改善散热条件，减少金属耗量。电缆经济合理的根数是：当 $S_j < 150 \text{mm}^2$，选一根；当 $S_j > 150 \text{mm}^2$，经济根数由 $\dfrac{S_j}{150}$ 决定；介于一根 150mm^2 和两根 150mm^2 电缆之间，选用两根较小截面的电缆也可以认为是经济的。当电缆根数大于 2 时，应考虑选用母线。

5．按短路热稳定校验

电缆热稳定校验方法有两种：一是利用电缆热稳定计算截面校验；二是利用短路电流热效应比较法校验。

（1）利用电缆热稳定计算截面校验。满足电缆热稳定的条件为：（与母线热稳定校验方法一样）

$$\begin{cases} S \geqslant S_{\min} \\ S_{\min} = \dfrac{\sqrt{Q_d}}{C} \times 10^3 \end{cases} \tag{8-37}$$

式中　S——所选用电缆的截面（mm^2）；

$\quad\quad S_{\min}$——电缆热稳定计算最小截面（mm^2）；

$\quad\quad Q_d$——短路电流热效应（$\text{kA}^2 \cdot \text{s}$）；

$\quad\quad C$——热稳定系数，可参考表 8-12 所示数值，其中 θ_ω 为电缆短路前的稳定温度。

$$\theta_\omega = \theta_o + (\theta_e - \theta_o)\left(\frac{I_{\text{gmax}}}{I_y}\right)^2 \tag{8-38}$$

表 8-12　　　　　　　　　　铝电力电缆短路前温度为 θ_ω 时的 C 值

短时发热允许温度 θ_{de} /℃		短路前稳定温度 θ_ω /℃										
		40	45	50	55	60	65	70	75	80	85	90
10kV 油浸纸绝缘	200	96.3	94.4	92.5	90.6	88.6	/	/	/	/	/	/
10kV 交联聚乙烯绝缘							86.7	84.7	82.8	80.8	78.8	76.8
10kV 聚氯乙烯绝缘	140	79.3	75.8	74.6	72.2	69.7	67.2	64.7	/	/	/	/
10kV 聚乙烯绝缘	130	75.8	73.3	70.8	68.3	65.7	63	/	/	/	/	/

注　若电力电缆为 6kV，C 值为表 8-12 中数值除以 0.93。

当按短路热稳定条件确定的电缆截面大于按正常工作电流选择的截面时，应尽量选择短时发热允许温度较高的电缆，如改聚氯乙烯绝缘的电缆为交联聚乙烯的电缆，或者增大电缆截面使之接近于由热稳定条件决定的计算截面。

（2）利用短路电流热效应比较法校验。为了保证当电缆末端发生短路时，电缆芯线温度不超过允许值，电缆的允许热效应 Q_y（$\text{kA}^2 \cdot \text{s}$）应不小于计算的短路电流热效应 Q_d（$\text{kA}^2 \cdot \text{s}$）值，即：

$$Q_y \geqslant Q_d \tag{8-39}$$

式中　Q_y——电缆的允许热效应（$\text{kA}^2 \cdot \text{s}$），常用电力电缆的允许热效应见表 8-13；

$\quad\quad Q_d$——短路电流热效应（$\text{kA}^2 \cdot \text{s}$）。

电力电缆不必校验短路动稳定，对于供电距离较远、容量较大的电缆还应校验其电压损失。

表 8-13　　　　　　　　　　　　　电力电缆允许热效应 Q_y　　　　　　　　　　　　　（kA²·s）

名称	截面/mm²	10	16	25	35	50	70	95	120	150	185	240	300
铝芯	聚氯乙烯电力电缆 θ_e=65℃	0.557	1.425	3.48	6.82	13.92	27.28	50.25	80.18	125.3	190.6	320.7	501.1
	聚氯乙烯电力电缆 θ_e=70℃	0.523	1.34	3.27	6.411	13.08	25.64	47.23	75.36	117.7	179.1	301.4	471
	6kV 黏性油电缆，10kV 不滴油电缆 θ_e=65℃	0.97	2.484	6.065	11.89	24.26	47.55	87.58	139.7	218.3	332.1	559	873.4
	10kV 黏性油电力电缆 θ_e=60℃	1.005	2.572	6.279	12.31	25.12	49.23	90.67	144.7	226	343.8	578.7	904.1
	1kV 不滴油、黏性油电缆、6kV 不滴油电缆 θ_e=80℃	0.871	2.231	5.446	10.67	21.79	42.7	78.65	125.5	196.1	298.2	501.9	784.3
	6kV、10kV 交联聚乙烯电缆 θ_e=90℃	0.808	2.069	5.05	9.898	20.2	39.59	72.92	116.4	181.8	276.5	465.4	727.2
铜芯	聚氯乙烯电力电缆 θ_e=65℃	1.296	3.319	8.103	15.88	32.41	63.52	117	186.7	291.7	443.7	746.7	1167
	聚氯乙烯电力电缆 θ_e=70℃	1.218	3.119	7.615	14.93	30.46	59.7	110	175.4	274.1	417	701.8	1097
	6kV 黏性油电缆，10kV 不滴油电缆 θ_e=65℃	2.263	5.794	14.15	27.72	56.58	110.9	204.3	325.9	509.2	774.6	1304	2037
	10kV 黏性油电力电缆 θ_e=60℃	2.342	5.997	14.64	28.69	58.56	114.8	211.4	337.3	527	801.7	1349	2108
	1kV 不滴油、黏性油电缆、6kV 不滴油电缆 θ_e=80℃	2.033	5.205	12.71	24.91	50.83	99.63	183.5	292.8	457.5	695.9	1171	1830
	6kV、10kV 交联聚乙烯电缆 θ_e=90℃	1.886	4.828	11.79	23.1	47.15	92.41	170.2	271.6	424.3	645.5	1086	1697

【例 8-3】 试选择［例 8-1］中发电机 6.3kV 引出回路电力电缆。电力电缆采用沟道敷设，长度超过 20m，年最大负荷利用小时为 5618h。

解：（1）最大持续工作电流 I_{gmax} 的计算。

$$I_{gmax} = 1.05 \times \frac{2000}{\sqrt{3} \times 6.3 \times 0.8} = 241(A)$$

（2）根据 $U_{we} = 6.3\,kV$ 和 $I_{gmax} = 241A$ 及的敷设环境条件，实际环境温度 $\theta_o = +35℃$，查表 8-10 选用 YJLV-6/3×150（mm²）三相交联聚乙烯的铝芯电力电缆，其电缆（$\theta_o = +35℃$，$\theta_e = 90℃$）的允许载流量 I_y=264A≥I_{gmax}=241A，满足条件。

（3）按经济电流密度选择。根据年最大负荷利用小时 5618h 查表 8-7 得 J=1.54A/mm²，因此：

$$S_j = \frac{I_{gmax}}{J} = \frac{241}{1.54} = 156.5(mm^2)$$

选接近 $S_j =156.5mm^2$ 的电缆为 150 mm² 合理。

（4）按短路热稳定校验。热稳定计算时间为：

$$t_d = t_b + t_{kd} = 0.05 + 0.08 \approx 0.2(s)$$

短路电流热效应为

$$Q_d = \frac{(I'')^2 + 10I_{z(t/2)}^2 + I_{zt}^2}{12}t + I''^2 T_{fi}$$

$$= \frac{5.89^2 + 10 \times 5.55^2 + 5.51^2}{12} \times 0.2 + 5.89^2 \times 0.05$$

$$= 7.95 (kA^2 \cdot s)$$

根据 YJLV-6/3×150(mm²) 三相交联聚乙烯铝芯电力电缆查表 8-13 得:

$$Q_y = 181.8 \ (kA^2 \cdot s) > Q_d = 7.95 \ (kA^2 \cdot s)$$

故满足热稳定要求,所选电缆合格。

三、绝缘子的选择

1. 型式的选择

绝缘子包括支持绝缘子和套管绝缘子,其品种繁多。水电站和变电所支持母线的户内支持绝缘子推荐选用联合胶装的多棱式支持绝缘子,户外支持绝缘子一般选用棒式支持绝缘子,铝导体套管绝缘子便于与铝母线连接,应推广采用。

2. 按工作电压选择

按工作电压选择的条件为

$$U_e \geqslant U_{\omega \cdot e}$$

对于水电站与变电所的 3～20kV 户外支持绝缘子和套管绝缘子,当有污秽或冰雪时,一般采用高一级电压的产品。对 3～6kV 的,也可采用提高两级电压的产品。

3. 按工作电流选择套管绝缘子

按工作电流选择套管绝缘子的条件为

$$I_y \geqslant I_{gmax}$$

当周围环境温度高于+40℃但不超过+60℃时,套管的长期允许工作电流 I_y 应按下式计算:

$$I_y = \sqrt{\frac{\theta_e - \theta_o}{\theta_e - 40}} I_e = \sqrt{\frac{80 - \theta_o}{40}} I_e \qquad (8\text{-}40)$$

式中 I_{gmax} —— θ_e 和 θ_o 表示的意义与式(8-12)和式(8-13)相同;

I_e —— 套管的额定电流(A)。

4. 按短路热稳定校验套管绝缘子

满足短路热稳定的条件为:

$$I_{re}^2 t_{re} \geqslant Q_d$$

通常设备制造厂提供铝导体套管绝缘子 5s 额定热稳定电流,可查表获得。

5. 按短路动稳定校验

$$F_{js} \leqslant 0.6 F_{ph} \qquad (8\text{-}41)$$

式中 F_{ph} ——绝缘子抗弯破坏负荷(N);

F_{js}——短路时作用于绝缘子顶部的计算作用力（N），对于三相同平面布置的矩形母线，可按下式计算：

$$F_{js} = 1.77 i_{ch}^{(3)2} \frac{l}{a} K_f \times 10^{-2} \qquad (8\text{-}42)$$

式中　K_f——折算系数，当母线平放时，$K_f = 1$，当母线竖放时，$K_f = 1.4$；

　　　l——绝缘子间的最大跨距（cm），对于套管取本身瓷套长度和与相邻跨距长度的算术平均值。

　　　$i_{ch}^{(3)}$、a 代表的意义与式（8-9）相同。

【例 8-4】 试选择［例 8-2］中用于支持发电机 6.3kV 电压母线的绝缘子。

解： 根据 $U_{we} = 6.3 \, kV$ 及安装于高压开关柜的条件查表选用 ZNA-6MM 型支持绝缘子，其 $F_{ph} = 375 \, kg$，当 $l = 120cm$ 时：

$$
\begin{aligned}
F_{js} &= 1.77 i_{ch}^{(3)2} \frac{l}{a} K_f \times 10^{-2} \\
&= 1.77 \times 18.61^2 \times \frac{120}{25} \times 1 \times 10^{-2} \\
&= 29.42 (\text{kg}) \\
0.6 F_{ph} &= 0.6 \times 375 = 225 (\text{kg})
\end{aligned}
$$

所以：

$$F_{js} \leqslant 0.6 F_{ph}$$

故所选 ZNA-6MM 型支持绝缘子合格。

任务六　互感器的选择

一、电压互感器的选择

1．型式的选择

电压互感器的型式应根据其用途、安装地点等条件来选择。

6～10kV 及以下的电压互感器均为户内型，一般推荐采用树脂浇注绝缘结构的单相式电压互感器，如 JDZ-6（10）或 JDZJ-6（10）等系列产品。JDZ-6（10）型系列的电压互感器带一个二次绕组，JDZJ-6（10）型系列的电压互感器带两个二次绕组，该型电压互感器一般用于必须测量相电压和反映零序电压的情况。

35kV 户外布置的电压互感器为油浸绝缘结构的单相式户外型产品（如 JDJ-35 或 JDJJ-35 系列），带一个或两个二次绕组的结构；35kV 户内布置的电压互感器为环氧树脂浇注绝缘结构的单相式电压互感器，如 JDZJ-35 或 JDZ-35 系列等产品。

110kV 及以上的电压互感器有油浸绝缘结构的单相式户外型产品、电容式电压互感器以及 SF₆ 气体绝缘的电压互感器等。

2．按工作电压选择

电压互感器的一次额定电压应与安装地点所在电网额定电压一致。根据电压互感器的用途及接线方式，对于两个绕组的单相式电压互感器，其一次绕组额定电压 $U_{1e} = U_{ew}$，二次绕组额定电压 U_{2e} 为 100V。对于三个绕组的 35kV 及以下单相式电压互感器一次绕组额定电压 U_{1e} 为 $U_{\omega \cdot e}/\sqrt{3}$，主二次绕组额定电压 U_{2e} 为 $\dfrac{100}{\sqrt{3}}$V，辅助二次绕组额定电压为 $\dfrac{100}{3}$V。对于三个或四个绕组的 110kV 及以上单相式电压互感器一次绕组额定电压 U_{1e} 为 $U_{\omega \cdot e}/\sqrt{3}$，主二次绕组额定电压 U_{2e} 为 $\dfrac{100}{\sqrt{3}}$V，辅助二次绕组额定电压为 110V。

3．按电压互感器准确度等级及二次负荷容量校验

电压互感器的准确度等级应符合其二次侧所连接的测量仪表对准确度的最高要求，校验时，首先根据仪表和继电器接线要求选择电压互感器的接线方式，并尽可能将负荷均匀分布在各相上，然后计算各相负荷大小，按照所接仪表的准确度和容量选择电压互感器的准确度和额定容量。

电压互感器的额定二次容量（对应于所要求的准确度）S_{2e} 应不小于电压互感器的二次负荷 S_2，即：

$$S_{2e} \geqslant S_2$$

$$S_2 = \sqrt{(\Sigma S_0 \cos\varphi)^2 + (\Sigma S_0 \sin\varphi)^2} = \sqrt{(\Sigma P_0)^2 + (\Sigma Q_0)^2}$$

式中　　S_0、P_0、Q_0——各仪表的视在功率、有功功率和无功功率；

　　　　　$\cos\varphi$——各仪表的功率因数。

由于小型水电站的二次侧负荷一般不大，电压互感器大多能满足要求，所以可不必进行校验。

【例 8-5】 试选择 ［例 8-1］ 中 6.3kV 母线电压互感器回路设备。

解：（1）6.3kV 母线电压互感器回路中隔离开关的选择：选择隔离开关的短路电流数据和热稳定计算时间与主母线选择相同。

为了使电压互感器检修时与电源可靠隔离，须装设一组隔离开关，可选用 GN19-10(C)/400 型，热稳定和动稳定校验可以满足要求，即：

$$Q_d = 158.9 \ (kA^2 \cdot s) < I_{re}^2 t_{re} = 14^2 \times 5 = 980 \ (kA^2 \cdot s)$$

$$i_{ch} = 18.61kA < i_{de} = 40kA$$

GN19-10(C)/400 型隔离开关选配 CS6-1T 手动操作机构。

（2）6.3kV 母线电压互感器回路中电压互感器的选择。根据母线电压互感器的用途、$U_{we} = 6.3kV$ 及安装于高压开关柜的条件，查表选用 JDZJ-6，$\dfrac{6}{\sqrt{3}}/\dfrac{0.1}{\sqrt{3}}/\dfrac{0.1}{3}$kV 的单相三绕组电压互感器三台连接成 $Y_o/Y_o/\char"2294$ 接线，可满足测量、保护和绝缘监察的需要。

（3）6.3kV 母线电压互感器回路中高压熔断器的选择。查表选用专用的 RN2-10，6kV 型熔断器，其 $I_{ke} = 85kA > I'' = 7.15kA$，可满足要求。由于采用 RN2-10，6kV 型熔断器，可不校验热稳定和动稳定。

二、电流互感器的选择

1．型式的选择

电流互感器品种繁多，其型式应根据安装使用条件及产品情况选择。

　　6～10kV 及以下的电流互感器均为户内型，目前一般采用树脂浇注绝缘结构的产品。35kV 户内高压配电装置，电流互感器为户内型，一般也采用树脂浇注绝缘结构的产品。35kV 及以上高压配电装置，在有条件时宜优先采用装入式电流互感器，以节约投资，在装入式电流互感器不能满足测量准确度时，一般可采用油浸瓷箱式绝缘结构的户外独立式电流互感器，如 LCW-35、LCWB-110 等型产品或 SF_6 气体绝缘电流互感器，如 LVQB-220 等型产品。

　　2．按工作电压选择

　　按工作电压选择的条件如下

$$U_e \geqslant U_{\omega \cdot e}$$

　　3．按工作电流选择

　　用于测量时，电流互感器的正常工作电流 I_g 应尽量为其额定一次电流 I_{1e} 的 $\frac{2}{3}$，以保证测量仪表工作在最佳状态，并在过载时使仪表有适当的指示，但这时的最大持续工作电流 I_{gmax} 不应超过额定一次电流，以满足长期允许发热条件的要求，即：

$$\begin{cases} I_{1e} \geqslant (1.2 \sim 1.5)I_g \\ I_{1e} \geqslant I_{gmax} \end{cases}$$　　　　　　　　（8-43）

式中　　I_{1e}——电流互感器的额定一次电流（A）；

　　　　I_g——电流互感器的正常工作电流（A），即电流互感器所在回路的额定电流；

　　　　I_{gmax}——电流互感器所在回路的最大持续工作电流（A）。

　　4．按短路热稳定校验

　　满足短路热稳定的条件为：

$$K_{re} \geqslant \frac{\sqrt{Q_d / t_{re}}}{I_{1e}} \times 10^3$$　　　　　　　　（8-44）

式中　　K_{re}、t_{re}——电流互感器的额定热稳定倍数及热稳定时间（s），可查表获得；

　　　　I_{1e}——电流互感器的额定一次电流（A）；

　　　　Q_d——短路电流热效应（$kA^2 \cdot s$）。

　　当所选的电流互感器不能满足短路热稳定要求时，可选择额定电流较大的电流互感器。对于测量用的电流互感器，若工作电流比额定一次电流的 $\frac{2}{3}$ 低得多，则不宜再用增大变比的方法来提高热稳定电流，而应与制造部门协商，要求提供热稳定倍数较高的互感器或增加互感器的一个二次测量抽头。

　　5．按短路动稳定校验

　　按短路动稳定的条件为

$$K_{de} \geqslant \frac{i_{ch}}{\sqrt{2}I_{1e}} \times 10^3$$　　　　　　　　（8-45）

式中　　K_{de}——电流互感器的额定动稳定倍数，可查表获得；

I_{1e}——电流互感器的额定一次电流（A）；

i_{ch}——三相冲击短路电流（kA）。

6．按电流互感器准确度等级及二次负荷容量校验

测量用的电流互感器的准确度等级应符合其二次侧所连接的测量仪表对准确度的最高要求，也即二次负荷 S_2 不大于该准确度所规定的额定容量 S_{2e}，即：

$$S_{2e} \geq S_2 = I_{2e}^2 Z_{2f}$$

电流互感器二次负荷（忽略电抗）包括测量仪表电流线圈电阻 r_y、继电器电阻 r_j、连接导线电阻 r_d 和接触电阻 r_c，即：

$$Z_{2f} = r_y + r_j + r_d + r_c (\Omega)$$

小型水电站中，电流互感器二次负荷一般不大，电流互感器的准确度等级大多能符合要求，可不校验电流互感器准确度等级及二次负荷容量。限于机械强度的要求，电流互感器二次接线的导线宜选用铜芯，且截面不小于 2.5mm^2。

【例 8-6】 试选择［例 8-1］中发电机引出回路的电流互感器（励磁用互感器不用选）。

解： 根据［例 8-1］已经得到的数据，$U_{we} = 6.3\text{kV}$ 和 $I_{gmax} = 241\text{A}$ 及安装于高压开关柜的条件，查表选用 LAJ-10，300/5A，0.5/D 的电流互感器，可供测量和差动保护装置用，并查得 1s 热稳定倍数和动稳定倍数分别为：$K_{re} = 100\sim50, K_{de} = 180\sim90$。

热稳定校验为：

$$K_{re} = 100\sim50 > \frac{\sqrt{120.08/1}}{300} \times 10^3 = 36.53$$

动稳定校验为：

$$K_{de} = 180\sim90 > \frac{15.2}{\sqrt{2} \times 300} \times 10^3 = 35.83$$

由以上可见，电流互感器满足动、热稳定要求，所以选用 LAJ-10，300/5A，0.5/D 的电流互感器合格。

习题与思考题

8-1　什么叫电气设备的动稳定？什么叫电气设备的热稳定？进行电气设备的动稳定校验时，为什么以 $i_{ch}^{(3)}$ 为计算依据？

8-2　电气设备的长期发热和短时发热各有什么特点？

8-3　什么是电气设备选择的一般条件？

8-4　选择电气设备时，短路计算点应如何确定？选择母线分段断路器时其最大持续工作电流和短路计算点应如何确定？

8-5　何谓经济电流密度？按经济电流密度选择导体截面后，为什么还必须按长期允许发热电流进行校验？

8-6　配电装置的汇流母线为何不按经济电流密度选择导线截面？

8-7　图 8-9 所示为某水电站电气主接线图。其 10.5kV 和 110kV 母线三相短路电流计算参数见表 8-14。

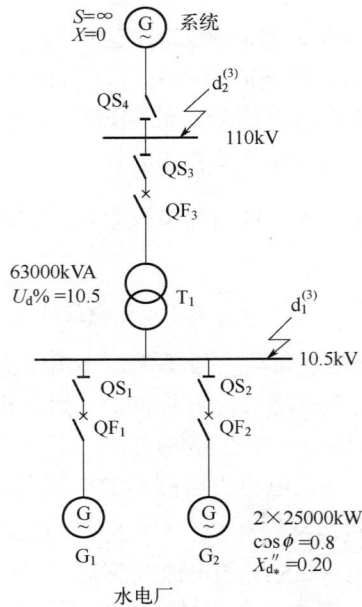

图 8-9　某水电站电气主接线图

（1）试选择发电机回路的断路器 QF_1 和隔离开关 QS_1（均安装于户内）。实际环境温度 $\theta_o = +35℃$，海拔为 566m。发电机主保护动作时间 $t_{b1} = 0.05s$，后备保护动作时间 $t_{b2} = 3.5s$。

（2）选择 110kV 户外的断路器 QF_3 和隔离开关 QS_3，其主保护动作时间取 $t_{b1} = 0.05s$，后备保护动作时间取 $t_{b2} = 3.5s$。

表 8-14　　　　　　　　　10.5kV 和 110kV 母线三相短路电流计算参数

项目	电源名称	I'' /kA	$I_{z0.1}$ /kA	$I_{z0.2}$ /kA	I_{z1} /kA	I_{z2} /kA	I_{z4} /kA	i_{ch} /kA	I_{ch} /kA	S'' /kVA
d_1	系统	15.8	15.8	15.8	15.8	15.8	15.8	40.29	24.01	287
	电站	19	13.92	13.26	12.23	11.61	11.1	48.45	28.88	345
	合计	34.8	29.72	29.06	28.03	27.41	26.9	88.74	52.89	632
d_2	系统	2.77	2.77	2.77	2.77	2.77	2.77	7.06	4.21	552
	电站	1.06	0.86	0.84	0.84	0.84	0.85	2.7	1.61	210
	合计	3.83	3.63	3.61	3.61	3.61	3.62	9.76	5.82	762

学习情境九　配电装置布置

通过本情境的学习熟悉配电装置分类及其各自特点，熟悉配电装置中各种符号的含义；掌握配电装置和最小安全净距的概念；熟悉各种配电装置的分类、特点、布置原则和各种图形表示法，能够看懂各类工程图以及对工程中的各类配电装置进行分析；熟悉变压器的布置方式。并根据前期所完成的电气主接线图画出配电装置布置图。

任务一　配电装置概述

配电装置是发电厂和变电所的重要组成部分。它是按照主接线的连接方式，由开关设备、保护和测量电器、载流导体和必要的辅助设备组建而成，用来接收和分配电能的电工建筑物。

一、配电装置的类型

配电装置按照安装地点的不同，可分为屋内配电装置和屋外配电装置；按照电压等级的不同，可分为高压配电装置和低压配电装置；按组装方式的不同，可分为现场装配式配电装置和成套配电装置。

二、配电装置的特点

1. 屋内配电装置的特点

（1）由于允许安全净距小和可以分层布置，因此，占地面积小。

（2）维修、操作、巡视在室内进行，比较方便，且不受气候影响。

（3）外界污秽不会影响电气设备，减轻了维护工作量。

（4）房屋建筑投资较大，但 35kV 及以下电压等级可采用价格较低的户内型电器设备，可以减少总投资。

2. 屋外配电装置的特点

（1）土建工程量和费用较少，建设周期短。

（2）扩建比较方便。

（3）相邻设备之间的距离较大，便于带电作业。

（4）占地面积大。

（5）设备充分暴露在室外，受外界污秽影响较大，运行条件较差，需加强绝缘。

（6）外界气候的变化对设备维护和操作影响较大。

在发电厂和变电所中，一般 35kV 及其以下电压等级采用屋内配电装置，110kV 及其以上电压等级采用屋外配电装置。但是在海边和化工厂区域等污染严重的地区或城市中心区等，当技术经济比较合理时，110～220kV 也可以采用屋内配电装置。目前我国生产的各种 3～110kV 成套配电装置已在发电厂和变电站中广泛应用，我国生产的 110～500kV SF_6 全封闭组合电器也得到了应用。

三、配电装置的基本要求

无论采用哪种类型的配电装置，都应满足以下基本要求。

（1）配电装置的设计和建造，应符合国家技术经济政策，满足有关规程要求。

（2）保证运行可靠。设备选择合理，布置整齐、清晰，保证有足够的安全距离。

（3）节约用地。

（4）运行安全，操作巡视、检修方便。

（5）便于安装和扩建（水电厂考虑过渡）。

（6）节约用材，降低造价。

四、配电装置的安全净距

配电装置的整个结构尺寸，是由设备外形尺寸、检修维护和运输的安全距离、电气绝缘距离等因素而决定的。对于敞开暴露在空气中的配电装置，在各种间隔距离中，最基本的是带电部分至接地部分之间和不同相的带电部分之间的空间最小安全净距，即《高压配电装置设计规范》（DL/T 5352—2018）中所规定的 A_1 和 A_2 值。所谓最小安全净距，就是指在此距离下，无论是处于最高工作电压之下，还是处于内外过电压下，空气间隙均不致被击穿。

《高压配电装置设计规范》（DL/T 5352—2018）中规定的屋内、屋外配电装置的安全净距，如表 9-1、表 9-2 所示，其中，B、C、D、E 等类电气距离是在 A_1 值的基础上再考虑了一些其他实际因素，其含义如图 9-1 和图 9-2 所示。

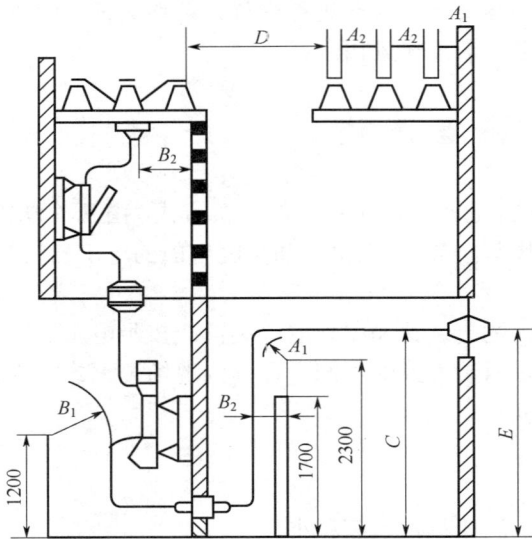

图 9-1 屋内配电装置安全净距校验图

表 9-1 屋内配电装置的安全净距

符号	适用范围	额定电压/kV									
		3	6	10	15	20	35	60	110J	110	220J
A_1	1. 带电部分至接地部分之间； 2. 网状和板状遮拦向上延伸线距地 2.5m 处，与遮拦上方带电部分之间	75	100	125	150	180	300	550	850	950	1800
A_2	1. 不同相的带电部分之间； 2. 断路器和隔离开关的断口两侧带电部分之间	75	100	125	150	180	300	550	900	1000	2000
B_1	1. 栅状遮拦至带电部分之间； 2. 交叉的不同时停电检修的无遮拦带电部分之间	825	850	875	900	930	1050	1300	1600	1700	2550
B_2	网状遮拦至带电部分之间	175	200	225	250	280	400	650	950	1050	1900
C	无遮拦裸导体至地（楼）面之间	2375	2400	2425	2450	2480	2600	2850	3150	3250	4100
D	平行的不同时停电检修的无遮拦裸导体之间	1875	1900	1925	1950	1980	2100	2350	2650	2750	3600
E	通向屋外的出线套管至屋外通道的路面	4000	4000	4000	4000	4000	4000	4500	5000	5000	5500

注 J 指中性点直接接地系统。

表 9-2   **屋外配电装置的安全净距**

符号	适用范围	额定电压/kV								
		3～10	15～20	35	60	110J	110	220J	330J	500J
A_1	1. 带电部分至接地部分之间; 2. 网状遮拦向上延伸线距地 2.5m 处与遮拦上方带电部分之间	200	300	400	650	900	1000	1800	2500	3800
A_2	1. 不同相的带电部分之间; 2. 断路器和隔离开关的断口两侧带电部分之间	200	300	400	650	1000	1100	2000	2800	4300
B_1	1. 设备运输时,其外廓至无遮拦带电部分之间; 2. 栅状遮拦至绝缘体和带电部分之间; 3. 交叉的不同时停电检修的无遮拦带电部分之间; 4. 带电作业时的带电部分至接地部分之间	950	1050	1150	1400	1650	1750	2550	3250	4550
B_2	网状遮拦至带电部分之间	300	400	500	750	1000	1100	1900	2600	3900
C	1. 无遮拦裸导体至地面之间; 2. 无遮拦导体至建筑物、构筑物顶部之间	2700	2800	2900	3100	3400	3500	4300	5000	7500
D	1. 平行的不同时停电检修的无遮拦带电部分之间; 2. 带电部分与建筑物、构筑物的边缘部分之间	2200	2300	2400	2600	2900	3000	3800	4500	5800

注 J 指中性点直接接地系统。

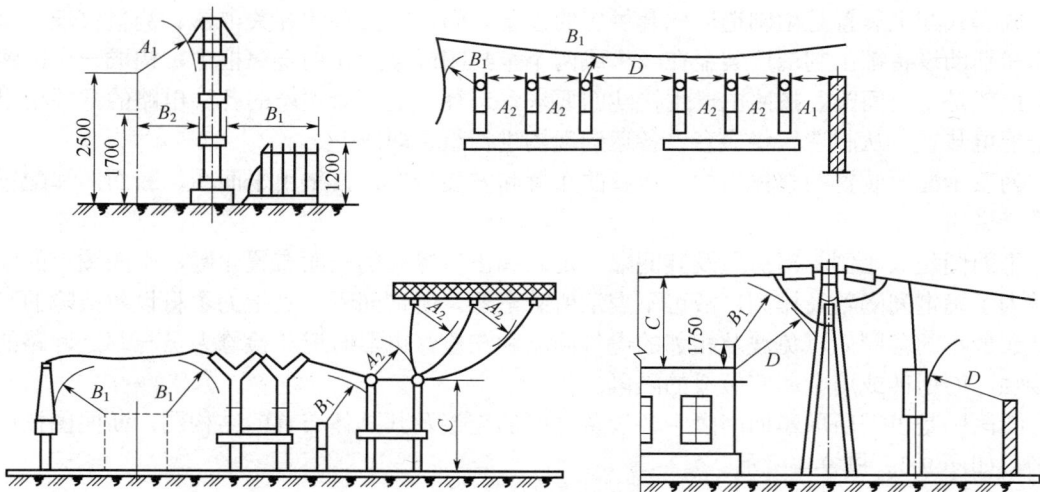

图 9-2 屋外配电装置安全净距校验图

设计配电装置，选择带电导体之间和导体对接地构架的距离时，应考虑减少相间短路的可能性，软绞线在短路电动力、风摆、温度等因素作用下使相间及对地距离的减少，以及减少载流导体附近铁磁物质的发热。35kV及以上要考虑减少电晕损失、带电检修因素等。工程上所采用的各种实际距离，通常要大于表9-1、表9-2的数据。

任务二　屋内配电装置

一、屋内配电装置的分类及特点

屋内配电装置的结构型式与电气主接线、电压等级和采用的电气设备的型式密切相关，且随着新设备新技术的采用，施工、运行、检修经验的不断丰富，以及人们的习惯和观念的改变，其结构型式不断发展。目前屋内配电装置的主要型式有装配式和成套式两种结构型式。

为了将设备的故障影响限制在最小范围内，使故障的电路不致影响到相邻的电路；在检修一个电路中的电器时，避免检修人员与邻近电路的电器接触，在屋内配电装置中将一个电路内的电器与相邻电路的电器，用防火隔墙隔开形成一个间隔。同一个电路的电器和导体应布置在一个间隔内，并在现场组装，这样的结构型式称为装配式屋内配电装置。它适用于6～110kV出线带电抗器的配电装置。装配式屋内配电装置按其布置形式的不同，一般可分为单层式、二层式和三层式。单层式是将所有电气设备布置在一层建筑中，适用于线路无电抗器的情况。图9-3所示为二层二通道、单母线分段110kV屋内配电装置断面图。单层式占地面积较大，如容量不太大，通常采用成套开关柜，以减少占地面积。二层式是将母线、母线隔离开关等较轻设备放在第二层，将电抗器、断路器等较重设备布置在底层，与单层式相比占地面积小，造价较高。三层式是将所有电气设备依其轻重分别布置在三层建筑物中，其具有安全可靠性高、占地面积小等特点，但其结构复杂，施工时间长，造价较高，检修和运行不大方便，在我国较少采用。

成套式配电装置是由制造厂成套供应的设备。同一个回路的开关电器、测量仪表、保护电器和辅助设备都由制造厂装配在一个或两个全封闭或半封闭的金属柜中，构成一个回路。一个柜就是一个间隔。按照电气主接线的要求，选择制造厂家生产的各种电路的开关柜组成整个配电装置。从制造厂将成套设备运到现场进行组装即成。

为表示配电装置的整体结构、设备的布置和安装情况，常采用平面图、断面图和配置图来进行说明。

平面图是按比例画出房屋及其间隔、走廊和出口等处的平面布置轮廓，平面图上的间隔只是为了确定间隔数及排列，故可不表示所装电器。所谓间隔，是指为了将设备故障的影响限制在最小的范围内以免波及相邻的电气回路和在检修电器时避免检修人员与邻近回路的电器接触，而用砖或用金属等做成的隔段。

断面图是表明所取断面间隔中各设备之间的连接及其具体布置的结构图，断面图按比例绘制。如图9-3、图9-4所示。

设备材料表

序号	名称	型号及规范	单位	数量	备注
1	SF断路器	LW25A-126/2000A 40kA 100kA	台	1	配全弹簧操作机构
2	隔离开关(双接地)	GW5D-126D(W)/ 2000A 40kA/4s 100kA	组	1	配CJI2电动操作机构
3	隔离开关(右接地)	GW5D-126D(W)/ 2000A 40kA/4s 100kA	组	1	配CJI2电动操作机构
4	电流互感器	LB7-110W.2×400/5A (全抽头2×200/5A) 10P20/10P20/10P20/ 0.5/0.2S	台	3	配金属膨胀器
5	电容式电压互感器	TYD110√3-0.01W3 110(0.1)/万万/ 0.1kV	台	1	装于A相
6	棒形支柱绝缘子	ZSW-126/6	只	6	泄漏比距≥25mm/kV (绝缘子顶部安装尺寸为φ140)
7	棒形支柱绝缘子	ZSW-126/6	只	6	
8	穿墙套管	STB-126/800A	只	3	
9	端子箱	DXW-2	个	1	不锈钢外壳附底座
10	钢芯铝绞线	LGJX-240/30	m	90	
11	设备线夹	SY-240/30B	套	7	
12	设备线夹	SY-240/30A	套	3	
13	铜铝过渡设备线夹	SYG-240/30B	套	24	
14	管母线T型线夹	MGT-70	套	3	
15	T型线夹	TY-240/30	套	4	
16	软母线固定金具	MDG-4	套	6	
17	避雷器	YH10W-102/266	套	3	配在线监测仪

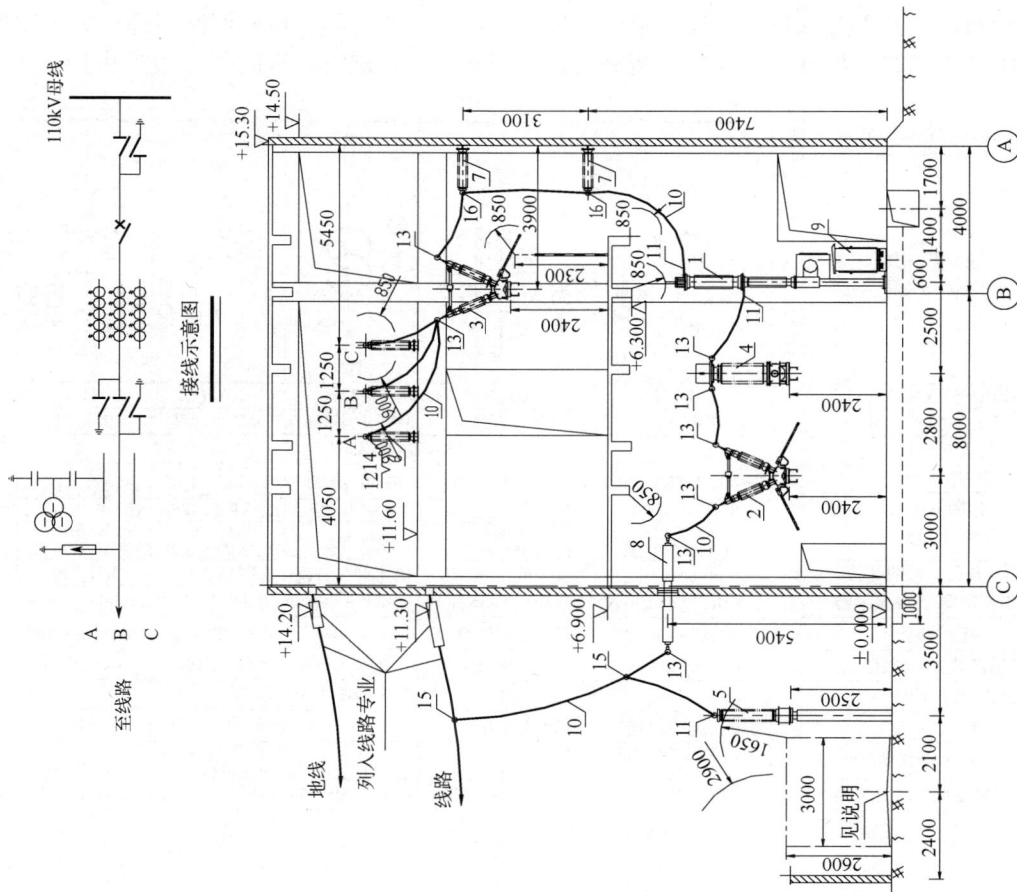

图9-3　二层二通道、单母线分段110kV屋内配电装置断面图（单位：mm）

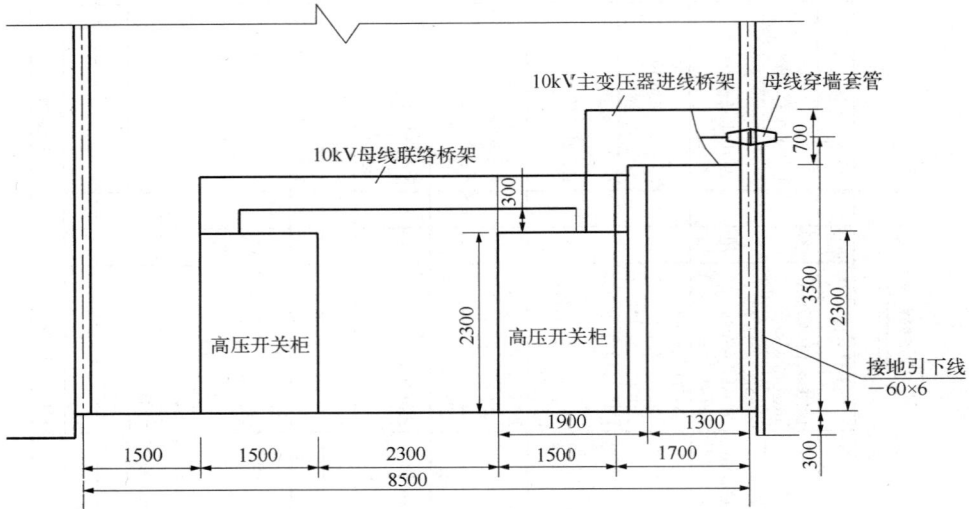

图 9-4　采用高压开关柜的屋内配电装置断面图（单位：mm）

　　配置图是一种示意图，用来分析配电装置的布置方案和统计所用的主要设备。配置图中把进出线、断路器、互感器、避雷器等合理分配于各层间隔中，并表示出导线和电器在各间隔中的轮廓，但并不要求按比例尺寸绘出。屋内配电装置的间隔，按照回路用途可分为发电机、变压器、线路、母联（或分段）断路器、电压互感器和避雷器等间隔。如图 9-5 所示。

母线规格：1250A					
开关柜一次设备接线图					
开关柜型号KYN28-12(Z)	031G	031G	077	031G	031G
开关柜编号/名称	110坵坝线	109坵谷线	1081号所用变压器	107坵北线	106坵村线
柜内母线规格	母线规格：1250A				
断路器/隔离开关	VS1-12 1250A/25kA	VS1-12 1250A/25kA	VHL(R)-12/T160-50	VS1-12 1250A/25kA	VS1-12 1250A/25kA
熔断器配置	XRNP-12/0.5A	XRNP-12/0.5A	XRNT1-12/6A	XRNP-12/0.5A	XRNP-12/0.5A
TA：；TV：	600/5A 10P20/0.5/0.2S	600/5A 10P20/0.5/0.2S	100/5A	600/5A 10P20/0.5/0.2S	600/5A 10P20/0.5/0.2S
空气开关、接地开关	JN15-10	JN15-10	UEM5-100M/3P80A	JN15-10	JN15-10
所用变压器/带电显示器	CQ-II(F) DGXN-10	CQ-II(F) DGXN-10	CQ-II(F)SC10-50/10	CQ-II(F) DGXN-10	CQ-II(F) DGXN-10
保护装置	NSR612RF-D60	NSR612RF-D60	EPS6028	NSR612RF-D60	NSR612RF-D60
微机消谐装置/状态指示器	CG-6000D	CG-6000D	CG-6000D	CG-6000D	CG-6000D
出线电缆型号 ZRYJV22-10			YJV22-1-4×35		
线路侧TV	10/0.1kV 0.5级	10/0.1kV 0.5级		10/0.1kV 0.5级	10/0.1kV 0.5级
微机消谐装置/避雷器/电度表	HY5WZ2-17/45 DSSD132	HY5WZ2-17/45 DSSD132		HY5WZ2-17/45 DSSD132	HY5WZ2-17/45 DSSD132
开关柜外型尺寸(宽×深×高)	800×1500×2200	800×1500×2200	1000×1500×2200	800×1500×2200	800×1500×2200

图 9-5　配电装置配置图

　　下面主要介绍屋内成套式配电装置。

二、屋内成套式配电装置

成套配电装置分低压成套配电装置、高压成套配电装置（又称高压开关柜）和 SF_6 全封闭式组合电器三类。成套配电装置投资大，可靠性高，运行维护方便，安装工作量小，在高低压系统中广泛应用。

（一）低压成套配电装置

低压成套配电装置是指电压为 1000V 及以下的成套配电装置，有固定式低压配电柜和抽屉式低压开关柜两种。

固定式低压配电柜的屏面上部安装测量仪表，中部装闸刀开关的操作手柄，柜下部为外开的金属门。柜内上部有继电器、二次端子和电度表。母线装在柜顶，自动空气开关和电流互感器都装在柜后。

固定式低压配电柜一般离墙安装，单面（正面）操作，双面维护。如 GGD 型的低压配电柜，它是本着安全、经济、合理、可靠的原则设计的新型低压配电柜，其分断能力高，动热稳定性好，电气方案灵活，组合方便，实用性强，结构新颖，防护等级高。

GGD 型低压配电柜的基本结构采用冷弯型钢和钢板焊接而成。屏面上方为仪表门，1000mm 和 1200mm 宽的柜正面采用不对称的双门结构，600mm 和 800mm 宽的柜采用整门结构，柜体后面采用对称双门结构，既安全，又便于检修，同时也提高了整体的美观性。为加强通风和散热，在柜体的下部、后上部和顶部均有通风散热孔；主母线排列在柜的后上方，柜体的顶盖在需要时可以拆下，便于现场主母线的装配和调整。

抽屉式低压开关柜为密封式结构，密闭性好，可靠性高。由薄钢板和角钢焊接而成，主要低压设备均安装在抽屉内或手车上，回路故障时，立即换上备用抽屉或手车，就可以迅速恢复供电，既提高了供电可靠性，又便于对故障设备进行检修。抽屉式开关柜布置紧凑，节约占地面积，但结构复杂，钢材消耗量大，投资大。目前常用的有 MNS 型低压成套开关柜、GCS、GCK 型抽屉式开关柜、DOMINO、CUBIC 型组合式低压开关柜等。

屋内低压配电装置的布置要求如下。

（1）屋内低压配电装置的电气距离应满足规范要求。无遮拦裸导体布置在屏前通道上方，其高度应不小于 2.5m，否则，应加装不低于 2.2m 高的遮拦，若布置在屏后通道上方，其高度不应低于 2.3m，否则应加装不低于 1.9m 高的遮拦。成排布置的配电柜，其屏前和屏后的通道最小宽度应符合表 9-3 的规定。

表 9-3　　　　　　　　　配电屏前后的通道最小宽度（mm）

配电柜类型		单排布置			双排面对面布置			双排背对背布置			多排同向布置		
		屏前	屏后		屏前	屏后		屏前	屏后		屏前	屏后	
			维护	操作		维护	操作		维护	操作		前排	后排
固定式	不受限制时	1500	1000	1200	2000	1000	1200	1500	1500	2000	2000	1500	1000
	受限制时	1300	800	1200	1800	800	1200	1300	1300	2000	2000	1300	800
抽屉式	不受限制时	1800	1000	1200	2300	1000	1200	1800	1000	2000	2300	1800	1000
	受限制时	1600	800	1200	2000	800	1200	1600	800	2000	2000	1600	800

注　1. 受限制时是指受到建筑平面的限制、通道内有柱等局部突出物的限制。
　　2. 屏后操作通道是指需在屏后操作运行中的开关设备的通道。

（2）低压配电装置的维护通道的出口数目按配电装置的长度确定：长度不足 6m 时允许

一个出口；长度超过 6m 时，应设两个出口，并布置在通道的两端；当两出口之间的距离超过 15m 时，其间应增加出口。

（3）低压配电室长度超过 7m 时，应设两个出口，并宜布置在配电室的两端。当低压配电室为楼上和楼下两部分布置时，楼上部分的出口应至少有一个为通向该层走廊或室外的安全出口。配电室的门均应向外开启，但通向高压配电装置的门应为双向开启门。

（二）高压开关柜

高压开关柜是指 3～35kV 的成套配电装置，目前都采用空气和瓷（或塑料）绝缘子作为绝缘材料。发电厂和变电站中常用的高压开关柜有移开式和固定式两种。根据《3.6kV～40.5kV交流金属封闭开关设备和控制设备》（GB/T 3906—2020）标准要求，高压开关柜的闭锁装置应具有"五防"功能，即防止误分、误合断路器；防止带负荷分、合隔离开关或带负荷推入、拉出金属封闭（铠装）式开关柜的手车隔离插头；防止带电挂接地线或合接地开关；防止带接地线或接地开关合闸；防止误入带电间隔，以保证可靠地运行和操作人员的安全。

1．移开式高压开关柜

移开式高压开关柜又称为手车式高压开关柜。我国生产的主要有 KYN□-10、JYN□-10、GFC-10、GFC-11、GC-2、JYN1-35、GBC-35 等型式。

图 9-6 所示为 KYN28A-12 型移开式金属封闭高压开关柜。开关柜由固定的壳体（以下简称外壳）和装有滚轮的可移开部件（以下简称手车）两部分组成。一般情况，外壳用钢板或绝缘板分隔成手车室、母线室、电缆室和继电器仪表室四个部分。

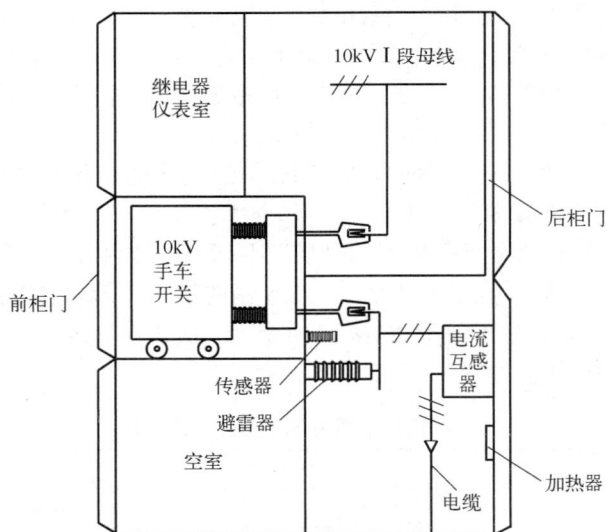

图 9-6　KYN28A-12 型移开式金属封闭高压开关柜外形结构示意图

柜前正中部为手车室，断路器及操动机构均装在小车上，断路器手车正面上部为推进机构，用脚踩手车下部联锁脚踏板，车后母线室面板上的遮板提起，插入手柄，转动蜗杆，可使手车在柜内平稳前进或后移。当手车在工作位置时，断路器通过隔离插头与母线和出线相通。检修时，将小车拉出柜外，动、静触头分离，一次触头隔离罩自动关闭，起安全隔离作用。如果急需恢复供电，可换上备用小车，既方便检修，又可减少停电时间。手车与柜相连的二次线采用插头连接。当断路器离开工作位置后，其一次隔离插头虽断开，但二次线仍可接通，以便调试断路器。手车两侧及底部设有接地滑道、定位销和位置指示等附件。

外壳的前上部分是继电器仪表室。继电器仪表室前门（简称仪表板，下同）可以装设指示仪表、操作开关、信号继电器、按钮和信号灯具等二次设备；室内装有摇门式继电器屏，继电器为凸装板后接线型；室内顶部能装多路小母线，底部为二次插座和端子排。整个小室底下用四组减振器与壳体连成一体，以达到避振效果。

外壳的后上部分为主母线室，后下部分为电缆室，电流互感器和接地开关都装于其内；底部用绝缘板将电缆室与电缆沟隔离，后面封板上装有观察窗，可以通过观察窗了解设备运行情况。

该封闭结构具有密闭性好、供电可靠性高、维护工作量小、检修方便等优点，被广泛应用于 6～35kV 电配电装置中。

2．固定式高压开关柜

固定式高压开关柜的断路器固定安装在柜体内，目前我国生产的固定式高压开关柜主要有 GG-1A、GG-10、XGN2-10 等系列。与移开式相比较，其体积大、封闭性能差、检修不够方便，但制造工艺简单、钢材消耗少、投资小。

下面以 XGN2-12 箱型固定式金属封闭开关柜为例进行介绍。XGN2-12 箱型高压开关柜为角钢或弯板焊接骨架结构，柜内分为母线室、断路器室、继电器室，室与室之间用钢板隔开。该型开关柜为双面维护，从前面可监视仪表，操作主开关和隔离开关，监视真空断路器及开门检修主开关；从后面可寻找电缆故障，检修维护电缆头等。断路器室高 1800mm，电缆头高度为 780mm，维护人员可方便地站在地面上检修。隔离开关采用旋转式隔离开关，当隔离开关打开至分断位置时，动触刀接地，在主母线和主开关之间形成两个对地断口，带电只可能发生在相间、相对地放电，而不致波及被隔离的导体从而保证了检修人员的安全。母线室母线呈品形排列，顶部为可拆卸结构，贯通若干台开关柜的长条主母线可方便地安装固定。柜中部有贯穿整个排列的二次小母线及二次端子室，可方便检查二次接线。柜底部有贯穿整个排列的接地母线，保证可靠地接地连接。

屋内高压成套配电装置的布置要求如下。

（1）配电装置的布置和设备的安装，应满足在正常、短路和过电压等工作条件时的要求，并不致危及人身安全和周围设备。

（2）配电装置的绝缘等级，应和电力系统的额定电压相配合。

（3）屋内配电装置的安全净距不应小于表 9-1 中所列数值；电气设备外绝缘体最低部位距地小于 2.3m 时，应装设固定遮拦。配电装置中相邻带电部分的额定电压不同时，应按较高的额定电压确定其安全净距。

（4）配电装置的布置应考虑便于设备的操作、搬运、检修和试验。配电装置室内的各种通道应畅通无阻，不得设立门槛，并不应有与配电装置无关的管道通过。通道的宽度应不小于表 9-4 中的数值。

表 9-4   **配电装置室内各种通道的最小宽度（mm）**

布置方式 \ 通道分类	维护通道	操作通道		通往防爆间隔的通道
		固定式	成套手车式	
一面有开关设备时	800	1500	单车长+1200	1200
两面有开关设备时	1000	2000	双车长+900	1200

（5）长度大于 7m 的高压配电装置室应有两个出口，并宜布置在配电装置室的两端；长度大于 60m 时，宜增添一个出口；当配电装置室有楼层时，一个出口可设在通往屋外楼梯的平台处。配电装置室的门应为向外开启的防火门，应装弹簧锁，严禁用门闩，相邻配电装置室之间如有门应能双向开启；配电装置室可开窗，但应采取防止雨、雪、小动物、风沙及污秽尘埃进入的措施。

（6）屋内配电装置或引至屋外母线桥上的硬母线为消除因温度变化而可能产生的危险应力，应按下列长度装设母线伸缩补偿器：铜母线 30～50m；铝母线 20～30m；钢母线 35～60m。

（7）便于扩建和分期过渡。

三、SF_6 全封闭式组合电器

SF_6 全封闭式组合电器是按发电厂、变电站电气主接线的要求，将各电气设备依次连接组成一个整体，封装在以 SF_6 气体为绝缘介质和灭弧介质的金属接地壳体内，以优质环氧树脂绝缘子作支撑的一种新型成套高压电器。

图 9-7 为 110kV 单母线接线 SF_6 封闭式组合电器的断面图。为了便于支撑和检修，母线布置在下部。母线采用三相共箱式结构。配电装置按照电气主接线的连接顺序，布置成 Π 形，使结构更紧凑，以节省占地面积和空间。该封闭组合电器内部分为母线、断路器、隔离开关与电压互感器四个互相隔离的气室，各气室内 SF_6 压力不完全相同。封闭组合电器各气室相互隔离，这样可以防止事故范围的扩大，也便于对各元件分别进行检修与更换。

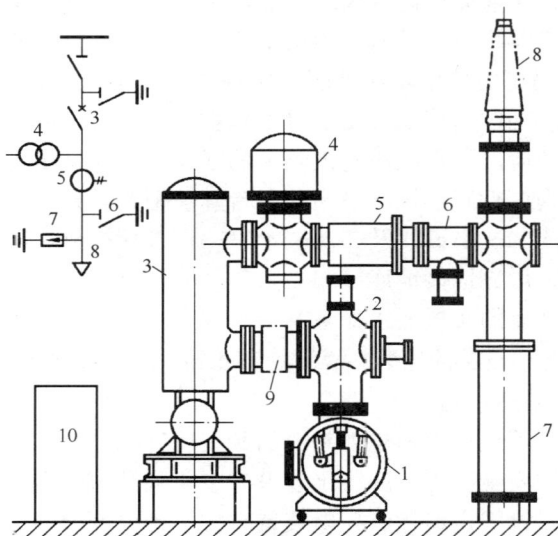

图 9-7　110kV 单母线接线 SF_6 封闭式组合电器断面图

1—母线；2—隔离开关、接地开关；3—断路器；4—电压互感器；5—电流互感器；
6—快速接地开关；7—避雷器；8—引线管；9—波纹管；10—汇控柜

SF_6 封闭式组合电器与其他类型配电装置相比，具有以下特点。

（1）大量节省配电装置占地面积与空间。

（2）运行可靠性高。

（3）土建和安装工作量小，建设速度快。

（4）检修周期长，维护方便。

（5）金属外壳的屏蔽作用解决了静电感应、噪声、无线电干扰和电动力稳定等问题，有

利于工作人员的安全。

（6）抗震性能好。

（7）需要专用的 SF_6 检漏仪器来加强运行监视。

（8）金属耗量大，投资较大。

SF_6 全封闭式组合电器配电装置主要用于 110～500kV 的工业区、市中心、险峻山区、地下、洞内以及需要扩建而缺乏土地的发电厂和变电所；也适用于位于严重污秽、海滨、高海拔以及气象环境恶劣地区的变电所以及特种行业的重要变电设施等。

任务三 屋外配电装置

一、屋外配电装置的分类及特点

根据电气设备和母线布置的高度，屋外配电装置可分为中型、半高型和高型三种。

中型配电装置是所有电气设备都处在同一水平面内，并装在一定高度的设备支架上，使带电部分对地保持必要的高度，母线则布置在比其他电气设备略高的水平面上。中型配电装置布置比较清晰，不易误操作，运行可靠，施工和维护方便，投资少，并有多年的运行经验。其明显的缺点是占地面积过大。

高型和半高型配电装置的母线和其他电气设备分别装在几个不同高度的水平面上，并上下重叠布置。凡是两组母线及母线隔离开关上下重叠布置的配电装置，就称为高型配电装置。高型配电装置可以节省占地面积 50%左右，但耗用钢材较多，投资增大，操作和维修条件较差。半高型配电装置介于高型和中型之间，仅将母线与断路器、电流互感器、隔离开关作上下重叠布置，其占地面积比普通中型减少 30%，除母线隔离开关外，其余部分与中型布置基本相同，运行维护较方便。

二、屋外配电装置布置的基本原则

1．母线及构架的布置

屋外配电装置的母线有软母线和硬母线两种。软母线多采用钢芯铝绞线、扩径软管母线和分裂导线，三相呈水平布置，用悬式绝缘子悬挂在母线构架上。软母线可选用较大的挡距（一般不超过三个间隔宽度），但挡距越大，导线弧垂也越大，因而，导线相间及对地距离就要增加，母线及跨越线构架的宽度和高度均需增加。硬母线常用的有矩形和管形两种，前者用于 35kV 及以下的配电装置中，后者用于 110kV 及以上的配电装置中。管形硬母线一般采用柱式绝缘子安装在支柱上，不需另设高大的构架；管形母线不会摇摆，相间距离可以缩小，与剪刀式隔离开关配合，可以节省占地面积，但抗震能力较差。

屋外配电装置的构架，一般由型钢或钢筋混凝土制成。钢构架经久耐用，机械强度大，可以按任何负荷和尺寸制造，便于固定设备，抗震能力强，运输方便。但钢结构金属消耗量大，且为了防锈需要经常维护。钢筋混凝土构架可以节约大量钢材，也可满足各种强度和尺寸的要求，经久耐用，维护简单。钢筋混凝土环形杆是我国配电装置构架的主要形式。以钢筋混凝土环形杆和镀铸钢梁组成的构架，兼顾了二者的优点，已在我国 220kV 及其以下屋外配电装置中广泛采用。

2．断路器的布置

断路器有低式和高式两种布置。低式布置的断路器放在 0.5～1m 的混凝土基础上。低式布置的优点是检修比较方便，抗震性能较好，但必须设置围栏，因而影响通道的畅通。一般中型配电装置的断路器采用高式布置，即把断路器安装在约高 2m 的混凝土基础上，断路器的操动机构必须装在相应的基础上。

　　按照断路器在配电装置中所占据的位置，可分为单列布置和双列布置。当断路器布置在主母线两侧时，称为双列布置。若将断路器集中布置在主母线的一侧，则称为单列布置。单、双列布置的确定，必须根据主接线、场地地形条件、总体布置和出线方向等多种因素合理选择。

　　3．隔离开关和互感器的布置

　　这几种设备均采用高式布置，其要求与断路器相同。隔离开关的手动操动机构装在其靠边一相基础的一定高度上。

　　4．避雷器的布置

　　避雷器也有高式和低式两种布置。110kV 及以上的阀型避雷器由于本身细长，多采用落地布置，安装在 0.4m 的基础上，四周加围栏。氧化锌避雷器、磁吹避雷器及 35kV 的阀型避雷器形体矮小，稳定度较好，一般采用高式布置。

　　5．电缆沟和通道

　　屋外配电装置中电缆沟的布置，应使电缆所走的路径最短。电缆沟可分为纵向和横向电缆沟。一般横向电缆沟布置在断路器和隔离开关之间。大型变电站的纵向电缆沟，因电缆数量较多，一般分为两路。

　　为了运输设备和消防需要，应在主要设备近旁铺设行车道路。大、中型变电所内室外铺设 3m 宽的环形道路。屋外配电装置还应设置宽 0.8～1m 的巡视小道，以便运行人员巡视电气设备，电缆沟盖板可作为部分巡视小道。

　　三、屋外配电装置的安全净距和基本尺寸

　　（1）屋外配电装置的安全净距应符合表 9-2 的规定，并应按图 9-2 校验。有关尺寸可取推荐值，见表 9-5。

表 9-5　　　　　　　　　　中型配电装置有关尺寸推荐值（m）

名　称		电压等级/kV			
		35	63	110	220
弧垂	母线	1.0	1.1	0.9～1.1	2.0
	进出线	0.7	0.8	0.9～1.1	2.0
线间距离	Ⅱ形母线架	1.6	2.6	3.0	5.5
	门形母线架	—	1.6	2.2	4.0
	进出线架	1.3	1.6	2.2	4.0
架构高度	母线架	5.5	7.0	7.3	10.0～10.5
	进出线架	7.3	9.0	10.0	14.0～14.5
	双层架	—	12.5	13.0	21.0～21.5
架构宽度	Ⅱ形母线架	3.2	5.2	6.0	11.0
	门形母线架	—	6.0	8.0	14.0～15.0
	进出线架	5.0	6.0	8.0	14.0～15.0

　　（2）当电气设备外绝缘体最低部位距地面小于 2.5m 时，应装设固定遮拦。

　　（3）配电装置中相邻带电部分的额定电压不同时，应按较高的额定电压确定其安全净距。

　　（4）屋外配电装置带电部分的上面或下面，不应有照明、通信和信号线路架空跨越或穿过。

　　（5）各级电压配电装置的回路排列和相序排列应尽量一致。一般为面对电源自左向右，由远到近，从上到下按 A、B、C 相序排列。

四、屋外配电装置布置实例

普通中型屋外配电装置是我国较多采用的一种类型，由于占地面积过大，近年来逐步限制了它的适用范围。随着配电装置电压的增高，出现了分相中型、半高型和高型配电装置，并得到了广泛的应用。下面介绍几种屋外配电装置布置的实例。

1．中型配电装置

按照隔离开关的布置方式，中型配电装置可分为普通中型配电装置和分相中型配电装置。分相中型配电装置的主要特征是采用硬（铝）管母线，隔离开关分相直接布置在母线正下方。

图 9-8 为 110kV 双列布置的中型配电装置，从配置图中可以看出，该配电装置是单母线分段、出线带旁路、分段断路器兼作旁路断路器的接线。

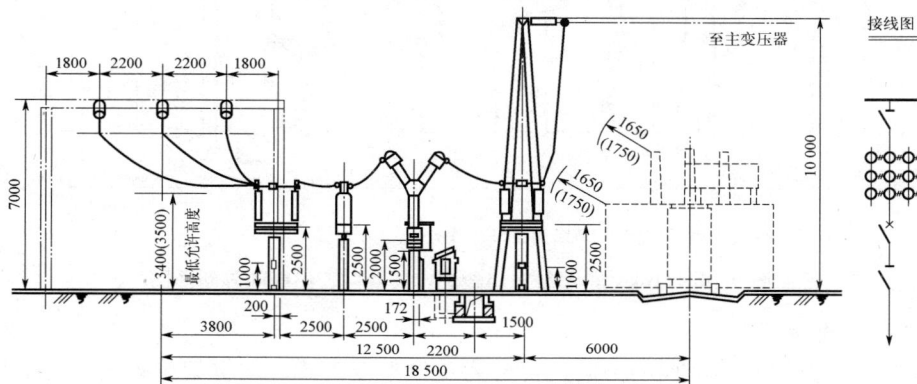

图 9-8 110kV 双列布置的中型配电装置——变压器间隔断面图

从变压器间隔断面图（图 9-8）及出线间隔断面图（图 9-9）可以看出，母线采用钢芯铝绞线，用悬式绝缘子串悬挂在由环形断面钢筋混凝土杆和钢材焊成的三角形断面横梁上。间隔宽度为 8m。所有电气设备都安装在地面的支架上，出线回路由旁路母线的上方引出，各净距数值如图 9-9 标注所示，括号中的数值为中性点不接地的电力网。变压器回路的断路器布置在母线的另一侧，距离旁路母线较远，变压器回路利用旁路母线较困难，所以，这种配电装置只有出线回路带旁路母线。

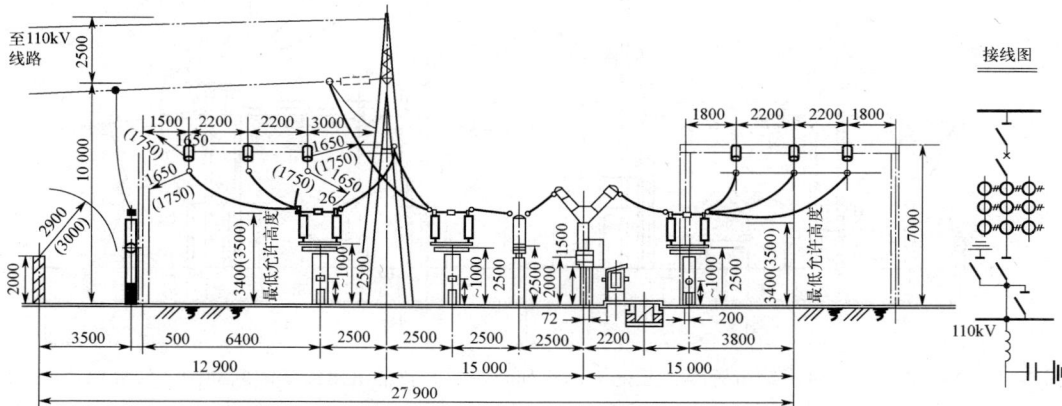

图 9-9 110kV 双列布置的中型配电装置——出线间隔断面图

2．半高型配电装置

图 9-10 为 110kV 单母线、半高型配电装置布置的进出线间隔断面图。该布置方案的特点是将母线架抬高至 10.5m，与出线断路器、隔离开关、电流互感器重叠布置。这种布置既保留了中型配电装置运行、维护和检修方便的优点，又使占地面积比中型布置节约了约 30%。

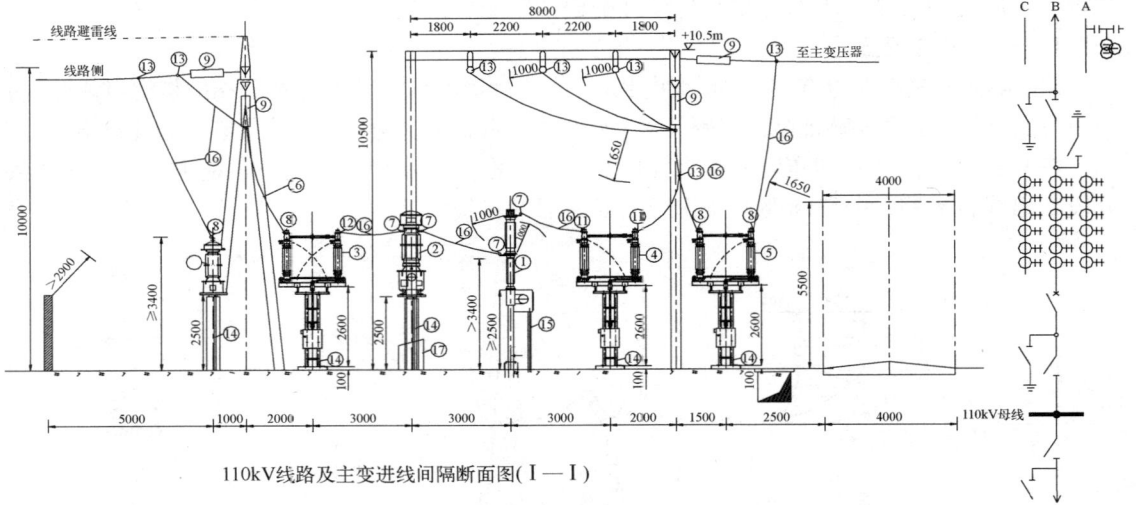

110kV线路及主变进线间隔断面图（Ⅰ—Ⅰ）

图 9-10　110kV 单母线进出线配电装置——出线间隔断面图

3．高型配电装置

高型配电装置按照其结构的不同，可分为单框架双列式、双框架单列式和三框架双列式三种类型。图 9-11 为 220kV 双母线进出线带旁路、三框架、双列断路器布置的进出线间隔

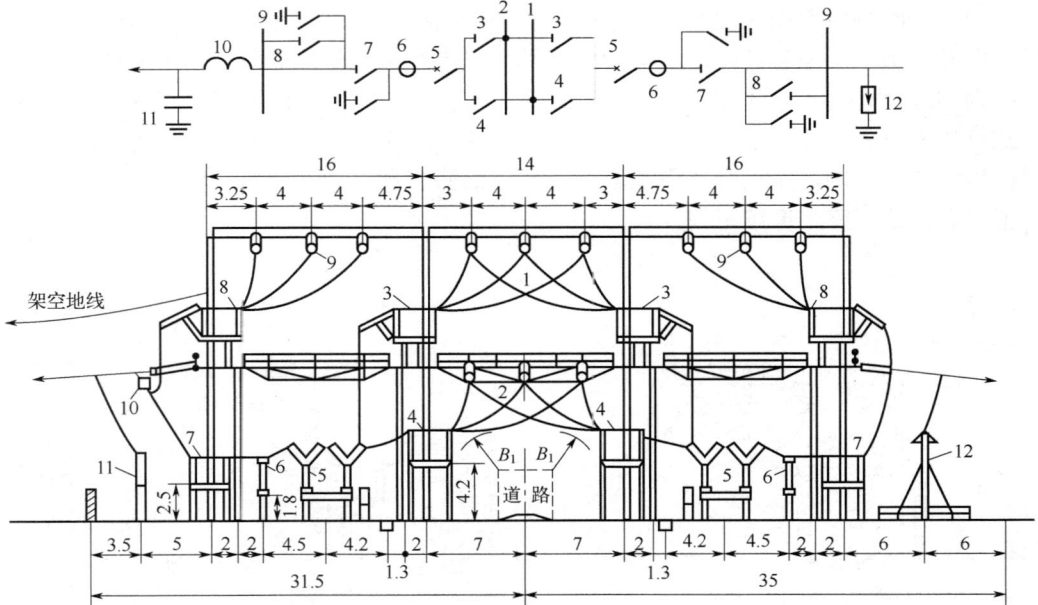

图 9-11　220kV 双母线进出线带旁路、三框架、双列断路器布置的进出线间隔断面图（尺寸单位：m）

1、2—主母线；3、4、7、8—隔离开关；5—断路器；6—电流互感器；9—旁路母线；
10—阻波器；11—耦合电容器；12—避雷器

断面图。在该布置方案中除将两组主母线及其隔离开关上下重叠布置外，还把两个旁路母线架提高，并列设在主母线两侧，与双列布置的断路器和电流互感器重叠布置。显然，该布置方式特别紧凑，可以两侧出线，能够充分利用空间位置，占地面积一般只有普通中型的50%。此外，母线、绝缘子串和控制电缆的用量也比中型少。但它和中型布置相比钢材消耗量大，操作和检修设备条件差，特别是上层设备的检修不方便。

任务四　主变压器场地布置

主变压器（主变）是发电厂和变电站中最重、油量最多的设备之一，且又处于一次接线的纽带地位，其场地布置应着重考虑起吊搬运、防火防爆、进出线方式和通风散热等多方面的问题。此外，其中性点设备与出口避雷器等的布置也应一并考虑。

一、主变压器的起吊与搬运

目前，220kV电压等级及以下的发电厂和变电站普遍采用三相油浸式变压器。35kV及以下电压等级和容量为6300kVA以下的变压器一般为整体运输。超过上述电压或容量者，外形尺寸过大，出厂时常卸掉散热器、油枕等附件，但仍带油运输。一般先运抵厂房安装间，利用桥机吊卸，并在完成放油、吊芯检查（对钟罩式为吊罩检查）、附件安装、充油及试验等安装工序后，再经专门的通道搬运就位。可见，厂房桥机要按主变吊重进行校验，桥机吊高还要满足主变吊芯或吊盖高度的要求，否则可在安装间设置主变检修坑（洞）。

主变检修有以下三种方式：一是拖运至安装间检修；二是就地检修，就地搭设临时性起吊设施，此时无论屋外或屋内布置均应适当增大场地面积和空间范围，室内布置的还要预先堆设吊梁吊环等；三是就近设置变压器检修间。水电站因有现成的桥机和安装间，应优先选择第一种检修方式。为此，主变要靠近安装间布置，为了利用主厂房的桥机进行起吊检修，要求主变的安装高程最好与安装间高程一致，且至安装间之间设置搬运通道。通道宽度要满足搬运中的变压器至两侧运行中的带电部分的距离不小于B_1值。在通道端头要预埋拖运地锚。对电压110kV和容量10000kVA以上的主变，可酌情采用钢轨运输道，牵引力大为降低（每吨只需45kg左右）。

二、主变的进出线方式

1. 变压器出线套管的排列规则

对双绕组变压器，站在高压侧看，从左至右为O、A、B、C、油枕，对侧对应为低压侧的a、b、c。或站在油枕端看变压器，则左边为高压侧，右边为低压侧，由远至近为O、A、B、C、油枕，如图9-12（a）所示。

对三绕组变压器，高压侧与上述相同。中压侧和低压侧套管居同侧，且按中压、低压、油枕的顺序排列，如图9-12（b）所示。

2. 进出线方式

（1）硬母线进（出）线。线路长度不大时，采用硬母线进出线最为方便，电流大小不限，布置线路要尽量减少转弯和错位。接至变压器套管档要接入母线温度补偿器，以免套管承受母线的温度应力。宽面推进的变压器居搬运通道中的一侧，一般不宜采用硬母线。

（2）电缆进（出）线。通常用角钢支架固定电缆头，对多根电缆还要设置小段母线以便接线。该侧不得占据变压器搬运通道，若两侧均采用电缆进线时，变压器只能窄面推进。电缆线路占用空间小，且方便灵活，便于跨越通道和公路等，施工工作量小，缺点是载流量有限，一般并联根数多于 2～3 根时宜改用母线。

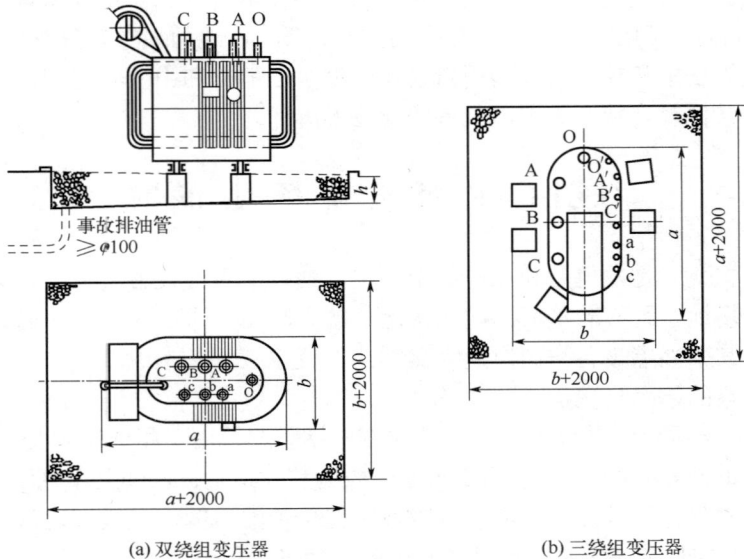

(a) 双绕组变压器　　　　　　　　(b) 三绕组变压器

图 9-12　变压器出线套管的排列规则及储油池的布置

（3）跳线-架空拉线出线。此出线方式是用架空拉线挂接至变压器附近，再由拉线向变压器出线套管跳线，一般用于变压器高压侧出线。其拉线和跳线均需保证线间距离，满足 D 值的要求。跳线-拉线的具体做法取决于主变和开关站的位置，因而由电站的电气总布置决定。通常的做法有：经变压器门形构架拉出或经电站厂房的墙拉出，但拉线与墙面的角度不应小于 30°。

3．主变的防火防爆

防火措施主要不在于着火主变的救灭，而在于其事故排油和隔离，以避免出现火灾的蔓延、扩大，祸及相邻建筑物和临近主变。

（1）事故排油和储油池。为了防止变压器发生事故时，燃油流失使事故范围扩大，单个油箱的油量在 1000kg 以上的变压器，应设置能容纳 100%或 20%油量的储油池或挡油墙，设有容纳 20%油量的储油池或挡油墙时，应有将油排到安全处所的设施，且不应引起污染危害，通常可通过储油池底部的排油管迅速将全部油排至安全处。排油管内径的选择应能尽快将油排出，但不应小于 ϕ100mm。当设置有油水分离的总事故储油池时，其容量不应小于最大一个油箱的 60%油量。储油池和挡油墙的长、宽尺寸，一般较设备外廓尺寸每边相应大 1m。变压器基础应比储油池高 0.1m，储油池四壁应高于屋外场地 0.1m。储油池内铺设厚度不小于 0.25m 的卵石层（卵石直径 0.05～0.08m），储油池底面向排油管侧有不小于 2%的坡度。

（2）防火隔墙。当变压器着火或防爆玻璃爆破喷油时，应不危及临近变压器或建筑物的安全。因此，主变压器与建筑物的距离不应小于 1.25m，且距变压器 5m 以内的建筑物，在变压器总高度以下及外廓两侧各 3m 的范围内，不应有门、窗和通风口。当变压器的油量超过 2500kg 以上时，两台变压器之间的防火净距不得小于下列数据：

35kV 及以下	5m
63kV	6m
110kV	8m

220kV　　　　　　　　　　10m

如布置有困难应设防火墙。防火墙的高度不宜低于变压器油枕的顶端高程，其长度应大于变压器储油池两侧各 1m。若防火墙上设有隔火水幕时，防火墙的高度应比变压器顶盖高出 0.5m，长度则不应小于变压器储油池的宽度加 0.5m。

（3）防爆管。变压器防爆管在事故喷油时，不应喷及电缆头、母线和邻近的变压器或其他电气设备。必要时应装设弯头、挡板或采取其他措施。

4．主变的基础布置

（1）主变的基础应安装在混凝土基础上，基础高度应保证变压器出线绝缘套管底部对地距离在 2.5m 以上。当该距离为 2.5m 及以上时，基础高度应与储油池以外地面相平。对于装有瓦斯继电器的变压器，一般要求基础有 1.5%的倾斜度（可在基础靠变压器油枕一侧加垫铁块），有的大变压器，厂家将其顶部做成倾斜，以保证故障时瓦斯继电器的轻瓦斯可靠动作。

（2）主变压器不宜布置在跨越水工建筑物的伸缩缝或沉陷缝处。

5．主变场地的通风散热

变压器的效率很高，但大容量变压器的功率损耗仍属可观，并以热的形式散布于周围空间，屋外的主变压器宜置于开阔通风处。此外，屋外主变既要增强辐射散热，又要减少日照的影响，外表以灰色漆为好。

屋内布置的主变间应有自然或强迫排风设施，热空气要直接排向屋外，且不得对流返回主厂房内。屋内主变不受强日光照射，宜着黑色漆以加强辐射散热。

任务五　电气总布置图

发电厂电气总布置设计，是全厂、所总布置设计的重要组成部分，科学性强，涉及面广。因此，要和各专业密切配合协调，权衡利弊，通过技术经济比较，选择占地少、投资省、建设快、运行安全经济、管理方便的总布置方案。

发电厂、变电站的总体布置受地形、地质条件和水利枢纽及其他建筑物的限制，一般不能采用标准的布置方案，不同的水电站，因这些条件的不同，采用的布置方案也不同。

一、电气总布置的原则

（1）缩短发电机、开关室、主变压器和开关站之间的连接线。电气总布置首先应满足电气主接线所表明的生产顺序要求，应使设备相互靠近，布置紧凑，这样既可减少电能损耗，缩短连接导线和电缆的长度，使电缆敷设方便，又可以减少事故和故障机率；同时，便于设备的正常维护巡视和定期检修。即使事故发生也能及时处理，不使事故扩大。

（2）为保证大型设备（如发电机、变压器等）的运输、安装和检修的方便，尽量缩短运输距离。要求主厂房、中控室、主变压器和开关站之间交通方便。并使主变压器、发电机与主厂房的安装间在同一高程，以便于运行维护和检修。

（3）尽量减少电气设备及其连线与水力机械设备及管路的交叉和干扰。

（4）保证进线和出线方便，尽可能减少架空导线交叉。

（5）远近期结合，留有发展余地。总电气布置应按批准的规划容量进行设计，并留有发展余地。规划容量偏大或偏小，都将导致总平面布置得不合理。偏大造成浪费，偏小则将使布置拥挤混乱，影响安全运行，产生不良后果。

要妥善处理好分期建设。初期建筑集中布置以便于分期购地和利于扩建，减少前、后期工程在施工和运行上的相互影响。初期工程要为后期工程创造较好的施工条件，后期工程施工要尽量避免影响运行。

（6）布置紧凑合理，尽量节约用地。各设备宜集中布置，减少占地面积，充分合理地利用空间。并注意利用荒地、劣地、坡地，少占或不占农田。

地形条件狭窄的工程，可将控制楼、通信楼、试验室、检修间等功能相近或互有联系的电工建构筑物采用多层联合布置。

（7）结合地形地质，因地制宜布置。

1）依据不同的自然地形，确定各级配电装置的型式及其相互间的平面组合，选择合理的布置位置。在此基础上，灵活布置附属设施及所前建构筑物。

2）高压配电装置等主要建构筑物，要尽量沿自然等高线布置，以减少土石方工程量，避免高填深挖和减少基础埋设深度，便于场地排水。

3）山区发电厂、变电所的主要建构筑物，不宜紧靠山坡，否则应有防止塌方而危及电气设备和建构筑物的有效措施。屋内配电装置，主控楼、主变压器、并联电抗器、调相机等主要建构筑物及大型设备，应布置在土质均匀、地基承载力较大的地段。要避开断层、溶洞，以及可能发生滑坡、崩塌等不良地质构造的地段。还要尽量不破坏山体的自然地貌，以保证山体固有的平衡，减少不安全因素。

（8）符合防火规定，预防火灾和爆炸事故。为确保发电厂、变电所的长期安全运行，建构筑物布置要严格执行《建筑设计防火规范》的有关规定。道路设计要考虑消防车的通行，使消防车能迅速到达火灾地点，及时扑灭电工建筑物区内的火灾。

二、电气总布置

（一）中控室的位置确定

1．中控室位置确定的基本要求

中控室是发电厂、变电站操作和监视的中心地点，其位置确定应满足的基本要求如下。

（1）值班人员有良好的环境（噪声干扰和静电感应小，有较好的防潮、通风和采光条件），有利于安静和专心地工作。

（2）便于监视屋外配电装置，有利于值班人员与各级电压配电装置和主要车间联系，以便迅速进行各种操作。

（3）尽可能缩短中控室与配电装置、机组间联系的控制电缆长度。

2．中控室的布置方式

中控室的布置应满足位置确定的基本要求，下面以水电站为例，介绍中控室的布置方式。中控室一般紧靠主厂房上游、下游或一端布置。

（1）中控室布置在主厂房上游侧副厂房的中间位置，可使中控室到各发电机的距离最近，使机组的巡视和与主厂房运行人员联系方便，一般还能节约电缆投资。

（2）中控室布置在主厂房一端，自然采光和通风条件较好，能适应电站分期建设的要求，同时易于使中控室处于主厂房和升压站的适中位置，对地形陡峻的电站可减少开挖量。

一般当机组台数不多时，可将中控室布置在主厂房一端；机组台数较多（例如四台及以上），尤其是单机容量又较大时，最好能将中控室布置在主厂房上游侧，也可布置在下游侧。究竟采用哪种布置方式，要结合电站的具体情况，通过全面的分析比较而定。

（二）配电装置位置确定

发电机电压配电装置一般采用屋内成套配电装置即高压开关柜。通常布置在发电机开关室内，发电机开关室应尽量靠近发电机，且最好与中控室等布置在与发电机层相同高程的副厂房内，常在开关室和中控室下统一设一层净高约 2～3m 的电缆层，布置开关室的进出线和中控室的进出控制电缆。

（三）电缆构筑物的确定及电缆走向

1．电缆构筑物的确定

常用电缆构筑物有电缆隧道、电缆夹层、电缆沟、电缆竖井等。电缆构筑物的选择取决于发电厂、变电所各电工建筑物的布置以及机组容量大小、结构型式等。各发电厂和变电所电缆构筑物的选择各不相同。

（1）在发电厂、变电所中屋内电缆敷设主要采用电缆沟。

当属于下列情况时采用电缆隧道：①同一通道的地下电缆数量众多，电缆沟不足以容纳时；②同一通道电缆数量较多，且位于有腐蚀性液体或经常有地面水流溢的场所；③含有 35kV 以上高压电缆，或穿越公路、铁路等地段。

若屋内中控室，保护室，高、低压开关室为分层布置，在中控室，继电保护室或高、低压开关室等有多根电缆汇聚的下部，应设有电缆夹层。电缆夹层净高一般在 2～3m 之间，过高和过低都不便于电缆作业。

（2）屋外配电装置的主要电缆通道，宜采用电缆沟，当电缆数量多，电缆沟不足以容纳时，则采用电缆隧道。

（3）垂直走向的电缆，宜沿墙、柱敷设，当数量较多，或含有 35kV 以上高压电缆时，应采用电缆竖井。

（4）立式机组的发电机层楼板下通常采用电缆吊架或桥架，吊架和桥架最底层离地面距离不应低于 2m。

（5）其他分散的电缆，由于电缆根数较少，可根据实际情况采用直埋、穿管、架空敷设等方式。

无论电缆构筑物采用哪种型式，均应采取措施防止水分、小动物进入构筑物内，并有防止电缆着火延燃的措施。

2．电缆走向

电缆的起、止点及其所经路线叫做电缆走向，或电缆走线。从整体看，电缆走向有集中走线和分散走线两种方式。电缆两端所接电气设备的位置各不相同，但若将设备按所在位置分片，众多的电缆常有大致相同的走向。为了节约电缆的基础工程，并简化电缆布置，常将两片之间的电缆在片间按同一方向集中走线，而在各片场地内部按设备的不同位置分散走线。

发电厂、变电站厂房结构复杂，电缆走线要与厂房结构和枢纽布置紧密结合，还要处理好大量与机电设备、管路、母线等的相互干扰问题。合理的电缆走向设计可以节约大量的电缆及其基础工程费用，并且便于电缆的维护和检修，取得良好的技术经济效果。

（四）升压站位置确定

在地形条件允许的情况下，开关站应尽量与主变压器布置在一起，称为升压站。升压站位置的选择同样必须紧密结合电站的型式、地形和地质等具体条件。升压站布置时应尽量靠近主厂房以缩短升压站与主厂房之间的连接线，并便于运行人员经常巡视。若主变压器和开关站分开布置，应使开关站尽量靠近主变压器和主厂房，以缩短主变压器和开关站之间的连接线。升压站或开关站应有公路相通，以便于设备搬运，此外，在选择升压站或开关站位置时，应考虑方便进线和出线。

三、电气总布置实例

变电站主要由屋内配电装置、屋外配电装置、主变压器、控制室以及辅助设施等组成。变电所的电气总布置应根据城市规划、交通和水源等外界条件，依据配电装置的电压等级、出线方向和方式、出线走廊的条件、地形情况等因素，并满足防火及环境保护要求，因地制宜地进行设计。图 9-13 为 110kV 变电所的电气总布置。

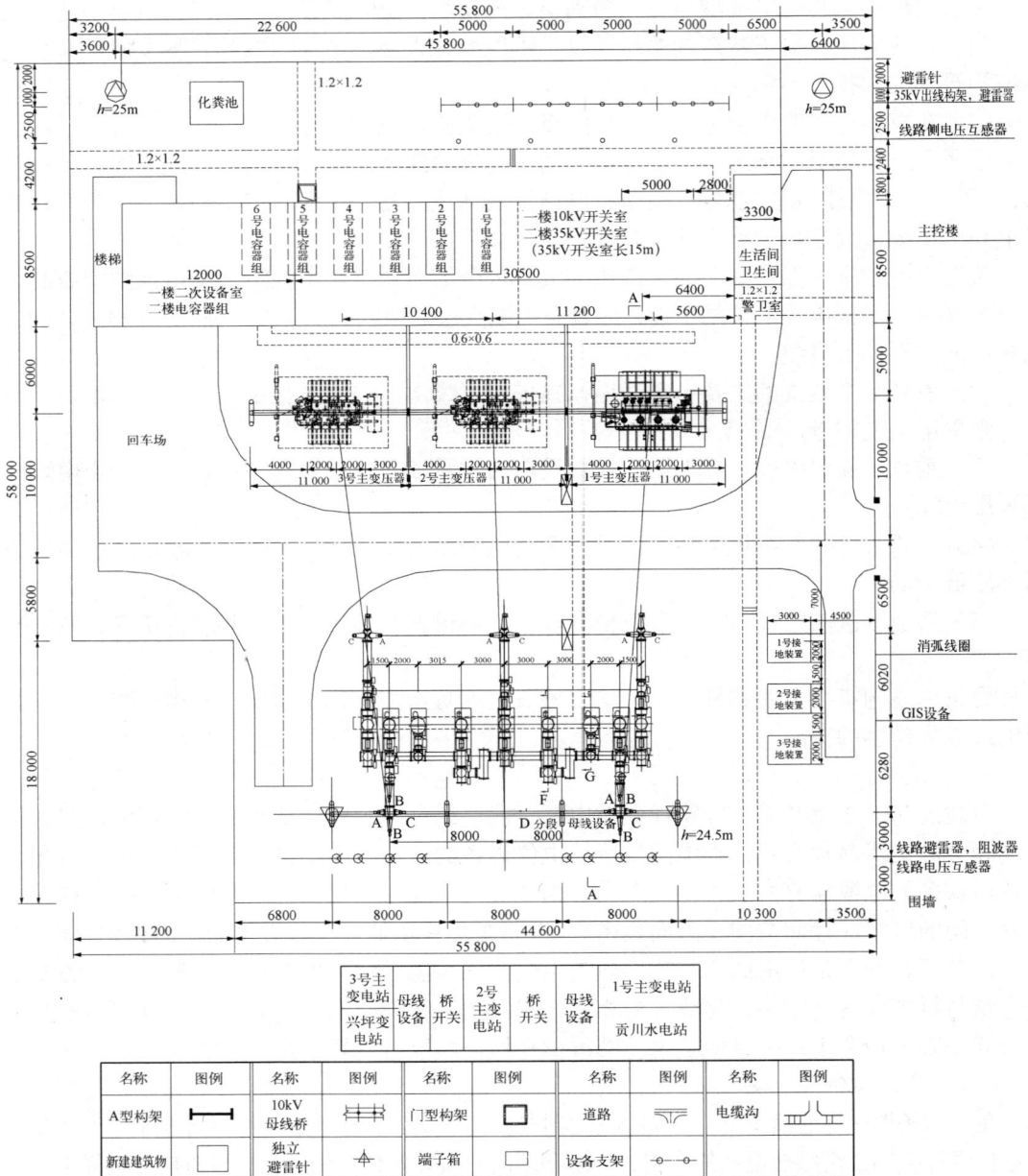

图 9-13　110kV 变电所的电气总布置

习题与思考题

9-1　确定屋外配电装置的最小安全净距的依据是什么？

9-2　配电装置应满足哪些基本要求？

9-3　屋内配电装置和屋外配电装置各有何优缺点？

9-4　屋外配电装置分为哪几类？各有何特点？

9-5　成套配电装置分为哪几类？各有何优缺点？

9-6　SF_6全封闭式组合电器的主要结构是什么？有何优缺点？适用范围如何？

9-7　主变压器的布置应注意哪几方面的实际问题？变压器的推进方式与出线方式有何关系？

学习情境十 新型电力系统设备简介

通过本情境的学习，掌握新型电力系统的概念，了解新型电力系统"源网荷储"协同互动模式，以及新型电力系统中电气设备的特点与应用场景。

任务一 新型电力系统概述

1．传统电力系统

传统电力系统分为发电、输电、变电、配电、用电、调度六大环节。火电、水电、核电等大电源通过升压接入大电网，然后通过高压、特高压等输电方式完成电力输送过程，再通过降压，将电能输送到负荷端，称之为电力系统"源随荷动"传统工作模式。

2．新型电力系统

新型电力系统是指以新能源为主体，以创新为根本驱动力，以数智化为关键手段的新一代电力系统。它通过推动电力生产、传输、消费、储存各环节的电力流、信息流、价值流融会贯通和综合调配，建成绿色低碳、安全可控、经济高效、柔性开放、数字赋能的电力系统。新型电力系统具备安全高效、清洁低碳、柔性灵活、智慧融合四大重要特征。

新型电力系统由清洁能源（光伏、风电、水电等）、储能（电化学、飞轮、压缩空气、氢能等）、柔性变换（交直流柔性变换）、数字化、智能化（无线通信、云平台、能量管理系统等）等部分组成。

新型电力系统的发电侧主体由集中式电源转变成集中式、分布式共存。光伏、风电具有波动性、间歇性和随机性的特点，储能作为电力存储和调节设施。新型电力系统是"源网荷储"协同互动工作模式，如图 10-1 所示。

与传统电力系统相比，新型电力系统在发电侧形态、电网侧形态、用电侧形态、电能平衡方式、技术基础形态方面具有显著的不同，如图 10-2 所示。

（1）发电侧形态方面。传统电力系统以大型集中式化石能源发电为主，发电设施集中在特定的区域，离负荷中心可能较远，需要通过高压、超高压输电线路将电能输送到用户集中的地区。新型电力系统呈现出集中式与分布式相结合的多元发电形态。在集中式方面，有大型的可再生能源发电基地。同时，分布式发电蓬勃发展，包括屋顶光伏发电、小型分散式风电、生物质能发电等。分布式电源可以安装在用户附近，甚至用户自身就可以成为发电主体，实现了发电的本地化和分散化。

（2）电网侧形态方面。传统电力系统的电网结构主要是单向的辐射状网络，从大型发电厂向负荷中心传输电能。新型电力系统大电网与微电网并存，电网结构向复杂的、双向互动的智能电网转变。一方面，传统的高压交流输电网络仍然发挥重要作用，同时，高压直流输电技术也得到广泛应用，用于远距离、大容量的电能输送。另一方面，配电网的智能化程度大幅提高，大量分布式电源、储能设备接入配电网，使得配电网从传统的被动型网络转变为能够主动管理电能双向流动的网络。电网的控制和管理需要依赖先进的通信技术、自动化技术和分布式计算技术，实现对全网电能的实时监测、优化调度和故障快速处理。

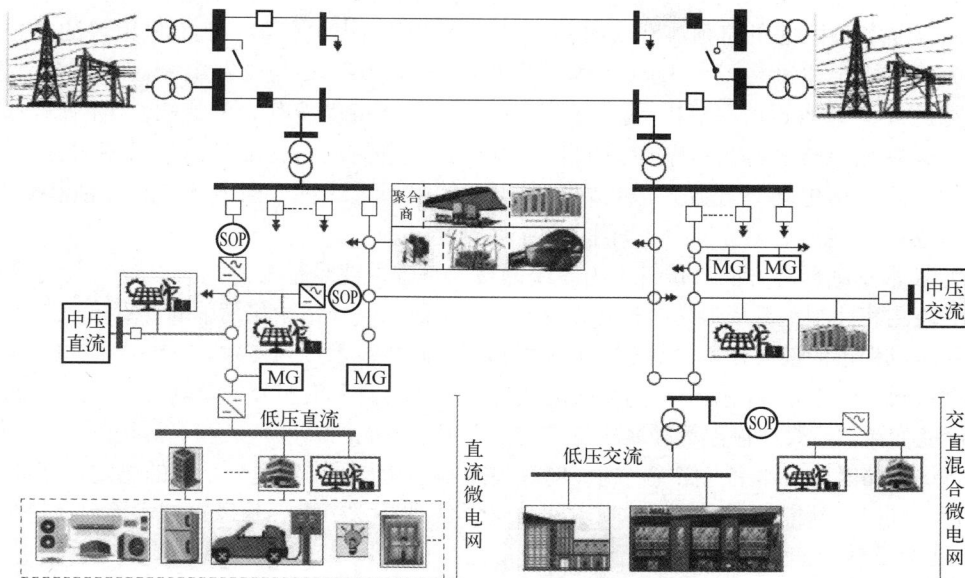

图 10-1　新型电力系统示意图

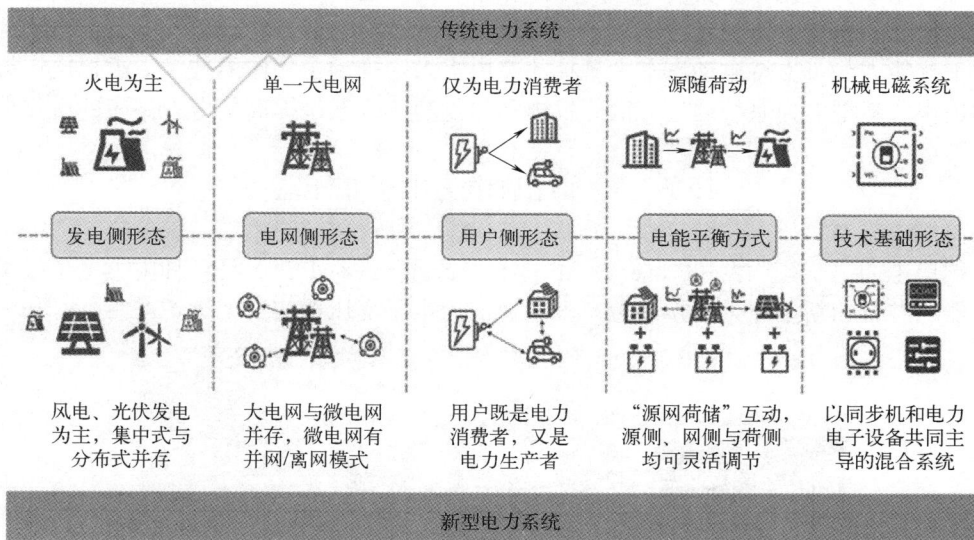

图 10-2　新型电力系统与传统电力系统比较示意图

（3）用电侧形态方面。传统电力系统用户是单纯的电力消费者，用电设备相对简单，主要是照明、电机等常规电器。用户对电力系统的参与度较低，只能被动地接受电力供应，根据供电公司的安排用电，用电方式比较固定，电价也相对固定，除了峰谷电价等少数情况外，用户很难根据实时电价调整用电行为。新型电力系统用户角色发生变化，部分用户成为"产消者"。用户侧的分布式发电和储能设备的普及，使得用户既可以从电网获取电力，也可以将自己产生的多余电力卖给电网。同时，用户的用电设备智能化程度提高，如智能电表、智能家电等的广泛应用，用户可以根据实时电价和自身需求灵活调整用电行为，实现需求侧响应，参与电力系统的调节。

（4）电能平衡方式方面。传统电力系统主要依靠调节大型集中式发电厂的发电功率来平衡电能。调度中心根据负荷预测和实时的负荷变化，调整火电机组、水电机组等的发电功率。新型电力系统电能平衡需要发电侧、电网侧和用电侧的协同参与。发电侧，除了调节集中式可再生能源发电基地的功率输出外，还需要充分利用分布式发电的灵活性。电网侧，通过储能设备、柔性输电技术等来调节电能的时空分布。用电侧，通过用户的需求侧响应，如调整用电时间、降低用电功率等方式来共同实现电能的平衡。这种平衡方式更加灵活和复杂，需要综合考虑多种能源、多个主体和不同的时间尺度。

（5）技术基础形态方面。传统电力系统的技术基础主要是基于传统的机械、电气技术。电力系统的监测和控制主要依赖传统的自动化技术，如模拟信号传输和简单的计算机控制系统。新型电力系统以先进的信息技术、电力电子技术和新型储能技术等为支撑。信息技术的应用包括大数据、物联网、云计算等，用于电力系统的实时监测、数据采集和分析。电力电子技术在新能源发电、储能变流器、柔性输电等领域广泛应用，实现了电能的高效转换和灵活控制。新型储能技术，如电化学储能、压缩空气储能、超级电容储能等不断发展，为电力系统的稳定运行提供了关键的支撑，同时，新能源发电技术，如高效太阳能光伏技术、大容量风电技术等也在持续进步。

3．为什么发展新型电力系统

随着可再生能源（如风能、太阳能）大量接入电网，要求新型电力系统能有效地消纳这些新能源，以减少对化石燃料的依赖，并降低碳排放，提高能源使用效率。新型电力系统通过智能化技术、先进的监控和控制技术，实现了能源的实时监控和管理，提高了电网的稳定性和抗干扰能力，可支持电动汽车大规模的充电需求，推动了如储能技术、虚拟电厂等相关技术的进步。新型电力系统通过分散式发电和储能解决方案，提高了电力供应的可靠性。

任务二 多端口电力电子变压器

多端口电力电子变压器（Power Electronics Transformer，PET）是一种电力电子技术与传统变压器相结合的新型电力转换装置。多端口电力电子变压器实物如图 10-3 所示。

图 10-3 多端口电力电子变压器实物

1．工作原理

多端口电力电子变压器通过电力电子器件（如 IGBT、MOSFET 等）和先进的控制策略，实现电能的高效转换、调节和控制。它不仅能够实现电压和电流的变换，还具备多端口连接能力，可以同时连接多个分布式能源和储能系统。如图 10-4 所示。

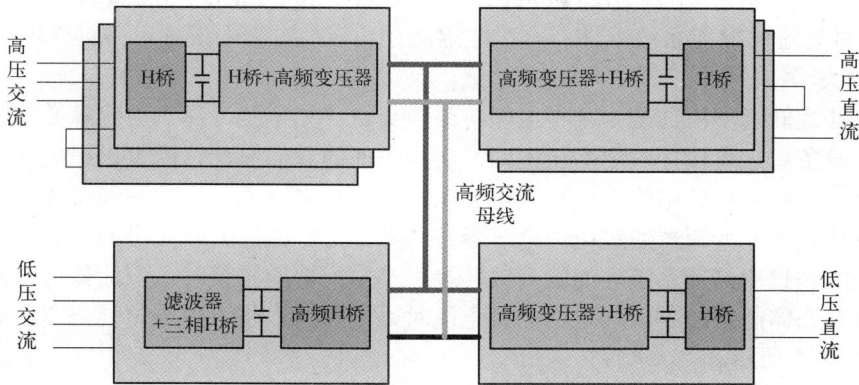

图 10-4 多端口电力电子变压器原理图

在直流侧，多端口电力电子变压器通过电力电子器件实现可控的直流电压源。在交流侧，通过 PWM（Pulse Width Modulation）调制技术控制电力电子器件的开关周期和占空比，从而调节输出交流电压的波形和频率。

2．特点及优点

多端口电力电子变压器的优点如下。

（1）高效节能。采用先进的电力电子技术，具有较高的能量转换效率，能够降低能量损耗，实现高效节能。

（2）绿色环保。工作过程中不会产生噪声、振动和有害气体等污染物，对环境友好。

（3）智能化控制。具备智能化控制功能，可以根据负载的变化自动调节输出电压和电流，实现精确控制。同时，还具有过载保护、短路保护等安全保护功能。

（4）体积小、重量轻。采用先进的材料和工艺制造而成，具有体积小、重量轻的特点，便于安装和使用。

（5）多端口连接。能够同时连接多个电压等级的交直流分布式能源和储能系统，实现多电压等级共存和高效利用。

3．应用范围

多端口电力电子变压器在电力系统中的应用范围广泛，主要包括如下系统。

（1）传统电力系统。用于变频调速、无功补偿、过电压保护等方面。例如，在高压直流输电和灵活交流输电系统中发挥了重要作用。

（2）新能源系统。在光伏发电系统、风能发电系统中，用于电网接入、功率提供等方面。通过多端口电力电子变压器的应用，可以实现清洁能源的高效利用和能源利用效率的提升。

4．发展方向

随着电力电子技术的不断发展和应用需求的不断增加，多端口电力电子变压器将朝着更高效、更环保、更智能化的方向发展。未来，多端口电力电子变压器将在电力系统中发挥更加重要的作用，为电力系统的稳定运行和节能减排做出更大的贡献。

任务三　高压直挂式储能变流器

高压直挂式储能变流器（High Voltage Direct Connection Energy Storage Converter，HVDC ESC）是一种先进的储能系统组件，它在能源储存和转换过程中发挥着关键作用。

1．工作原理

高压直挂式储能变流器是一种将电能与储能介质（如电池、超级电容等）进行高效转换的电力电子设备。它直接接入中高压电网，实现电能的双向流动，即可以在电网用电低谷时储存电能，在高峰时释放电能，以平衡电网负荷，提高电网的稳定性和经济性。

高压直挂式储能变流器通过电力电子器件（如 IGBT 模块）和先进的控制策略，实现电能在交流电网和直流储能系统之间的高效转换。当电网电能富余时，变流器将交流电转换为直流电并储存在储能系统中；当电网需要电能时，变流器再将直流电转换为交流电并输送给电网，如图 10-5 所示。

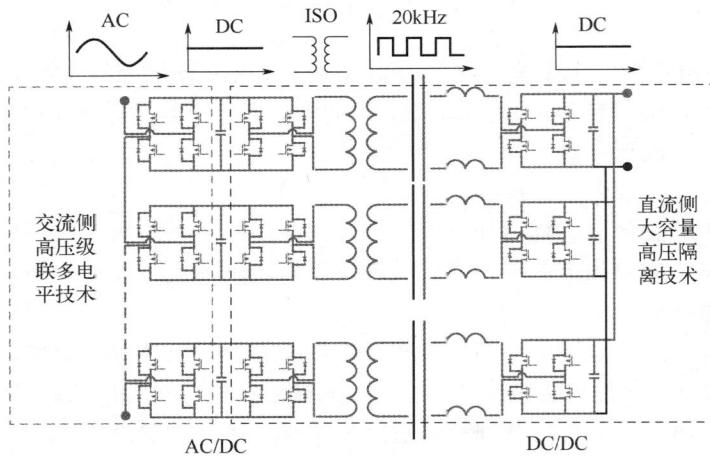

图 10-5　高压直挂式储能变流器原理图

2．特点及优点

高压直挂式储能变流器具有以下特点及优点。

（1）高效转换。采用先进的电力电子技术和控制策略，实现电能在交流电网和直流储能系统之间的高效转换，转换效率可达 95%以上。

（2）大容量。直接接入中高压电网，支持大容量储能系统的接入和运行，满足大型工商业和电网级储能需求。

（3）高安全性。采用级联型拓扑结构，无并网升压和并联汇流环节，降低了系统复杂性和故障率，提高了系统的安全性和可靠性。

（4）高控制性能。具备精确的能量管理和控制功能，可以根据电网需求和储能系统状态进行智能调度和优化控制。

（5）环保节能。减少了对传统能源的依赖和消耗，有助于实现能源低碳转型和可持续发展。

3．应用范围

高压直挂式储能变流器广泛应用于电源侧、电网侧和负荷侧。

（1）电源侧。与可再生能源发电系统（如风电、光伏）相结合，实现电能的稳定输出和调峰调频功能。

（2）电网侧。作为电网的储能单元，提供电力支撑和调峰调频服务，提高电网的稳定性和可靠性。

（3）负荷侧。为大型工商业用户提供储能解决方案，达到利用峰谷电价差盈利、降低用电成本和提高能源利用效率的目的。

4．发展方向

随着新型电力系统的加快建设和储能产业的快速发展，高压直挂式储能变流器技术不断成熟和完善。市场上出现了多种品牌和型号的高压直挂式储能变流器产品，如华为、阳光电源、科华数据等知名企业均推出了相关产品。未来，随着技术的不断进步和应用需求的不断增加，高压直挂式储能变流器将在能源储存和转换领域发挥更加重要的作用。

任务四　低压多端口电能路由器

低压多端口电能路由器是智能家居和低压电力系统中的关键设备，具有多个电能输入和输出端口，能够实现电能的智能分配和管理。如图 10-6 所示。

1．概述

低压多端口电能路由器是一种集成了电力电子技术、通信技术和控制技术的智能设备，它能够在低压电力系统中实现电能的智能分配、监测和管理。

低压多端口电能路由器具有以下特点。

（1）多端口设计。具有多个电能输入和输出端口，可以同时连接多个电器设备，满足多样化的用电需求。

（2）智能分配。能够根据电器设备的功率和优先级，智能地分配电能，确保每个设备都能得到稳定的电力供应，同时避免电压波动和电流冲击。

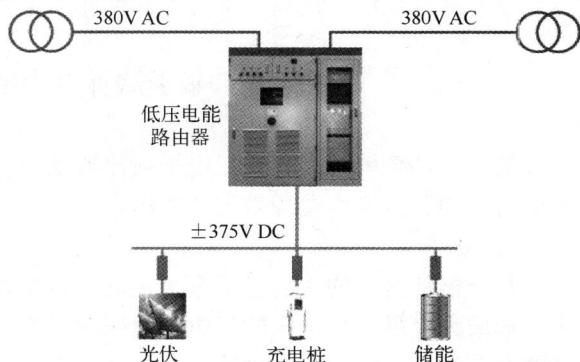

图 10-6　低压多端口电能路由器

（3）节能环保。采用先进的节能技术，可有效降低能源消耗和减少对环境的影响。同时，支持可再生能源的接入，如太阳能、风能等，可实现绿色能源的利用。

（4）易于扩展。支持多个设备的扩展，可以根据用电需求的变化随时增加或减少设备接入数量。

（5）通信与控制。具备通信功能，可以与智能家居系统、能源管理系统等进行信息交互，实现远程控制和智能调度。

2．工作原理

低压多端口电能路由器的工作原理主要基于电力电子技术和控制策略。它通过内部的电力电子器件（如 IGBT、MOSFET 等）对电能进行转换和控制，实现不同端口之间的电能传输和分配。同时，通过先进的控制算法和通信协议，实现对电能路由器的智能管理和调度。

3．应用范围

低压多端口电能路由器适用于各种需要多个电器设备同时供电的场景，如家庭、办公室、小型商业场所等。在这些场景中，低压多端口电能路由器可以有效地解决传统电能路由器端口不足的问题，提高用电效率和便捷性。

4．特点及优点

低压多端口电能路由器的优势，主要体现在以下几个方面。

（1）提高用电效率。通过智能分配和管理电能，避免浪费和损耗，提高了用电效率。

（2）节省空间。采用紧凑的设计，节省了大量的空间，使得用电环境更加整洁美观。

（3）增强安全性。具备过载保护、短路保护等安全功能，确保用电安全。

5．发展方向

低压多端口电能路由器有以下发展方向。

（1）智能化。随着物联网、大数据和人工智能技术的发展，低压多端口电能路由器将更加智能化，实现更高效的电能管理和调度。

（2）模块化。模块化设计将成为未来的发展趋势，它会使电能路由器更加易于维护和升级。

（3）高可靠性。提高设备的可靠性和稳定性，确保长期稳定运行。

任务五　基于器件直串的大容量三电平换流器

基于器件直串的大容量三电平换流器是一种先进的电力电子设备，它在大功率、高电压的电力传输和转换中发挥着重要作用。

1．概述

基于器件直串的大容量三电平换流器是指直接将电力电子器件（如 IGBT 模块）串联起来，形成大容量、高电压的三电平电压源换流器。它能够在交流电网和直流系统之间实现电能的双向流动，并具有三个输出电平（正电平、零电平和负电平）。

基于器件直串的大容量三电平换流器具有以下特点。

（1）大容量。通过器件直串的方式，可以显著提高换流器的容量和电压等级，满足大功率、高电压的电力传输需求。

（2）高电压。器件直串结构使得换流器能够承受更高的电压，适用于高压电网的接入和运行。

（3）三电平输出。具有三个输出电平，能够减少输出电压的谐波含量，提高电能质量。

（4）高效转换。采用先进的电力电子技术和控制策略，可实现电能在交流电网和直流系统之间的高效转换。

2．工作原理

基于器件直串的大容量三电平换流器的工作原理主要基于电力电子器件的开关特性和控制策略。它通过控制电力电子器件的开关状态，实现电能在交流电网和直流系统之间的转换和分配。在换流过程中，通过控制不同器件的开关顺序和时间，可以实现三个输出电平的切换，以满足不同的电力传输需求，如图 10-7 所示。

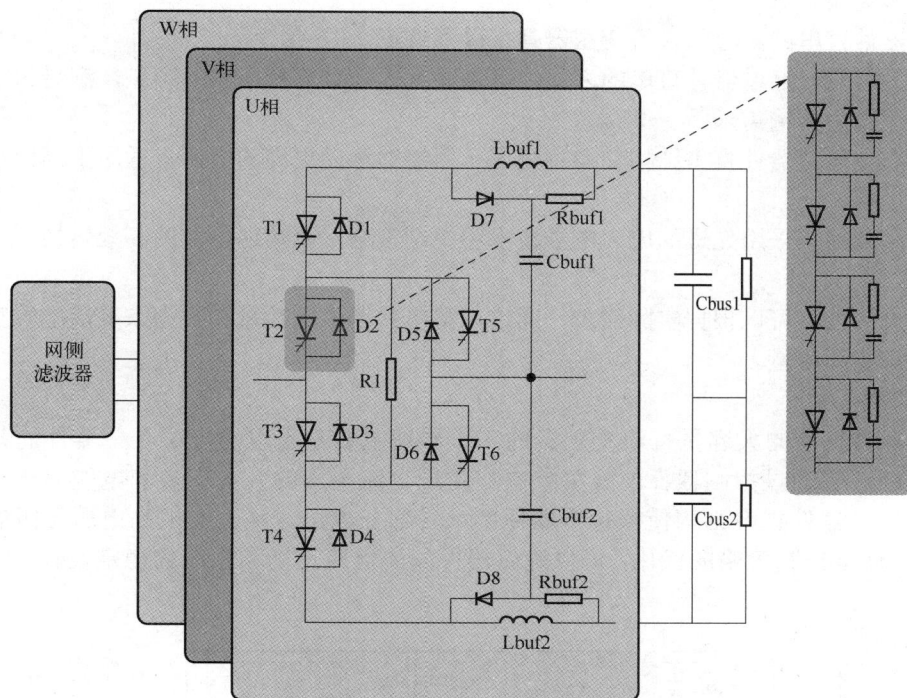

图 10-7　基于器件直串的大容量三电平换流器

基于器件直串的大容量三电平换流器采用了以下关键技术。

（1）器件直串技术。有效地将多个电力电子器件串联起来，形成稳定可靠的高压大容量换流器，是关键技术之一。

（2）均压技术。由于器件直串结构中存在电压分配不均的问题，因此需要采用均压技术来确保每个器件承受相同的电压。

（3）控制策略。先进的控制策略是实现高效、稳定转换的关键，需要开发适用于三电平换流器特性的控制算法和策略。

3．应用范围

基于器件直串的大容量三电平换流器在电力系统中具有广泛的应用前景。它可以应用于高压直流输电、柔性交流输电、储能系统等领域，为电力系统的稳定运行和节能减排做出贡献。随着电力电子技术的不断发展和应用需求的增加，该设备的应用前景将更加广阔。

任务六　基于器件直串的大容量直流变压器

基于器件直串的大容量直流变压器是一种先进的电力电子设备，它通过电力电子开关器件的串联起来，提升直流变压器的电压等级和容量等级。

1．概述

基于器件直串的大容量直流变压器是指直接将电力电子开关器件（如 IGBT、IGCT 等）

的串联起来，形成具有高电压、大容量特性的直流变压器。它能够在直流电网中实现电能的稳定传输和转换。

基于器件直串的大容量直流变压器具有以下特点。

（1）大容量。通过器件直串的方式，可以显著提升直流变压器的容量，满足大功率、高电压的直流电力传输需求。

（2）高电压。器件直串结构使得直流变压器能够承受更高的电压，适用于高压直流电网的接入和运行。

（3）高效能。采用先进的电力电子技术和控制策略，可实现电能的高效转换，降低能量损耗。

（4）灵活性。可以根据实际需求，通过调整串联器件的数量和类型来灵活配置直流变压器的电压等级和容量。

2．工作原理

基于器件直串的大容量直流变压器的工作原理主要基于电力电子开关器件的开关特性和控制策略。它通过控制器件的开关状态，实现直流电压的升降变换和电能的传输。在直流变压器中，器件直串结构使得每个器件都承受部分电压，从而实现高电压等级的直流变换。同时，通过控制策略的优化，可以确保器件间的电压均衡和系统的稳定运行，如图 10-8 所示。

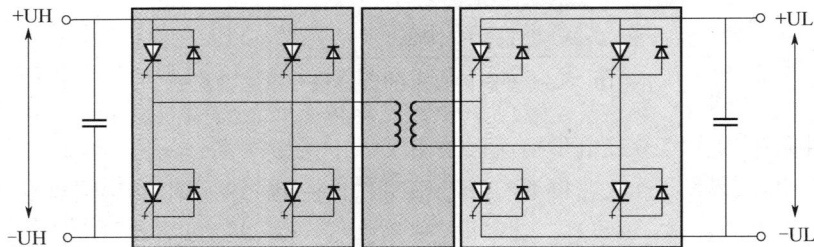

图 10-8　基于器件直串的大容量直流变压器

基于器件直串的大容量直流变压器采用了以下关键技术。

（1）器件直串技术。有效地将多个电力电子开关器件串联起来，形成稳定可靠的高压大容量直流变压器，是关键技术之一。这需要对器件的选型、匹配、均压等方面进行深入研究和优化。

（2）均压技术。由于器件直串结构中存在电压分配不均的问题，因此需要采用均压技术来确保每个器件承受相同的电压。这通常包括硬件均压电路和软件控制算法两个方面。

（3）控制策略。先进的控制策略是实现高效、稳定转换的关键，需要开发适用于直流变压器特性的控制算法和策略，以实现对器件开关状态的精确控制和对系统性能的优化。

3．应用范围

基于器件直串的大容量直流变压器在新能源全直流汇集、直流电网建设等领域具有广泛的应用前景。它可以作为直流配电网中的关键设备，实现电能的稳定传输和高效转换。同时，随着新能源产业的快速发展和直流电网建设的不断推进，基于器件直串的大容量直流变压器的市场需求将不断增长。

任务七 直流断路器（三端口）

1．概述

在直流输配电系统中，混合式直流断路器的转移支路需要断开幅值极高的短路故障电流，且在断开故障电流后，直流断路器两端将承受较大的母线电压，因而转移支路必须采用大量子模块，这导致混合式直流断路器的制造成本很高。并且，在多端柔性直流系统中，通常存在多条直流线路的交汇点，图10-9所示为一个三端柔性直流配电系统的示意图，为确保清除任一条直流线路上的短路故障，需在每条直流线路两侧都安装混合式直流断路器，三条直流线路交汇点处也需安装断路器。如果这些断路器均采用混合式直流断路器，则整个系统的成本会很高。如果可以将交汇点处安装的断路器整合成一个直流断路器，并通过优化拓扑来减少电力电子串联开关的数量，则系统成本将显著下降，并可实现多路协调关断。

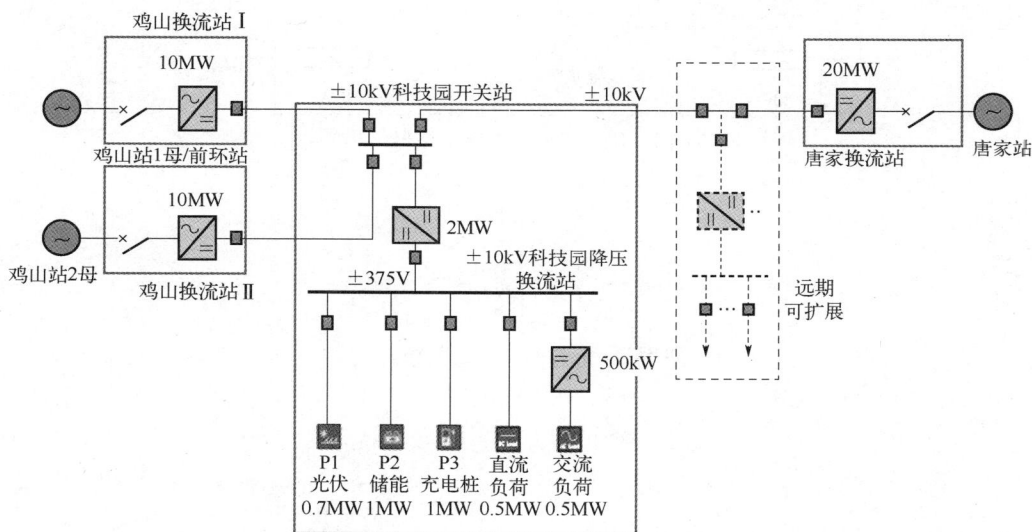

图10-9 三端柔性直流配电系统示意图

2．三端口直流断路器的主要特点

三端口直流断路器的主要特点如下。

（1）可靠性高、可控性强。0.05ms控制精度。

（2）关断时间短。小于3ms。

（3）支持快速合闸。小于1ms。

（4）全电流开断。+10kA～0～−10kA。

（5）支持电压电流差异化配置。1～10kV/1～25kA。

（6）占地面积小，技术价格具有优化前景。

3．三端口直流断路器主要元器件介绍

（1）混合式直流断路器。混合式直流断路器结合了机械式直流断路器和全固态直流断路器的优点，目前已经成为直流断路器的重要发展方向。

　　传统的混合式直流断路器结构如图 10-10、图 10-11 所示，主要包括快速机械开关支路、电力电子器件串联开关支路、能量吸收支路和控制系统，三条支路并联后与控制系统相连，控制系统控制三条支路的通断。正常导通情况下电流流过快速机械开关支路；故障发生时断路器动作，快速机械开关分闸，电流转移至电力电子器件串联开关支路，随后电力电子器件串联开关关断，线路能量被能量吸收支路吸收，线路电流下降至零。

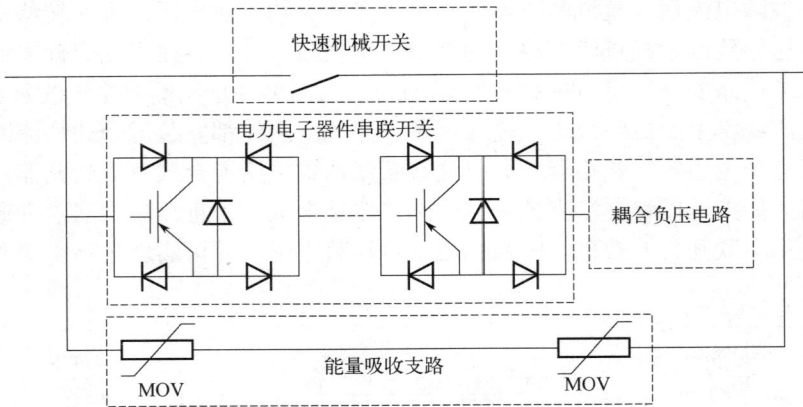

图 10-10　三端口直流断路器结构

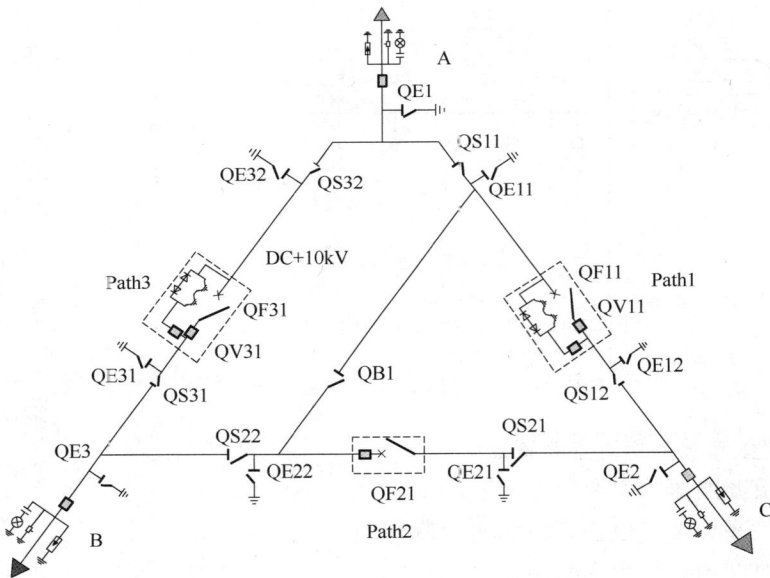

图 10-11　三端口直流断路器控制系统

　　（2）电子式互感器。直流电流电压测量装置中，直流电压测量采用精密阻容分压器传感直流电压，利用环氧浇注保证绝缘。直流电流测量采用巨磁阻效应的隧道磁电阻（TMR）传感测量，具有体积小，精度高、频带宽、响应速度快的特点。信号利用光缆传输至控制室，具备高抗干扰性。具有绝缘结构简单可靠、体积小、重量轻、线性度好、动态范围大的优点，可实现对 $\pm10kV$、$\pm20kV$ 高压直流电流电压的可靠测量。

　　（3）三端口直流断路器控制系统。直流断路器保护控制系统的目标在于满足对快速机械开关、多级 IEGT 电子开关、负压耦合回路的控制需求，同时具备直流断路器本体保护功能，确保在极端故障情况下直流断路器本体的安全，如图 10-12 所示。图 10-10 中机械开关控制模块（SCU）、电子开关控制模块（ICU）、负压耦合控制模块（NCU）均为单极配置，实际配置的数量为图 10-12 中配置数量的 2 倍。

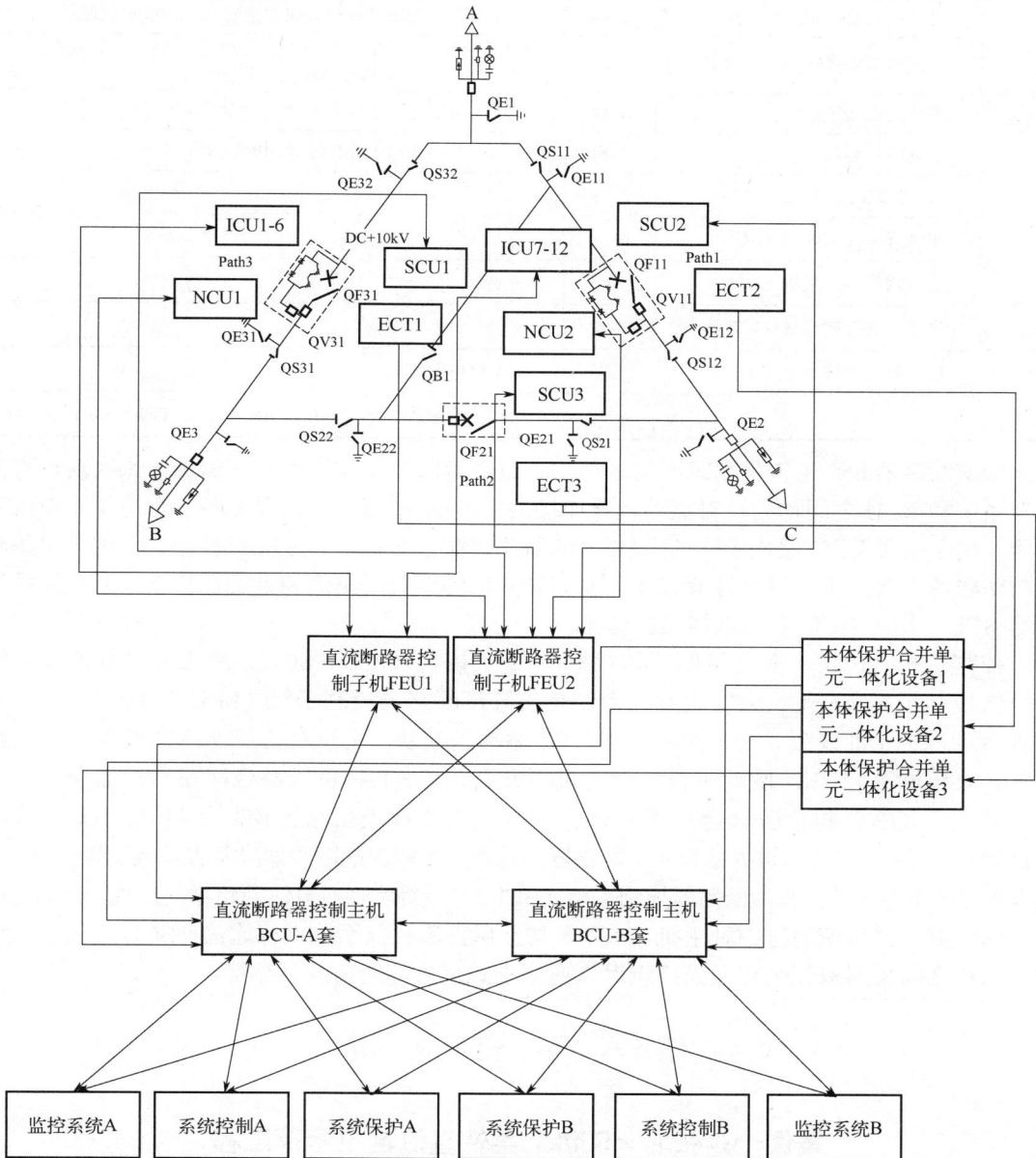

图 10-12　三端口直流断路器控制保护系统配置和配合示意图

　　整个三端口直流断路器（正负两极）采用一套断路器控制保护系统来进行控制和保护。

　　考虑到断路器检修，每一个断路器配置一个本体过流保护设备（正负两极共用，不考虑正负两极单独检修）。断路器控制保护系统自上到下完全采用双重化配置，大大提高了整个系统的可靠性。

直流断路器保护控制系统配置方案如表 10-1 所示。

表 10-1 　　　　　　　　　　**直流断路器保护控制系统配置方案**

	设备名称	数量	备注
组屏设备	直流断路器控制主机（BCU）	2 台	完成和上层控保设备和监控数据的交互，双重化配置
	直流断路器控制子机（FEU）	2 台	ICU 控制一台、SCU 控制一台、NCU 控制一台，双重化配置（一台 FEU 子机包含 AB 两套冗余系统）
	本体过流保护设备	3 台	完成断跨器电流采样合并/本体过流保护
	智能联锁装置	2 台	完成所有隔离刀闸和接地刀闸的联闭锁
	MMS 组网交换机	2 台	
本体电子设备	机械开关控制模块（SCU）	6 个	
	负压耦合控制模块（NCU）	4 个	
	电子开关控制模块（ICU）	24 个	
	ICU 电源模块	8 个	双重化电源配置
	电子式 TA	6 台	Path3 正负极各一台，Path1 正负极各一台，Path2 正负极各一台

直流断路器和直流控保系统间的通信均通过直流断路器控制主机（BCU）来实现。直流控保系统和 BCU 之间均为点对点的光纤连接。图 10-12 中每个断路器配备一个电子式电流互感器，用于采集支路中的电流。每一台直流断路器配备一台本体过流保护设备，用于采集直流断路器的电流，快速进行过流判断，并将合并后的电流采集值和过流保护结果通过光纤发送给 BCU，用于 BCU 实现本体保护功能。

控制主机（BCU）和直流断路器控制/驱动子模块（ICU、SCU、NCU）之间通过直流断路器控制子机（FEU）来实现双冗余通信。直流断路器控制子机（FEU）接收到 BCU 的控制命令后，会将该命令转发给相应的控制/驱动子模块，实现对直流断路器的控制和保护功能。直流断路器控制/驱动子模块会对机械开关、IGBT 和负压耦合回路进行监视，并将机械开关、IGBT 和负压耦合回路的状态实时发送给直流断路器控制子机（FEU）。直流断路器控制子机（FEU）根据接收到的断路器的状态产生相应的断路器异常告警或闭锁信号，并提取关键的信号上传给直流断路器控制主机（BCU），最终实现对直流断路器的监视功能。

断路器控保系统通过控制主机（BCU）与上层直流控保系统进行通信，BCU 与上层直流控保系统之间采用双冗余交叉光纤点对点通信方式来提高通信的可靠性。

任务八　示 范 应 用

案例一：张北 ±500kV 柔性直流输电示范工程

1．工程概况

张北 ±500kV 柔性直流输电示范工程（以下简称"张北柔直工程"）总投资 125 亿元，新建张北、康保、丰宁和北京 4 座换流站，额定电压为 ±500kV，额定输电能力为 450 万 kW，输电线路长度为 666km，是国网冀北电力服务绿色冬奥的"涉奥六大工程"之一。

2．工程特点

张北柔直工程的主要特点如下。

（1）技术创新。张北柔直工程采用了我国原创、领先世界的柔性直流电网新技术，创造了 12 项世界第一，是破解新能源大规模开发利用世界级难题的"中国方案"。

（2）网络特性。该工程是世界上首个真正具有网络特性的直流电网工程，实现了多点汇集、多能互补、时空互补、源网荷协同，有效解决了新能源发电的间歇性和不稳定性问题。

（3）绿色低碳。作为国网冀北电力服务绿色冬奥的"涉奥六大工程"之一，张北柔直工程显著提升了张家口新能源外送能力，为北京冬奥会等重大活动提供了可靠的清洁能源保障。

3．工程成就

张北柔直工程取得的成就如下。

（1）能源输送。至 2024 年 5 月，张北柔直工程已累计向京津冀地区输送超 300 亿 kW·h 绿电，约等于 820 余万户家庭一年的用电量。

（2）技术创新与突破。工程在柔性直流电网构建、直流断路器开发、电网稳定性控制等方面取得了重大突破，推动了我国电网技术和装备制造产业升级。

（3）社会效益。张北柔直工程不仅为京津冀地区提供了大量的清洁能源，还促进了当地经济发展和就业增长，为低碳奥运和京津冀协同发展做出了重要贡献。

4．未来展望

随着新能源产业的快速发展和电网互联需求的不断增加，张北柔直工程将继续在新能源接入、电网互联、智能电网建设等方面发挥重要作用。未来，该工程将进一步优化运行效率，提高供电可靠性，为推动我国能源绿色低碳转型和经济社会可持续发展做出更大贡献。

案例二：东莞交直流混合的分布式可再生能源示范工程

1．项目背景与概述

东莞交直流混合的分布式可再生能源示范工程（图 10-13），是广东电网公司东莞供电局负责建设管理的国家重点研发计划项目。该项目旨在通过交直流混合的分布式可再生能源技术，实现高比例分布式能源的高效接入和源网荷储的灵活互动，推动交直流混合配用电技术的广泛应用及更多工程落地。

2．项目特点与成就

项目的特点与成就如下。

（1）多场景应用。该项目是全国首个涵盖数据中心、工业园区、办公生活园区等多用能场景的交直流混合示范工程。这种多场景应用模式，不仅弥补了单一场景代表性不足的问题，还为未来推广应用提供了借鉴样本。

（2）高效接入与互动。项目实现了高比例分布式能源的高效接入和源网荷储的灵活互动需求，推动了配电网向集群组网、多维可控、源荷互动的新型交直流混合方向发展。

（3）技术创新。在项目中，东莞供电局首次提出并应用了基于电力电子变压器集群的配用电双级、交直流混联的网架结构，以及共直流和共高频交流母线的两种电力电子变压器。这些技术创新提升了系统效率和可靠性，推动了交直流关键设备由"多种设备组合"向"多功能集成应用"方向发展。

（4）高效转换与多能互补。项目通过多机集群运行实现系统能源的高效转换，利用云平台实现多点管控，提出了基于电力电子变压器的协调控制策略、集群优化控制策略以及多能互补潮流优化运行策略，形成了多层级、多时空尺度、多能协调的控制架构。

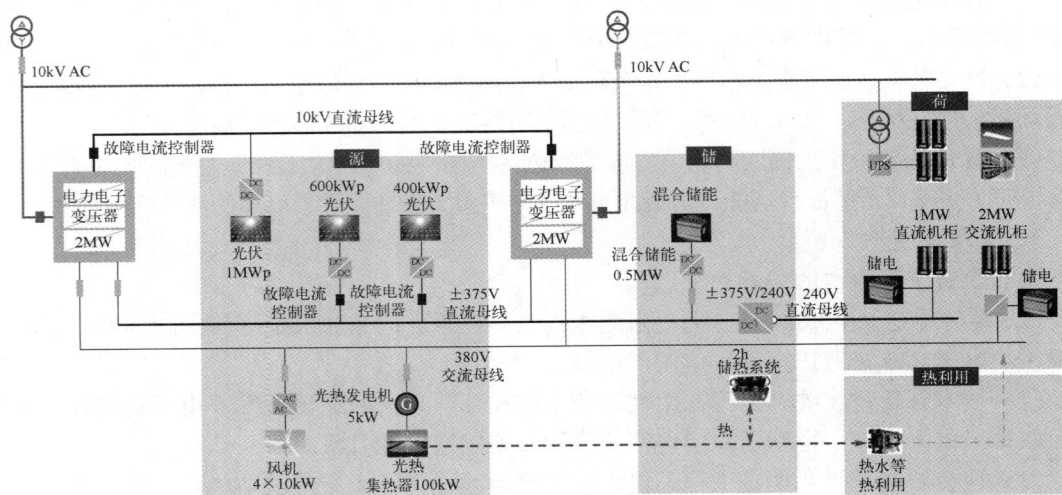

图 10-13　东莞交直流混合的分布式可再生能源示范工程示意图

3．项目影响与贡献

项目的影响与贡献如下。

（1）推动能源转型。项目助力粤港澳大湾区城市能源转型，带动了智能电网的进步和发展，为实现绿色低碳发展提供了有力支持。

（2）技术示范与引领。项目成果整体获得国际领先水平，为中国乃至全球的交直流混合配用电技术发展提供了重要参考和借鉴。

（3）经济效益与社会效益。项目的成功实施不仅提升了电网的可靠性和效率，还促进了新能源的消纳和利用，为经济社会发展提供了清洁、高效的能源保障。

4．未来展望

随着新能源产业的快速发展和电网互联需求的不断增加，东莞交直流混合的分布式可再生能源示范工程将继续发挥其示范引领作用。未来，东莞供电局将积极推动新型配用电系统成套解决方案的商业化应用，支撑以新能源为主体的新型配用电系统更快发展，助力早日实现碳达峰、碳中和目标。

习题与思考题

10-1　新型电力系统的典型特征是什么？

10-2　新型电力系统的组成有哪些？

10-3　多端口电力电子变压器的特点及优点是什么？

10-4　低压多端口电能路由器的作用有哪些？

10-5　三端口直流断路器与传统断路器的区别有哪些？

10-6　直流断路器保护控制系统配置有哪些特点？

学习情境十一　电气二次回路图认知

通过本情境的学习掌握相关的电气二次基本知识、二次接线常用的图形符号以及二次接线图中常用的文字符号；理解二次接线图的三种表示方法。

对一次设备进行测量、保护、监视、控制和调节的设备称为二次设备，它包括测量仪表、继电保护、控制和信号装置等。二次设备通过电压互感器和电流互感器与一次设备相互关联。

二次回路是由二次设备组成的回路，它包括交流电压回路、交流电流回路、断路器控制和信号直流回路、继电保护回路以及自动装置直流回路等。二次接线图是用二次设备特定的图形符号和文字符号来表示二次设备相互连接情况的电气接线图。

二次接线图的表示法有三种：①归总式原理接线图；②展开接线图；③安装接线图。它们的功用各不相同。

任务一　认知原理接线图

在归总式原理接线图（简称原理图）中，有关的一次设备及回路同二次回路一起画出，所有的电器元件都以整体形式表示，且画有它们之间的连接回路，10kV 线路过电流保护原理接线图如图 11-1 所示。这种接线图的优点是能够使看图者对二次回路的原理有一个整体概念。

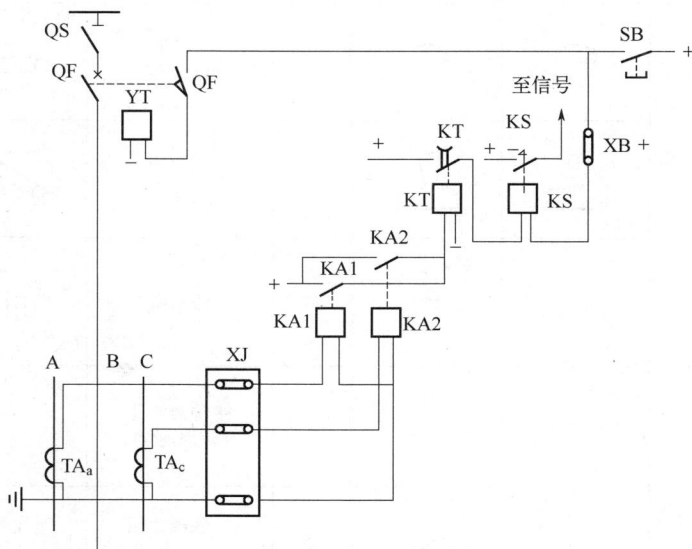

图 11-1　10kV 线路过电流保护原理接线图

KA1，KA2—接于交流 A 相（第一相）和 C 相（第三相）的交流电流继电器；

KT—时间继电器；KS—信号继电器；YT—断路器 QF 的跳闸线圈；

XJ—测试插孔；XB—连接片；SB—断路器跳闸试验按钮

　　无论是原理图，还是后面要讲的展开接线图和安装接线图，其上的图形符号和文字符号都是按国家标准规定画（列）出的。目前我国电力设计和运行中有两套主流版本的文字和图形符号标准在广泛使用，一个是 1964 年推出的 GB 312—1964 图形符号标准和 GB 315—1964 文字符号标准，另一个是正在逐步推广的 GB 7159—1987 文字符号标准、GB/T 4728—1996 和 DL 5028—1993 电气工程制图标准。二次接线图常用图形符号新旧对照表见表 11-1，常用文字符号新旧对照表见表 11-2。

表 11-1　　　　　　　　　　二次接线图常用图形符号对照表

序号	名称	图形符号		序号	名称	图形符号	
		新	旧			新	旧
1	继电器			11	延时闭合的常开触点		
2	过流继电器	$I>$		12	延时闭合的常闭触点		
3	欠压继电器	$U<$		13	延时断开的常闭触点		
4	气体继电器			14	延时断开的常开触点		
5	电铃			15	接通的连接片		
6	电喇叭			16	断开的连接片		
7	按钮开关（动合）			17	熔断器		
8	按钮开关（动断）			18	接触器常开（动合）触点		
9	常开触点			19	接触器常闭（动断）触点		
10	常闭触点			20	位置开关常开触点		

续表

序号	名称	图形符号 新	图形符号 旧	序号	名称	图形符号 新	图形符号 旧
21	位置开关 常闭触点			24	切换片		
22	非电量常开 (动合)触点			25	指示灯		
23	非电量常闭 (动断)触点			26	蜂鸣器		

注 元件不带电（或断路器未合闸）时的状态为"常态"。

表 11-2　　　　　　　　　　　二次接线图常用文字符号新旧对照表

序号	元件名称	新符号	旧符号	序号	元件名称	新符号	旧符号
1	电流继电器	KA	LJ	20	一般信号灯	HL	XD
2	电压继电器	KV	YJ	21	红灯	HR	HD
3	时间继电器	KT	SJ	22	绿灯	HG	LD
4	中间继电器	KC	ZJ	23	光字牌	HL	GP
5	信号继电器	KS	XJ	24	蜂鸣器	HA	FM
6	温度继电器	KT	WJ	25	电铃	HA	DL
7	瓦斯继电器	KG	WSJ	26	按钮	SB	AN
8	继电保护出口 继电器	KCO	BCJ	27	复归按钮	SB	FA
9	自动重合闸 继电器	KRC	ZCJ	28	音响信号解除 按钮	SB	YJA
10	合闸位置继电器	KCC	HWJ	29	试验按钮	SB	YA
11	跳闸位置继电器	KCT	TWJ	30	连接片	XB	LP
12	闭锁继电器	KCB	BSJ	31	切换片	XB	QP
13	监视继电器	KVS	JJ	32	熔断器	FU	RD
14	脉冲继电器	KM	XMJ	33	断路器及其 辅助触点	QF	DL
15	合闸线圈	YC	HQ				
16	合闸接触器	KM	HC	34	隔离开关及其 辅助触点	QS	G
17	跳闸线圈	YT	TQ				
18	控制开关	SA	KK	35	电流互感器	TA	LH
19	转换开关	SM	ZK	36	电压互感器	TV	YH

图 11-1 蕴含的原理是：当线路发生短路或过负荷时，至少流经 A 相和 C 相电流互感器之一的二次侧电流显著增大，当超过电流继电器 KA1 或 KA2 的定值时，KA1 或 KA2（有时二者同时）动作，致使其常开触点闭合，从而使时间继电器 KT 线圈通电。在经历 KT 所整定的延时动作时间后，KT 的常开延时闭合触点合上，又因断路器现处合闸位置，故其常开辅助触点在合位，这样 KS 和 YT 动作，从而引起 QF 跳闸，并由 KS 发跳闸信号，以便于值班员确定保护已动作。

从图 11-1 中可以看出，一次设备和二次设备都以完整的图形符号表示出来，能使我们对整套保护装置的工作原理有一个整体概念。但是这种图存在许多缺点：①只能表示继电保护装置的主要元件，而对细节之处无法表示；②不能表明继电器之间接线的实际位置，不便于维护和调试；③没有表示出各元件内部的接线情况，如端子编号、回路编号等；④标出的直流"+""−"极符号多而散，不易看图；⑤对于较复杂的继电保护装置，很难表示，即使画出了图，也很难让人看清楚。

图 11-1 只是一个简化图，实际 10kV 线路可能还配有电流速断保护和重合闸，用原理图表示起来会显得很繁乱。因此，原理接线图主要用于体现继电保护和自动装置的一般工作原理和装置的构成，无法说明各元件之间的（接线端子和回路）具体的连接情况。这样，原理图的用途是有限的，而展开接线图和安装接线图被广泛地用于发电厂、变电站的电气设计与施工中。

任务二　认知展开接线图

展开接线图简称展开图，在展开图中各元件被分解成若干部分。例如，图 11-1 所示的 10kV 线路过流保护原理接线图可用展开图表示为图 11-2。

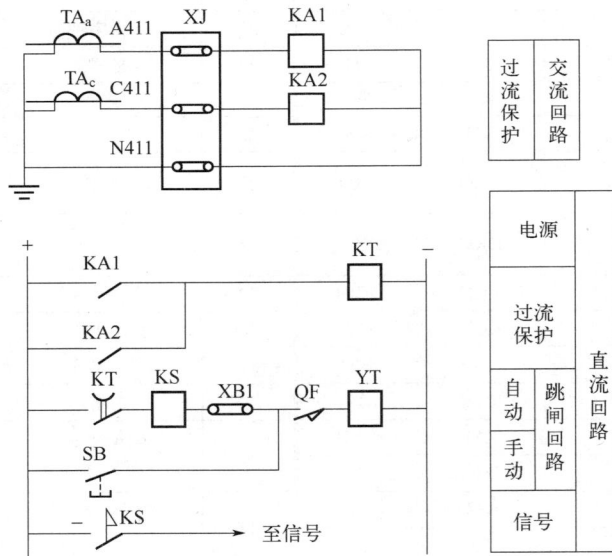

图 11-2　10kV 线路过电流保护展开接线图

由图 11-2 可见，元件的线圈、触点分散在交流回路和直流回路中，故分别叫作交流回路展开图（包括交流电流回路展开图和交流电压回路展开图）和直流回路展开图。

在展开图中，无论元件、线圈和触点等都应按规定的文字符号进行注明，以便看出它们的功能。将回路中的电源、按钮、触点、线圈等元件的图形符号依电流通过的方向，由左至右、由上至下顺序排列起来，最后便构成完整的展开图。在图的右侧，配有文字说明回路的作用，可帮助了解回路的动作过程。通过图 11-2 同样能说明当 10kV 线路短路或过负荷时，过流保护动作跳闸的过程。由于展开图条理清晰，能一条一条地检查和分析，因此实际中用得最多。

展开图具有如下优点：①容易跟踪回路的动作顺序；②在同一个图中可清楚地表示某一次设备的多套保护和自动装置的二次接线回路，这是原理图难以做到的；③易于阅读，容易发现施工中的接线错误。

任务三　了解安装接线图

安装接线图用来表明二次接线的实际安装情况，是控制屏（台）制造厂生产加工和现场安装施工用图，是根据展开接线图绘制的。安装接线图包括屏面布置图、屏背面接线图和端子排图。

1．屏面布置图

（1）按一定的比例绘出屏上各设备的安装位置、外形尺寸及中心线的尺寸，并附有设备表，以便制造厂备料和安装加工，是正视图。

（2）图中各设备的排列位置和相互间尺寸要和实际相符。

2．屏背面接线图

屏背面接线图（背视图）表明屏内各设备之间的连接情况以及和端子排的连接情况，标明各设备的代号、安装单位和型号规格，较复杂的设备应绘出设备内部接线图。

3．端子排图

端子排图（背视图）是表明屏内设备和屏外设备的连接关系以及屏上需要装设的端子的类型、数目以及排列顺序的图。

安装接线图是最具体的施工图，除典型的成套装置外，订货单位向制造厂家订购控制屏（台）时，必须提供展开接线图、屏面布置图和端子排图，作为厂家制造产品的依据。一般屏背面接线图由制造厂绘制，并随产品一起提供给订货单位。

习题与思考题

11-1　什么是二次回路？

11-2　二次接线图分为哪几种？各有何用途？

11-3　安装接线图可分为哪几种？

学习情境十二　断路器控制回路分析

通过本情境的学习，了解断路器的控制方式及断路器控制回路应满足的要求，掌握断路器基本控制回路图的分析方法。

任务一　断路器控制回路概述

在发电厂和变电站内，对高压配电装置中断路器分合闸操作的控制，按控制地点可分为就地控制和集中控制两种。就地控制就是操作人员在断路器安装地附近，直接操作断路器的手动操动机构或主令开关来完成分合闸任务。集中控制就是集中在主控室内进行控制，它分为手动控制和自动控制两种，这些被控制的断路器与主控室之间的距离，一般约几十米到几百米，因此，集中控制也称"距离控制"和"远方控制"。为了提高运行的可靠性和改善工作条件，现代发电厂和变电站的断路器都是在主控室内进行集中控制的。在几十乃至上千米的远方电力调度室，通过远动设备、通信设备对发电厂和变电站内的断路器进行远方控制，这种控制方式又称为遥控。

断路器的控制，通常是通过电气回路来实现的，为此必须有相应的二次设备。在主控制室的控制平台上，应有能发出分合闸命令的控制开关和按钮，在断路器上应有执行命令的操动机构，即分合闸线圈。控制开关和操动机构之间是通过控制电缆连接起来的。

完成断路器分合闸任务的电气回路称控制回路。控制回路按操作电源的种类，可分为直流操作和交流操作（含整流操作）两种类型。直流操作一般采用蓄电池组供电；交流操作一般由电流互感器、电压互感器或所用变压器供电。

断路器的控制回路，按照断路器的型式、操动机构的类型以及运行上的不同要求而有所差别，但其基本接线却是相似的，即断路器的控制回路必须完整、可靠，因此应满足下面一些要求。

（1）应能监视控制回路保护装置（熔断器）及其分合闸回路完好性，以保证断路器的正常工作，通常采用灯光监视的方式。

（2）断路器操动机构中的分合闸线圈是按短时通电设计的，故在分合闸操作完成后，应能使命令脉冲解除，即能断开分合闸的电源，以防分合闸线圈长时间通电。

（3）应能指示断路器正常分合闸的位置状态，并在自动合闸和自动跳闸时有如前所述的明显指示信号。通常用红、绿灯的常亮来指示断路器的合闸和分闸的正常位置，而用红、绿灯的闪光来指示断路器的自动合闸和跳闸。

（4）断路器的事故跳闸回路，应按"不对应原理"接线。当断路器采用手动操动机构时，利用手动操动机构的辅助触点与断路器的辅助触点构成"不对应"关系，即操动机构（手柄）在合闸位置而断路器已跳闸时，发出事故跳闸信号。当断路器采用电磁操动机构时，则利用控制开关的触点与断路器的辅助触点构成"不对应"关系，即控制开关（手柄）在合闸位置而断路器已跳闸时，发出事故跳闸信号。

（5）对有可能出现不正常工作状态或故障的设备，应装设预告信号。预告信号应能使控制室的中央信号装置发出音响和灯光信号，并能指示故障地点和性质。通常用电铃做预告音响信号，用电笛做事故音响信号。

（6）无论断路器是否带有机械闭锁，都应具有防止多次分合闸的电气"防跳"措施。

（7）采用气压、液压、弹簧操动机构和 SF_6 断路器时，应有压力是否正常、弹簧是否拉紧到位的监视回路和闭锁回路。

（8）对于分相操作的断路器，应有监视三相位置是否一致的措施。

（9）接线应简单可靠，使用电缆心数应尽量少。

任务二　常用控制开关

断路器控制开关是控制回路中的控制元件，控制开关或控制按钮由运行人员直接操作，发出命令脉冲，使断路器分合闸。发电厂和变电站一般采用 LW 系列控制开关，下面介绍 LW2 型自动复位控制开关。

1. LW2 型控制开关的结构

LW2 型控制开关的结构如图 12-1 所示。

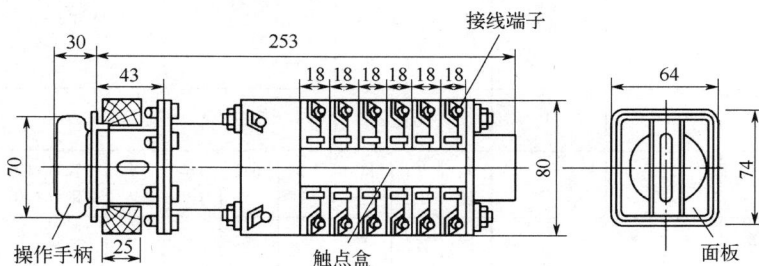

图 12-1　LW2 型控制开关的结构（单位：mm）

图 12-1 中，控制开关正面为一个操作手柄和面板，安装在控制屏（台）前。与手柄固定连接的转轴上有数节触点盒，安装在控制屏后。每个触点盒内有 4 个定触点和 1 个动触点。定触点分布在盒的四角，盒外有供接线用的四个接线端子。动触点根据凸轮和簧片形状以及在转轴上安装的初始位置可组成 14 种型式的触点盒，其代号为 1、1a、2、4、5、6、6a、7、8、10、20、30、40、50，如表 12-1 所示。

表 12-1　　　　　　　　　　　　LW2 型控制开关的触点盒形式

手柄位置		触点盒型式													
		灯	1、1a	2	4	5	6	6a	7	8	10	20	30	40	50
⊟	←														
⊡	↑														
⊘	↗														
⊡	↑														

手柄位置	触点盒型式													
	灯	1、1a	2	4	5	6	6a	7	8	10	20	30	40	50
⊖ ←														
⊘ ↙														

注　控制开关前视触点号顺序为 ₀²₀⁴ / ₀³₀⁴ 。

表 12-1 中的 1、1a、2、4、5、6、6a、7、8 型触点是随轴转动的动触点；10、40、50 型触点在轴上有 45° 的自由行程；20 型触点在轴上有 90° 的自由行程；30 型触点在轴上有 135° 的自由行程。具有自由行程的触点切断能力较小，只适合于信号回路。

2．控制开关的触点图表

表明控制开关的操作手柄在不同位置时，触点盒内各触点通断情况的图表称为触点图表，见表 12-2。

表 12-2　LW2-Z-1a、LW2-Z-4、LW2-Z-6a、LW2-Z-40、LW2-Z-20 型控制开关的触点图表

在"跳闸后"位置的手柄（正面）的样式和触点盒（背面）的接线图														
手柄和触点盒型式	F8	1a		4		6a			40			20		20
触点号位置	—	1-3	2-4	5-8	6-7	9-10	9-12	11-10	14-13	14-15	16-13	19-17	17-18	18-20	21-23	21-22	22-24
跳闸后 ▭●	—	—	●	—	—	—	—	●	—	—	—	—	—	●	—	—	●
预备合闸 ▯		●	—	—	●	—	●	—	●	—	—	●	—	—	●	—	—
合闸 ◪		—	—	●	—	—	—	—	—	●	—	—	●	—	—	●	—
合闸后 ▯		●	—	—	●	—	●	—	●	—	—	●	—	—	●	—	—
预备跳闸 ●▭		—	●	—	—	—	—	●	—	—	●	—	—	●	—	—	●
跳闸 ◪		—	—	—	●	●	—	—	—	—	●	—	—	—	—	●	—

注　"●"表示接通；"—"表示未接通。

表 12-2 是 LW2-Z-1a、LW2-Z-4、LW2-Z-6a、LW2-Z-40、LW2-Z-20 型控制开关的触点图表，表中，F8 表示面板与手柄的型式（F—方型面板；O—圆型面板；1～9 九个数字表明手柄型式）。

表 12-2 表明，此种控制开关有两个固定位置（垂直和水平）和两个操作位置（由垂直位置再顺时针转 45° 和由水平位置再逆时针转 45°）。由于具有自由行程，所以控制开关的触点位置共有六种状态，即"预备合闸""合闸""合闸后""预备跳闸""跳闸""跳闸后"。操作方法为：当断路器为断开状态，操作手柄置于"跳闸后"的水平位置，需进行合闸操作时，首先将手柄顺时针转 90° 至"预备合闸"位置，再旋转 45° 至"合闸"位置，此时 4 型触点盒中的触点 5-8 接通，发出合闸脉冲。断路器合闸后，松开手柄，操作手柄在复位弹簧作用下，自动返

回至"合闸后"的垂直位置。进行跳闸操作时，是将操作手柄从"合闸后"的垂直位置逆时针旋转 90°至"预备跳闸"位置，再继续旋转 45°至"跳闸"位置，此时 4 型触点盒中的触点 6-7 接通，发出跳闸脉冲。断路器跳闸后，松开手柄使其自动复归至"跳闸后"的水平位置。这样，分合闸操作分两步进行，可以防止误操作。

在断路器的控制信号电路中，表示触点通断情况的图形符号如图 12-2 所示，图中六条垂直虚线表示控制开关手柄的六个不同的操作位置，即 PC（预备合闸）、C（合闸）、CD（合闸后）、PT（预备跳闸）、T（跳闸）、TD（跳闸后），水平线即端子引线，水平线下方位于垂直虚线上的粗黑点表示该对触点在此位置是闭合的。

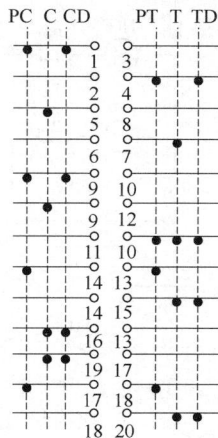

图 12-2　LW2-Z-1a、LW2-Z-4、
LW2-Z-6a、LW2-Z-40、
LW2-Z-20 型控制开关

3．LW2-W-2/F6 型控制开关

此控制开关位自复式，具有一个垂直位置和两个操作位置（顺时针或逆时针旋转 45°），其触点图表如表 12-3 所示。在进行合闸操作时，将控制开关操作手柄顺时针旋转 45°至"合闸"位置，控制开关的 2 型触点盒 2-4 触点接通，发出合闸信号，使断路器合闸。断路器合闸后，松开控制开关操作手柄，控制开关操作手柄自动复位至垂直位置。在进行跳闸操作时，将控制开关操作手柄逆时针旋转 45°至"跳闸"位置，控制开关的 2 型触点盒 1-3 触点接通，发出跳闸信号，使断路器跳闸。断路器跳闸后，松开控制开关操作手柄，控制开关操作手柄自动复位至垂直位置。

表 12-3　　　　　　　　　LW2-W-2/F6 型控制开关的触点图表

在中间位置手柄（正视）和触点盒（背视）位置	跳 合	o1　　o2 ⊢──o──┤ o4　　o3	
手柄和触点盒型式	F6	2	
触点号　　位置	—	1-3	2-4
中间		—	—
合闸		—	●
跳闸		●	—

此种控制开关由于结构简单、操作简便，控制回路接线大大简化，在小型发电厂、变电站的断路器控制回路得到了广泛应用。

任务三　常用断路器控制回路

一、手动操动机构的断路器的控制和信号回路

采用手动操作的断路器的控制和信号回路，如图 12-3 所示。

合闸时，推上操作手柄使断路器合闸。这时断路器的辅助触点 QF3-4 闭合，红灯 HR 亮，指示断路器已经合闸通电。由于有红灯 HR 的电阻及限流电阻 R_2，跳闸线圈 YT 虽有电流通过，但电流很小，不会跳闸。红灯 HR 亮，还表示跳闸回路及控制回路电源的熔断器 FU1 和 FU2 是完好的，即红灯 HR 同时起着监视跳闸回路完好性的作用。

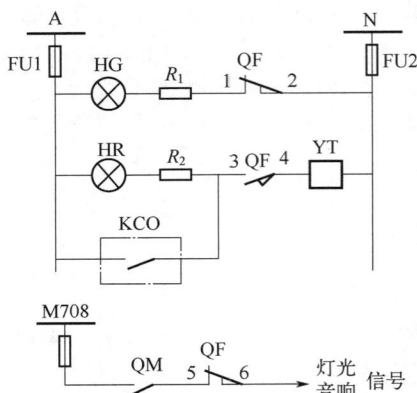

图 12-3　手动操作的断路器的
控制和信号回路

A、N—交流控制小母线；M708—信号小母线；
HG—绿色指示灯；HR—红色指示灯；
R_1、R_2—限流电阻；YT—跳闸线圈
（脱扣器）；KCO—出口继电器触点；
QF1、QF6—断路器 QF 的辅助触点；
QM—手动操动机构的辅助触点；
FU1、FU2—电源熔断器；QF_{1-2}、
QF_{34}、QF_{56} 断路器 QF 的辅助接点

分闸时，扳下操作手柄使断路器分闸。这时断路器的辅助触点 QF3-4 断开，切断跳闸回路，同时辅助触点 QF1-2 闭合，绿灯 HG 亮，指示断路器已经分闸断电。绿灯 HG 亮，还表示控制回路电源的熔断器 FU1 和 FU2 是完好的，即绿灯 HG 起着监视控制回路完好性的作用。

在正常操作断路器分、合闸时，由于操动机构辅助触点 QM 与断路器辅助触点 QF5-6 是同时切换的，所以事故信号回路（信号小母线 WS 所供的回路）总是断路的，不会错误地发出灯光、音响信号。

当一次电路发生短路故障时，继电保护装置动作，其出口继电器触点 KCO 闭合，接通跳闸回路（QF3-4 原已闭合），使断路器跳闸。随后 QF3-4 断开，红灯 HR 灭，并切断 YT 的电源；同时 QF1-2 闭合，绿灯 HG 亮。这时操动机构的操作手柄虽然在合闸位置，但其黄色指示牌下掉，表示断路器自动跳闸。在信号回路中，由于操作手柄仍在合闸位置，其辅助触点 QM 闭合，而断路器已事故跳闸，QF5-6 返回闭合，因此事故信号接通，发出灯光和音响信号。当值班员得知事故跳闸信号后，可将断路器操作手柄扳下至分闸位置，这时黄色指示牌随之返回，事故灯光、音响信号也随之解除。

控制回路中分别与指示灯 HG 和 HR 串联的电阻 R_1 和 R_2，除了具有限流作用外，还有防止指示灯座短路时造成控制回路短路，避免断路误跳闸或误合闸的作用。

二、采用弹簧操动机构的断路器的控制和信号回路

弹簧操动机构是利用预先储能的合闸弹簧释放能量，使断路器合闸。合闸弹簧由交直流两用电动机拖动储能，也可手动储能。由于其能量消耗低、无渗漏、环境适应性强，近年来得到了广泛应用，尤其在 126kV 及以下电压等级的高压断路器中应用较多，252kV 开关中的使用量也在不断增加，550kV 开关也早有应用。

采用 CT7 型弹簧操动机构的断路器的控制和信号回路，其控制开关采用 LW2 或 LW5 型万能转换开关。

1．灯光监视的断路器控制及信号电路分析

弹簧操作灯光监视的断路器控制及信号电路图，如图 12-4 所示。该图控制电压为-220V 或-110V。该电路图适应于直流电源为镍镉电池或免维护铅酸蓄电池直流屏的发电厂和变电站中的断路器控制及信号系统。

该电路图具有以下特点。

（1）当断路器无自动重合闸装置时，在其合闸回路中串有操动机构的辅助动合触点 Q1，只有在弹簧拉紧到位，Q1 闭合后，才允许合闸。

（2）当弹簧未拉紧时，操动系统的两对辅助动断触点 Q2 闭合，起动触能电机 M，使合

闸弹簧拉紧。弹簧拉紧后，两对动断触点 Q2 断开，合闸回路中的辅助动合触点 Q1 闭合，电动机 M 停止转动。此时，进行手动合闸操作，合闸线圈 YC 带电，使断路器 QF 利用弹簧存储的能量进行合闸。合闸弹簧在释放能量后，又自动储能，为下一次动作做准备。

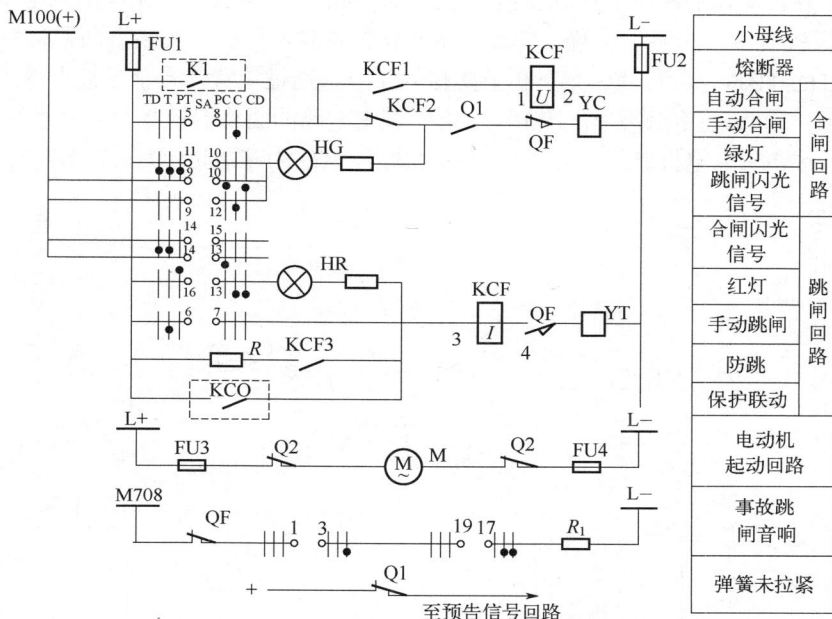

图 12-4 弹簧操作灯光监视的断路器控制及信号电路图

（3）当断路器装有自动重合闸装置时，由于合闸弹簧正常运行处于储能状态，所以能可靠地完成一次重合闸动作。如果重合不成功又跳闸，将不能进行第二次重合，但为了保证可靠"防跳"，电路中仍有防跳措施。

（4）当弹簧未拉紧时，操动机构的辅助动断触点 Q1 闭合，发出"弹簧未拉紧"信号。

2. 断路器的电气"防跳跃"原理分析

所谓"防跳跃"，是指断路器在手动或自动装置动作合闸后，如果操作控制开关未复归或控制开关触点、自动装置触点卡住，断路器将发生再合闸。因为线路上的故障未消除，继电保护装置又动作于跳闸，从而出现多次"跳-合"现象。这种现象称为断路器的"跳跃"。

断路器如果发生多次"跳跃"，将造成断路器的开断能力下降，甚至引起爆炸事故。所谓"防跳"，就是利用操动机构本身的机械闭锁或另外在操作回路上采取措施防止这种"跳跃"现象的发生，防止"跳跃"的目的是保护断路器。

断路器的"串联防跳"接线如图 12-4 所示。图中 KCF 为专设的"防跳"继电器。如果控制开关位于"合闸后"的位置，SA5-8 触点接通，使断路器合闸后，如果保护动作，保护出口继电器 KCO 的动合触点闭合，使断路器跳闸，此时 KCF 的电流线圈带电，其触点 KCF1 闭合。如果合闸信号未解除（例如控制开关未复归，其触点 SA5-8 仍接通或 SA5-8 触点卡住），则 KCF 的电压线圈自保持，其触点 KCF2 断开合闸接触器回路，使断路器不能再合闸。只有合闸信号解除，KCF 的电压线圈断电后接线才能恢复原来的状态。

若断路器辅助触点 QF 断开较慢，保护出口继电器 KCO 复归，其触点便会先切断跳闸回路电流，从而使 KCO 触点烧坏，即 L+→FU1→R→KCF3→KCF$_{3-4}$ 电流线圈→QF→YT→L-。并接 KCF3 后就可以避免这个问题。

3．微机保护弹簧操作的断路器控制及信号电路分析

微机保护弹簧操作的断路器控制及信号电路图，如图 12-5 所示。操作电源电压为 220V 或 110V，操作机构自带"妨跳"装置，防跳采用断路器本身，保护测控装置防跳需解除。需短接保护操作插件的 TBJV 接点。DS 为微机五防接入接点，通过位置信号辅导接点输入测控装置，实现信号指示。因此，该电路适用于 10～35kV 馈电线路的断路器控制及信号系统。图中 SA1 为组合开关，接通时为电机储能，切断时为手动储能，XD 为储能指示灯，XD 亮表明储能结束。

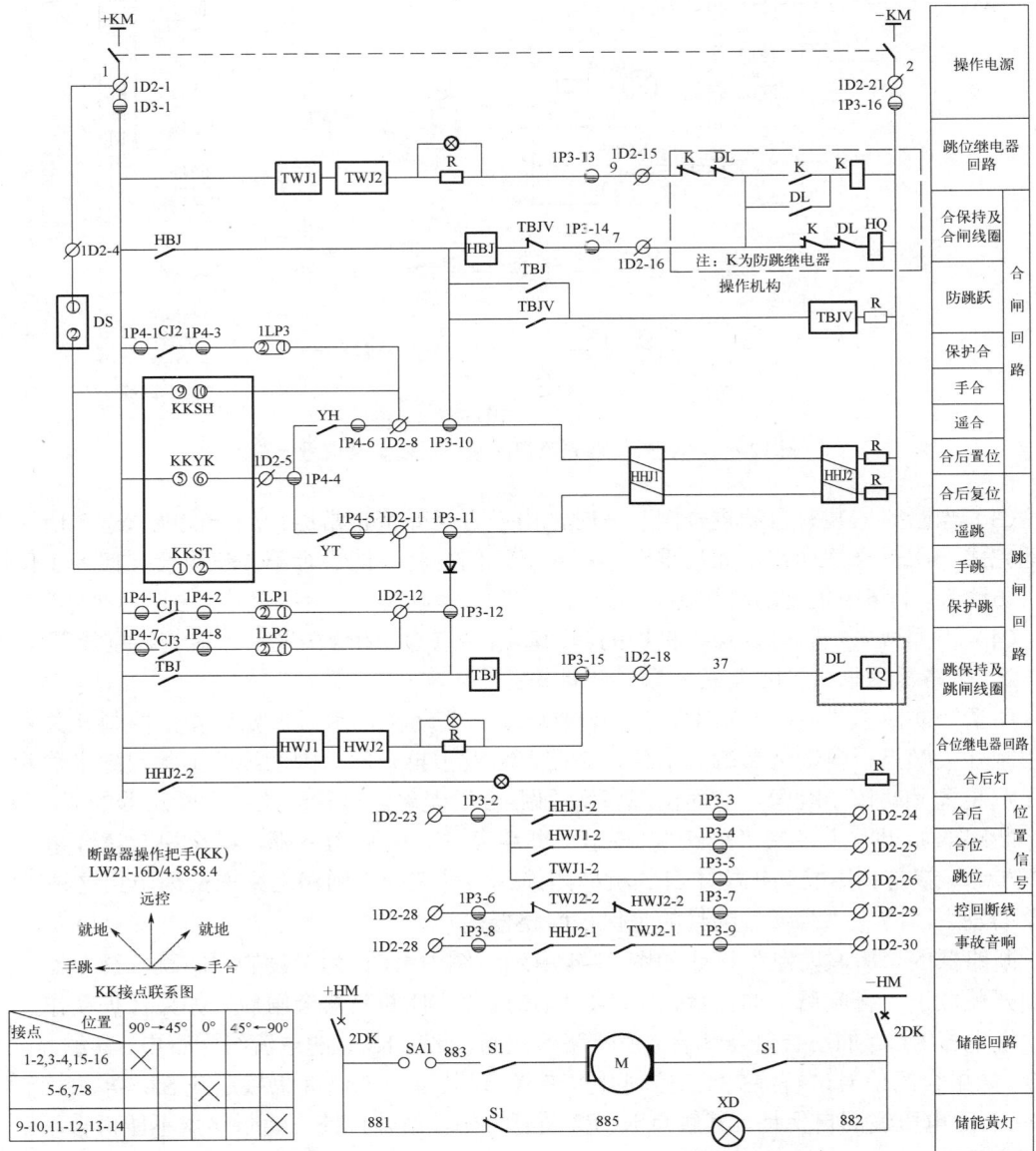

注：防跳采用断路器本身,保护测控装置防跳需解除! 需短接操作插件 WB740B 上的 TBJV 接点。

图 12-5　微机保护弹簧操作的断路器控制及信号电路图

习题与思考题

12-1　发电厂、变电站断路器控制方式有哪些？断路器控制回路应满足哪些基本要求？

12-2　常用断路器控制开关有哪些？有何结构特点？断路器操动机构有哪些？

12-3　断路器为什么要采用防跳装置？防跳装置应满足什么要求？跳跃闭锁继电器如何起到防跳作用？

12-4　常用的弹簧操作灯光监视的断路器控制及信号电路图有哪几种？其动作过程是怎样的？

12-5　试述微机保护弹簧操动机构断路器控制回路的特点。

12-6　断路器的灯光位置信号是利用什么原理实现的？

12-7　微机保护的断路器控制及信号回路与弹簧操作灯光监视的断路器控制及信号电路的主要区别是什么？其优点是什么？

学习情境十三　安　装　接　线　图

　　理解二次回路编号的目的、原则及交直流回路、控制电缆编号的特点；熟悉各种屏的构成和布置要求；掌握端子排的分类、用途、表示方法和设计原则；掌握屏背面接线图的表示方法、画法并学会熟练看图。

　　二次安装接线图是供二次回路安装用的施工图纸，也是订货时必须向制造厂家提供的图纸，是现场安装校验及运行检修所不可缺少的重要资料。二次安装接线图包括二次回路原理展开图、屏面布置图和端子排图。

任务一　二次回路编号

　　为了便于安装施工和运行后进行维护检修，在展开接线图中应进行回路编号。回路编号是指二次设备之间直接连接的导线的编号。通过回路编号还能了解该回路的用途和性质。

　　二次回路的编号原则是遵循等电位原则。所谓"等电位原则"就是在电气回路中接于一点的全部导线都用同一个编号表示。当回路经过开关或继电器触点等隔开后，因为触点断开时两端已不是等电位，所以应给予不同的编号。

　　1. 直流回路的编号

　　直流回路的数字编号组见表 13-1。回路编号通常由三个及以下的数字组成。表 13-1 中文字 Ⅰ～Ⅳ 表示四个编号组，每一组用于由一对熔断器引下的控制回路编号，例如三绕组变压器每一侧装一台断路器，其符号分别为 QF1、QF2 和 QF3，则对每一台断路器的控制回路应取相对应的编号，如 QF1 取 101～199，QF2 取 201～299，QF3 取 301～399。

表 13-1　　　　　　　　　　　　　直流回路的数字编号组

回路名称	数字编号组			
	Ⅰ	Ⅱ	Ⅲ	Ⅳ
正电源回路	1	101	201	301
负电源回路	2	102	202	302
合闸回路	3～31	103～131	203～231	303～331
绿灯或合闸回路监视继电器回路	5	105	205	305
跳闸回路	33～49	133～149	233～249	333～349
红灯或跳闸回路监视继电器回路	35	135	235	335
备用电源自动合闸回路	50～69	150～169	250～269	350～369
开关设备的位置信号回路	70～89	170～189	270～289	370～389
事故跳闸音响信号回路	90～99	190～199	290～299	390～399
保护回路	01～099（或 J1～J99）			
机组自动控制回路	401～599			
发电机励磁回路	601～699			
信号及其他回路	701～799			

　　直流回路的编号方法是：先从正电源出发，以奇数顺序编号，直到最后一个有压降的元

件为止。若最后一个有压降的元件后面还有不是直接接在负电源上，而是通过连接片、开关或继电器触点接在负电源上，则下一步应从负电源开始以偶数顺序编号直至上述元件为止。

对于不同用途的回路规定了编号数字的范围，对于一些重要的常用回路（如直流正负电源、跳合闸回路等）有着固定的编号。如：合闸回路的编号是3、103，跳闸回路的编号是33、133；红灯回路是35、135，绿灯回路是5、105等。

2．交流回路的编号

交流回路的数字编号组见表13-2。回路编号通常是由三个及以下的数字组成，为了区分相别在数字前还加上了A、B、C、N、L等文字符号。电压互感器和电流互感器二次编号有不同的编号范围。电流互感器的编号范围为401～599，电压互感器的编号范围为601～799。具体编号按一次接线中电流互感器和电压互感器的编号相对应来分组。如一条线路装设两组电流互感器，分别作为保护和测量用，互感器编号分别为TA1、TA2，则对TA1的二次回路的编号应取：A相为A411～A419、B相为B411～B419、C相为C411～C419；对TA2的二次回路的编号应取：A相为A421～A429、B相为B421～B429、C相为C421～C429，以此类推，每组互感器有9个号码。交流回路的编号不分奇数和偶数，从电源处开始按顺序编号。

与直流回路编号相同，对一些特殊回路或小母线通常有固定的编号。如电压互感器B相公共接地编号为B600；绝缘监察电压表的公用回路为700等。

在具体工程中，并不一定对二次回路中每个节点都进行编号，一般只对引至端子排的回路进行编号即可。同一屏内同一安装单位的设备之间的连接可不必编号，在屏背面接线图中有相应的标识方法。

表 13-2　　　　　　　　　　　　　交流回路的数字编号组

回路名称	互感器的文字符号	回路编号组				
		A 相	B 相	C 相	中性线（N）	零序（L）
保护装置及测量表计的电流回路	TA	A401～A409	B401～B409	C401～C409	N401～N409	L401～L409
	TA1	A411～A419	B411～B419	C411～C419	N411～N419	L411～L419
	TA2	A421～A429	B421～B429	C421～C429	N421～N429	L421～L429
	TA10	A501～A509	B501～B509	C501～C509	N501～N509	L501～L509
	TA19	A591～A599	B591～B599	C591～C599	N591～N599	L591～L599
保护装置及测量表计的电压回路	TV	A601～A609	B601～B609	C601～C609	N601～N609	L601～L609
	TV1	A611～A619	B611～B619	C611～C619	N611～N619	L611～L619
	TV2	A621～A629	B621～B629	C621～C629	N621～N629	L621～L629
	TV19	A791～A799	B791～B799	C791～C799	N791～N799	L791～L799
控制保护及信号回路绝缘监察电压表的公共回路		A1～A399 A700	B1～B399 B700	C1～C399 C700	N1～N399 N700	

3．小母线的编号

二次回路图中的小母线用粗实线表示，并注以文字符号或编号。部分小母线的文字符号和回路编号见表13-3。

表 13-3　　　　　　　　　　　　部分小母线的文字符号和回路编号

小母线名称	文字符号	回路编号
控制小母线	+WC、−WC 或 L+、L−	101、102；201、202；301、302；401、402
信号小母线	+WS、−WS 或+700、−700	701、702

小母线名称	文字符号	回路编号
事故信号小母线 （不发遥信时）	1WTS、2WTS 或 M707、M708	707、708
事故信号小母线 （用于直流屏）	WTS1 或 M728	728
事故信号小母线 （用于配电装置）	WTS2 或 M727	727
事故信号小母线 （发遥信时）	WTS3	808
预告信号小母线（瞬时）	1WPS、2WPS 或 M709、M710	709、710
预告信号小母线（延时）	3WPS、4WPS 或 M711、M712	711、712
闪光小母线	（+）WFS 或 M100（+）	100
合闸小母线	+WOM、−WOM 或 L+、L−	
（掉牌未复归）光字牌小母线	WAUX 或 M703、M716	703、716
同期闭锁小母线	1WSCB、2WSCB、3WSCB 或 M721、M722、M723	721、722、723
同步电压（运行系统）小母线	WOS_a、WOS_c 或 L1-620、L3-620	A620、C620
同步电压（待并系统）小母线	$WSTC_a$、$WSTC_c$ 或 L1-610、L3-610	A610、C610
同步电压（公共 B 相）小母线	WBV 或 L2-600	B600
转角小母线	WR_a、WR_b、WR_c 或 L1-790、L2-790 （L2-600）、L3-790	A790、B790（B600）、C790

4．编号举例

主变压器电流回路编号如图 13-1 所示，图中同一屏内设备之间的连接线，不需要经过端子进行连接，可以不编号。

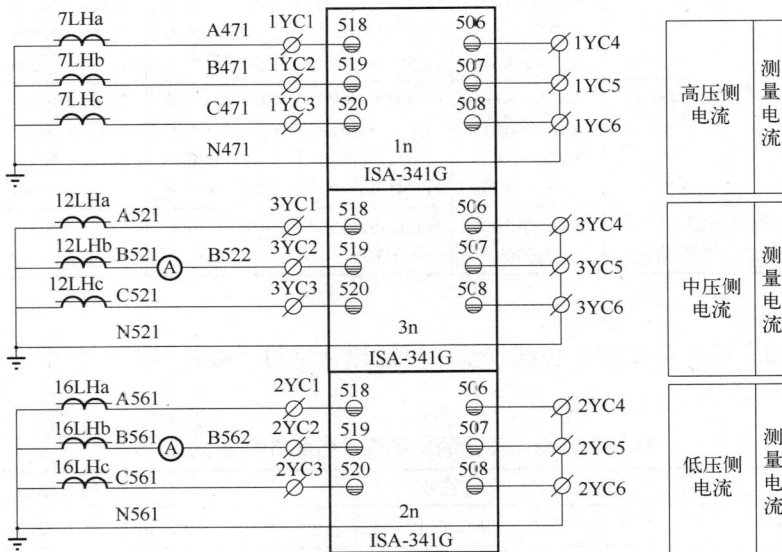

图 13-1　主变压器电流回路编号

任务二　屏面布置图

发电厂中的控制设备、继电保护、自动装置和仪表设备都要安装在各种屏（台）上。下面就介绍常用的几种屏（台）和屏面布置的要求。

1．屏的型式

（1）直立屏。直立屏应用最广，发电厂、变电所中的控制屏、保护屏、自动装置屏、电度表屏和各种仪表屏等均采用直立屏。直立屏的高度为 2360mm，屏深 550mm，宽度分为 800mm 和 600mm 两种，其中 800mm 者应用较多。

（2）直流屏。这种屏的外形尺寸与直立屏相同，专供直流系统用，一般布置在发电厂和变电所中控室内或单独的直流屏柜室内。

（3）控制台。控制设备除了安装在控制屏上之外，发电厂、变电所还采用桌式的控制台，便于运行人员在主控室进行集中控制。控制台台面倾斜 15°，台面宽 1200mm 左右，台面长度可根据实际需要做成各种尺寸，台面上可以布置模拟线、开关、按钮和指示灯；台的立面部分可以布置各种仪表、模拟灯和同期装置等设备。

（4）边屏。边屏是用于封闭每一排最边上的屏的侧面的。一般屏高 2360mm，屏深 550mm，宽分为 60mm 和 100mm 两种，其中宽 100mm 的是专为安装同期小屏用的。

2．屏面布置要求

对各种屏（台）的设计、安装和布置的总体要求如下。

（1）便于监视，操作调节方便、安全。

（2）安装、检修调试简单易行。

（3）整体美观、清晰。

（4）适当紧凑、用屏量少。

3．控制屏的屏面布置图

通常，控制屏的布置从上到下分别是指示仪表、光字牌、转换开关、模拟线、红绿指示灯和控制开关等。

为了便于观察，指示仪表应力求与模拟线相对应。最低一排仪表中心线离地高度不低于 1500mm。为了便于操作，控制开关及按钮应布置在离地 800～1500mm 处。为确保操作准确、安全，操作设备（控制开关、同期开关和按钮）的位置应与模拟线相对应。

为了整齐美观，各屏之间相同的设备应布置在同一水平高度上。当仪表和光字牌在各屏上数量不同时，仪表应从上面取齐，光字牌应从下面取齐。

为了便于安装和检修，屏上设备之间应保持一定的距离，设备离屏边及台边至少要保留 50mm 距离，以便于接线和走线。

在离屏顶 160mm 的范围内不应布置仪表，因屏背面在此高度有安装电阻及小刀开关等的钢架。

为了节省用屏，在同一块屏上可以根据情况布置两个甚至多个安装单位，不同的安装单位一般按纵向划分，同类安装单位在屏面布置上应尽可能一致。

屏面布置图是一张比例图，图中所有设备都必须按比例画出，并应标出设备间的距离尺寸。

4．继电器屏的屏面布置图

继电器屏上主要装设继电器，布置时一般将调试工作量较小的简单继电器，如电流、电压、中间、时间等继电器布置在屏的上部；将调试工作量较大的复杂继电器，如阻抗、方向、差动、重合闸等继电器布置在屏的中部；将信号继电器、连接片和试验部件等布置在屏的下部。

同一块屏上有两个以上安装单位时，设备一般按纵向划分，相同安装单位应尽可能采用对称布置方式。

屏上设备布置应注意保持屏与屏间水平高度一致。各屏上的信号继电器最好布置在同一水平上，一般在离地面 740～870mm 范围内。

为安全起见，试验部件与连接片的最低中心线离地一般不低于 400mm。

继电器外壳之间应保持适当距离，以便于装卸外壳及进行试验，距离的大小与继电器的高度有关，对于普通继电器，水平距离应为 30～40mm 左右，垂直距离应为 50mm。

继电器离屏边的距离以及屏顶所留的空间部分与控制屏相同。

在屏面中心离地 250mm 处，应开一个直径为 50mm 的圆孔，以供调试时穿试验导线用。

110kV 线路保护测控屏的屏面及背面布置图如图 13-2 所示，从图中可以看到继电器屏面布置图的绘制方法。

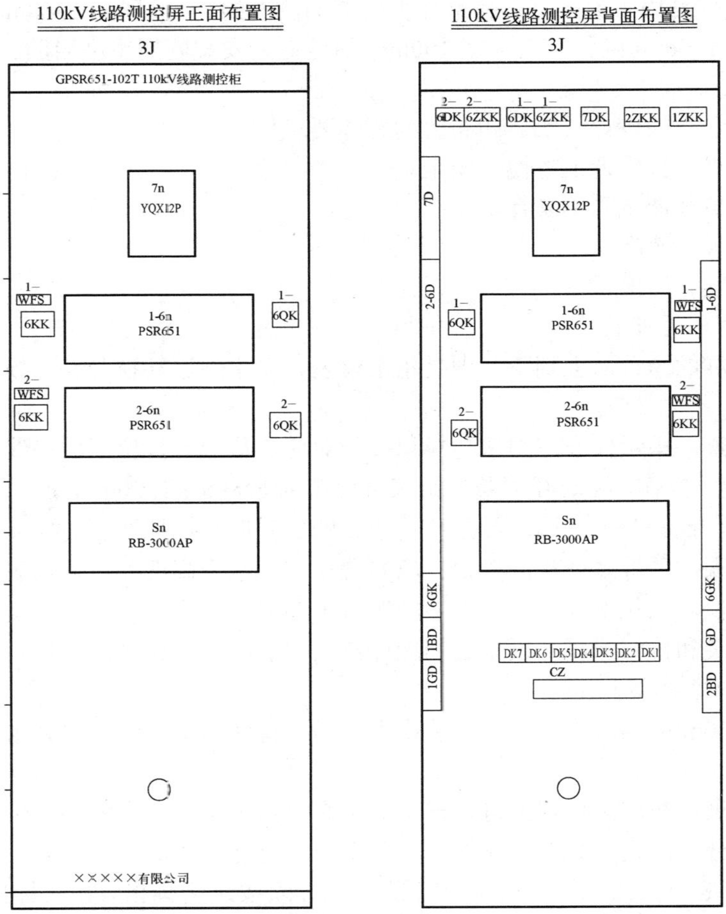

图 13-2　110kV 线路保护测控屏的屏面及背面布置图

任务三　端 子 排 图

二次回路中，不同屏的各设备之间、屏内与屏外之间应通过控制电缆及端子来连接。许多端子组合在一起称为端子排。

端子排图是表示屏上需要装设的端子数目、类型、排列次序以及端子与屏内设备及屏外设备连接情况的图纸。

1. 接线端子的分类及用途

接线端子（以下简称端子）是二次接线中不可缺少的配件。常用端子的种类及用途见表 13-4。

表 13-4　　　　　　　　　　　　常用端子的种类及用途

序号	种类	特点及用途
1	一般端子	用于连接屏内外导线（电缆），可与连接端子配合使用
2	试验端子	用于电流互感器二次回路的连接，可从其上接入试验仪表，对回路进行测试，可与连接型试验端子配合使用
3	连接型试验端子	用于在端子上需要彼此连接的电流试验回路中
4	连接端子	端子间进行连接用
5	终端端子	用于端子排的终端或中间，起固定端子或分割不同安装单位的作用
6	标准端子	用于直接连接屏内外导线（电缆）
7	特殊端子	可在不松动或不断开已接好的导线的情况下方便断开回路
8	隔板	在不需要标记的情况下作绝缘隔板，以增加绝缘强度

2. 端子排设计原则

应经过端子排连接的回路如下。

（1）屏内设备与屏外设备的连接、同一屏上各安装单位之间的连接以及节省控制电缆，需要经本屏转接的回路等，均应经过端子排。

（2）屏内设备与直接接在小母线上的设备（如熔断器、电阻和隔离开关等）的连接一般要经过端子排。

（3）各安装单位主要保护的正电源一般经过端子排，其负电源应在屏内设备之间接成环形，环的两端分别接在端子排。其他回路一般均在屏内连接。

电流回路应经过试验端子；预告信号和事故信号回路和其他需要断开的回路，一般经过特殊端子和试验端子。

试验端子可以在不断开回路的情况下方便测试回路电流，其接线图如图 13-3 所示。方法是先把电流表 PA_S 接入试验端子两端 1 和 4，再旋开中间的试验螺钉，电流即同时通过电流表 PA_S 和 PA，在此过程电流互感器二次两端始终没有开路。

端子排的配置应满足运行、检修和调试的要求，并尽可能与屏上设备的位置相对应。每个安装单位应有独立的端子排。垂直布置时，由上而下；水平布置时，由左至右按下列回路分组顺序地排列。

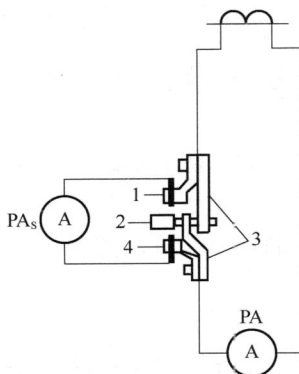

图 13-3　试验端子的接线图

1、4—接线螺钉；2—试验螺钉；3—导电片

（1）交流电流回路（不包括自动调节励磁装置的电流回路），按每组电流互感器分组，同一保护方式的电流回路一般排在一起。其中又按数字大小排列，再按 A、B、C、N 排列。如 A411、B411、C411、N411；A412、B412、C412、N412 等。

（2）交流电压回路（不包括自动调节励磁装置的电压回路），按每组电压互感器分组，同一保护方式的电压回路一般排在一起。其中又按数字大小排列，再按 A、B、C、N 排列。如 A611、B600、C611、A613、C613；A710、B710、C710、N710 等。

（3）信号回路，按预告、指挥、位置及事故信号分组。每组按数字大小排列，先是信号正电源 701，最后是负电源 702。

（4）控制回路，按各组熔断器分组。每组里面先排正极性回路，由小到大；再排负极性回路，由大到小。

（5）其他回路，其中又按远动装置、励磁保护、自动调节励磁装置的电流和电压回路、远方调节及联锁回路等分组。每一回路又按极性、编号和相序顺序排列。

（6）转接回路，先非本安装单位的转接回路，再排其他安装单位的转接端子。所谓"转接回路"是指从甲屏到乙屏的连接线，由于甲屏到乙屏的连接线较少，为节省控制电缆而经过本屏过渡的回路，也称为过渡回路。

当同一块屏上只有一个安装单位时，端子排的放置位置与屏内设备位置相对应，如设备大部分靠近屏的右侧，则端子排放在屏的右侧，这样既省料又方便；当同一块屏上有几个安装单位时，每一个安装单位均有独立的端子排，它们的排列应与屏面布置相配合。

当一个安装单位的端子过多，或一个屏上仅有一个安装单位时，可将端子排成组地布置在屏的两侧。

每个安装单位的端子排应编有顺序号，并尽量在最后预留 2～5 个端子作为备用。当条件许可时，各组端子排之间也宜预留 1～2 个备用端子。在端子排两端应有终端端子。

正、负电源之间，经常带电的正电源与合闸或跳闸回路之间的端子应不相邻或用一个空端子隔开，以免在端子排上造成短路而使断路器误动作。

一个端子的每端一般接一根导线，导线截面一般不超过 6mm²。特殊情况下个别端子允许最多接两根导线。

端子排的表示方法如图 13-4 所示。

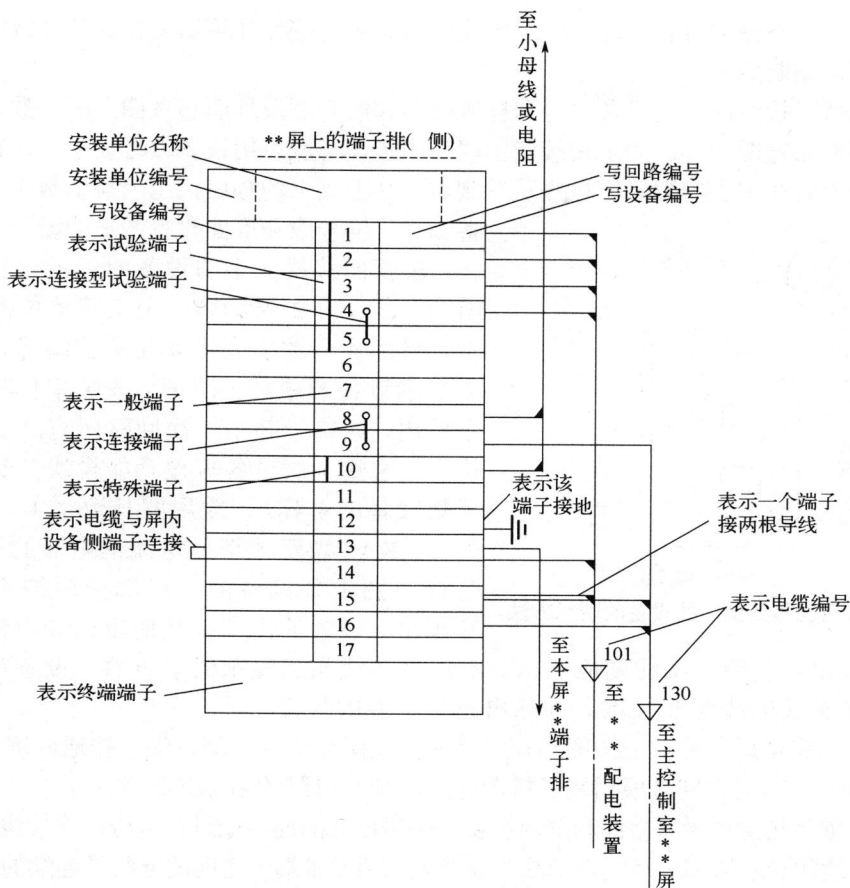

图 13-4　端子排的表示方法

任务四　屏背面接线图

　　屏背面接线图是制造厂生产过程中配线的依据，也是施工和运行的重要参考图纸。它是以二次展开图、屏面布置图和端子排图作为原始资料，由制造厂的设计部门绘制提供的。它用来表明屏内设备之间的连接情况以及和端子排的连接情况。

　　屏面布置图与屏背面接线图是同一屏的不同表示方法。屏面布置图为正视图，屏背面接线图为背视图，因此它们的视图方向相反。因设备本身及设备间的距离尺寸已在屏面布置图上标明，所以屏背面图上的设备不再按比例画出。屏背面主要是装设各种控制和保护设备的，如测量仪表、控制开关、继电器及信号设备等；屏左（右）侧是用于安装端子排的，分左侧端子排和右侧端子排；屏顶主要装设各种小母线、熔断器、附加电阻、小刀开关和警铃等，以便于操作调整。

　　（1）屏背面接线图上设备的相对位置与实际的安装位置相对应。由于视图方向相反，屏背面接线图为背视图，因此屏背面接线图与屏面布置图相反。

　　（2）屏背面接线图上设备的外形应尽量与实际形状相符。背视图看得见的设备轮廓框线用实线表示；看不见的设备轮廓框线用虚线表示。对有些元件可用简化的外形或图形符号表示，如电阻、熔断器等。

（3）屏背面接线图上的设备符号和标号必须和展开图及屏面布置图上的一致，设备的标号方法与屏面布置图一样。为了使接线图清晰明了，一般可用设备编号表示，即在设备轮廓线上，根据设备在屏上的位置，按照从左到右、从上到下的顺序，用阿拉伯数字给每一个设备编号，编号应和屏面布置图上的编号一致。

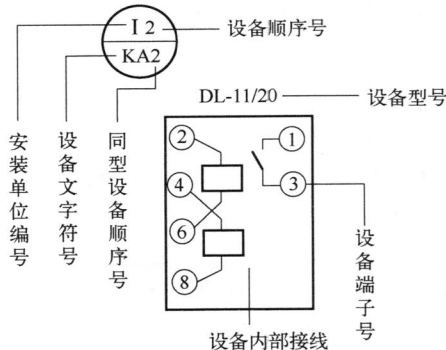

图 13-5　屏背面接线图中的设备的表示方法

屏背面接线图中的设备的表示方法如图 13-5 所示，图中 I 2 表示第一个安装单位的第二个设备，采用罗马数字表示安装单位编号，阿拉伯数字表示设备顺序号。所谓"安装单位"是指在一个屏内，或属于某个一次回路所有二次设备的总称，或这些二次设备再按功能模块分类后的每个子集设备的总称，一般用罗马数字 I、II、III……表示。KA2 表示该型号电流继电器的第二个。设备标志图中各设备的引出端子应按实际排列顺序画出。设备的内部接线简单的如电流表、电压表等不必画出，复杂的接线则应画出。对内部接线相当复杂的继电器、设备等可只画出与引接端子有关的线圈及触点，并标出正负电源的极性。

设备标志完毕后，将端子排图画在屏背面接线图相应的一侧，端子排通向屏内设备一侧的设备符号不要写出。同时根据端子排图标出屏顶小母线的名称和根数。

最后，着手给屏内设备之间和屏内设备与端子排间的连接线进行编号。连接线的表示有两种方法：连续线表示法和中断线表示法。前者表示两设备端子之间的导线是连续的，每一根连接导线都用连续的实线表示，由于线条较多，只适用于较简单的接线情况；后者表示两端子之间导线的线条是中断的，在中断处必须标明导线的去向，也称"相对编号法"，如甲、乙两端子用导线连接起来，在甲端子旁标着乙端子的号，乙端子旁标着甲端子的号，在实际中广泛采用此法，这样在接线和维修时就可以根据图纸很容易地找到每个设备的各个端子所连接的对象。

现以 10kV 线路过电流保护的保护屏背面接线图为例，具体说明屏背面接线图的表示方法和"相对编号法"的应用。图 13-6 为 10kV 线路保护电流回路图，其保护屏背面接线图如图 13-7 所示。

端子排图表格的首行说明安装单位的编号和名称；其余各行要在中间位置说明端子的序号；在端子一侧栏标明该侧端子应接的屏外设备的编号，在另一侧注明该侧端子应接的屏内设备编号及所连接回路的编号。端子排的左列端子与屏顶的小母线、屏外的电流互感器和该线路的控制屏相连，右列端子与屏内设备相连。

在图 13-7 中，各设备的端子号旁均标有应连接设备及所接端子号，如保护装置 1n 的 1X-2 旁标有 1D45，表示它与端子排 1D 的 45 号端子相连；1D 的 34 号端子旁标有 1LP3:1，表示它与 1LP3 的 1 号端子相连，1D 的 34 号端子旁标有 1n:5X4，表示它与保护装置 1n 的 5X-4 端子相连。同时，端子排 1D 的 28、29 号端子旁无标记，说明该端子未使用。

应用相对编号法能使复杂的接线图变得直观、清晰。一些简单的设备连线，同一设备上端子间的连线，不经端子排直接接到小母线的设备的连线，可以直接用标出、画出的方法来表示。

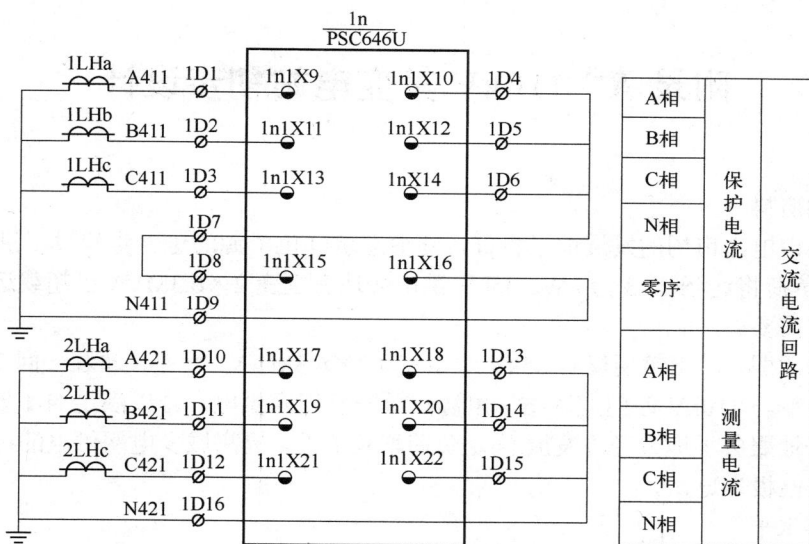

图 13-6 10kV 线路保护电流回路图

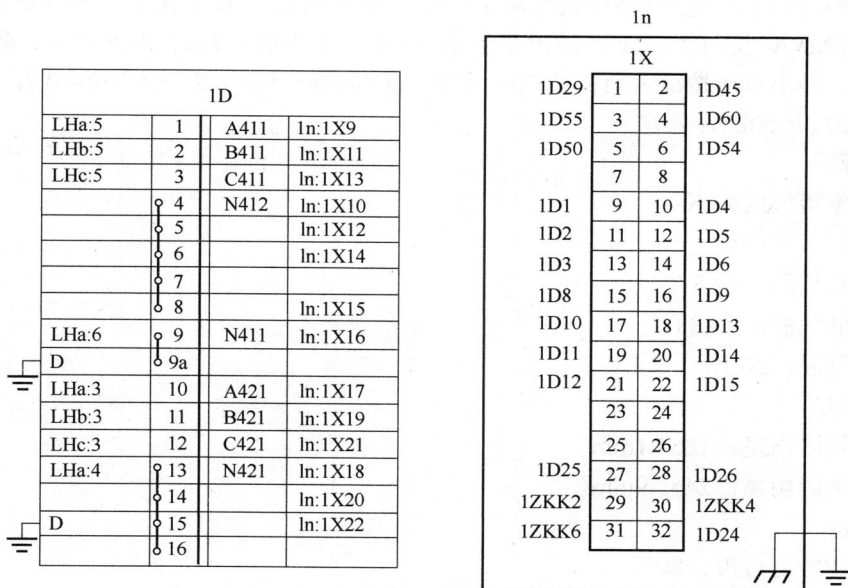

图 13-7 保护屏背面接线图

习题与思考题

13-1 二次回路编号的原则是什么？交直流回路编号各有哪些特点？

13-2 接线端子如何表示？端子排的设计有哪些要求？

13-3 控制屏、继电器屏的布置有哪些要求？

13-4 什么是相对编号法？试举例说明。

附录 A   110kV 某变电站初步设计

一、已知资料

近几年某市电力市场的发展前景良好，随着东坑红色资源的进一步建设，洪田片区预计到 2023 年底负荷将达到 2.43 万 kW。35kV 洪田变现有主变 2×6.3MVA 已超载运行，不能满足负荷发展的需要。

电网结构薄弱。洪田镇现仅有 35kV 洪田变（2×6.3MVA）一座，通过一回 35kV 线路经大炼变、石泉变与 110kV 西门变联结，电源点单一且迂回供电，难以满足 N-1 要求。

为了更好地服务于地方经济发展，满足负荷增长需求，提高城乡电网供电的可靠性，兴建 110kV 洪田变已极为迫切。

电力负荷水平

主变 35kV 侧负荷：35kV 大炼变容量 2×8MVA 及 35kV 半村变容量 1×8MVA，共约 24MVA；10kV 侧负荷主要有高速公路施工用电容量 10MVA、星星化工用电容量 6MVA、洪田玻璃厂 1.5MVA 及向原 35kV 洪田变供电容量约 12MVA，共约 29.5MVA。各回出线的 $COS\Phi=0.8$，最小负荷按最大负荷的 70%计算，负荷同时率取 0.8，$COS\Phi=0.8$；

所用电按 2×50kVA 考虑

环境条件

所址气象特征值如下：

1）气温

历年最高气温：39.5℃

历年最低气温：−7.8℃

年平均气温：20.1℃

2）降雨量：

历年平均降雨量：1657.1mm

历年最大降雨量：2455.9mm

3）湿度：

历年平均相对湿度：80%

4）风：

历年平均风速：2.3m/s

主导风向：SE

次导风向：SW

年雷暴日数为 78.2 天。

二、变电所的建设规模

主变压器最终规模：3×31.5 MVA，本期规模：1×31.5 MVA。

110kV 配电装置采用户外半高型布置方式。远景出线 4 回，主变进线 3 回。本期建设出线间隔 2 回，主变进线间隔 1 回，母线设备间隔 1 个。

　　35kV 配电装置采用单母线分段接线方式，本期建设 I 段配电装置，35kV 馈线本期 2 回，终期 6 回。

　　10kV 接线远景采用单母线四分段接线。在 I 、Ⅱ 段母线之间和Ⅲ、Ⅳ 段母线之间分别设分段断路器；2 号主变 10kV 侧以两臂分别接至Ⅱ、Ⅲ段母线，10kV 母线采用分列运行方式。远景 10kV 出线共 24 回，分别接在 10kV 四段母线上；本期上 8 回，接在 10kV I 段母线上。

　　10kV 无功补偿装置远景分别接在 10kV 的 I 、Ⅱ 段母线上，共设 2×4800kvar 电容器组；本期装设 1×4800kvar 电容器组，接于 10kV 的 I 段母线；电容器组采用单星形、电抗器在前的接线；本期预留远景电容器组位置。

　　220kV 黄历田变出口短路容量：1640MVA；

　　110kV 小陶变出口短路容量：400MVA。

三、设计内容

1．设计主接线方案

（1）确定主变台数、容量和型式；

（2）接线方案的技术、经济比较，确定最佳方案；

（3）确定所用变台数及其备用方式。

2．计算短路电流

3．选择电气设备

4．绘制主接线图

5．绘制屋内配电装置图

6．绘制屋外配电装置平断面图

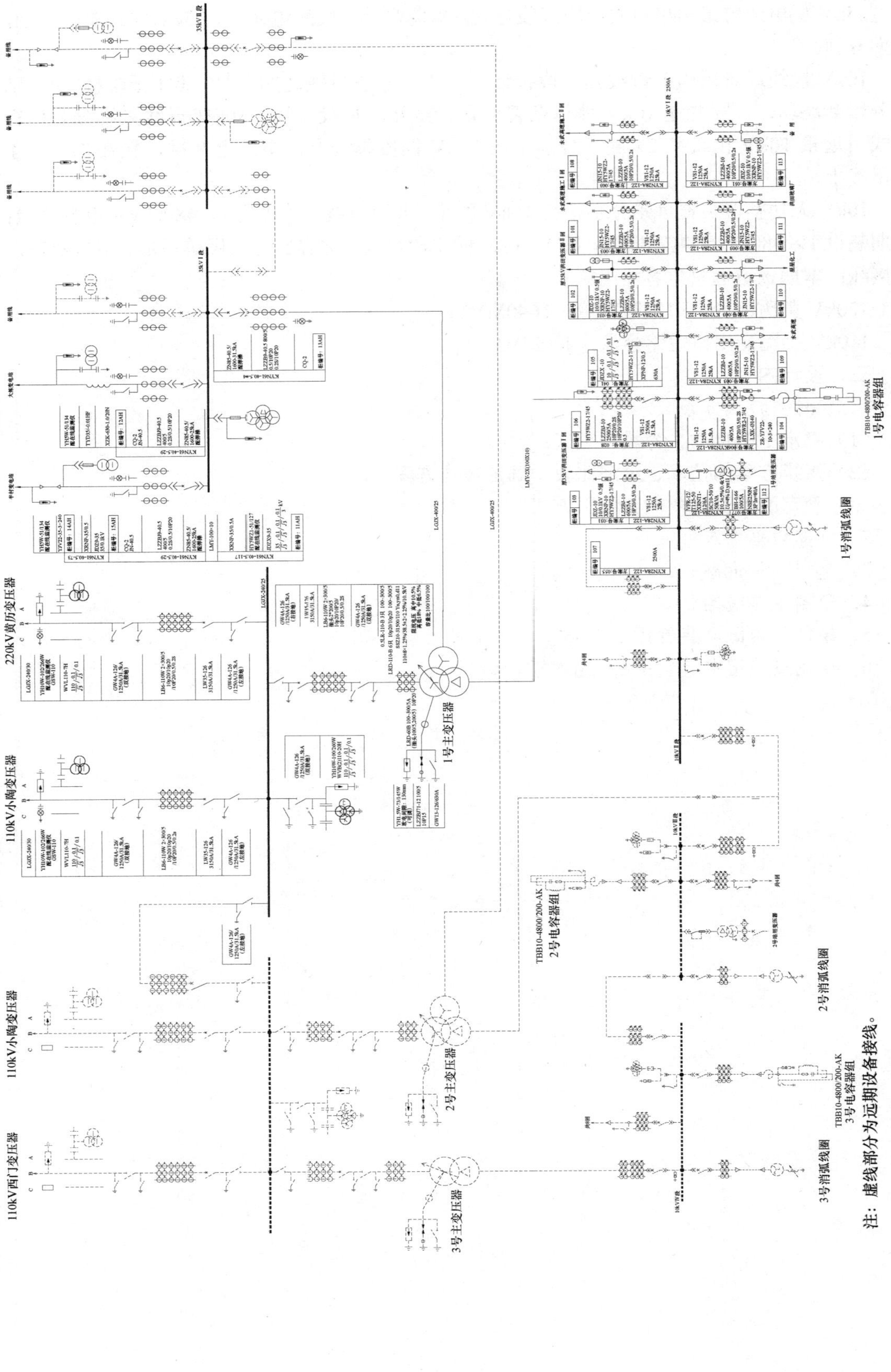

附图 A-1 电气主接线图

注：虚线部分为远期设备接线。

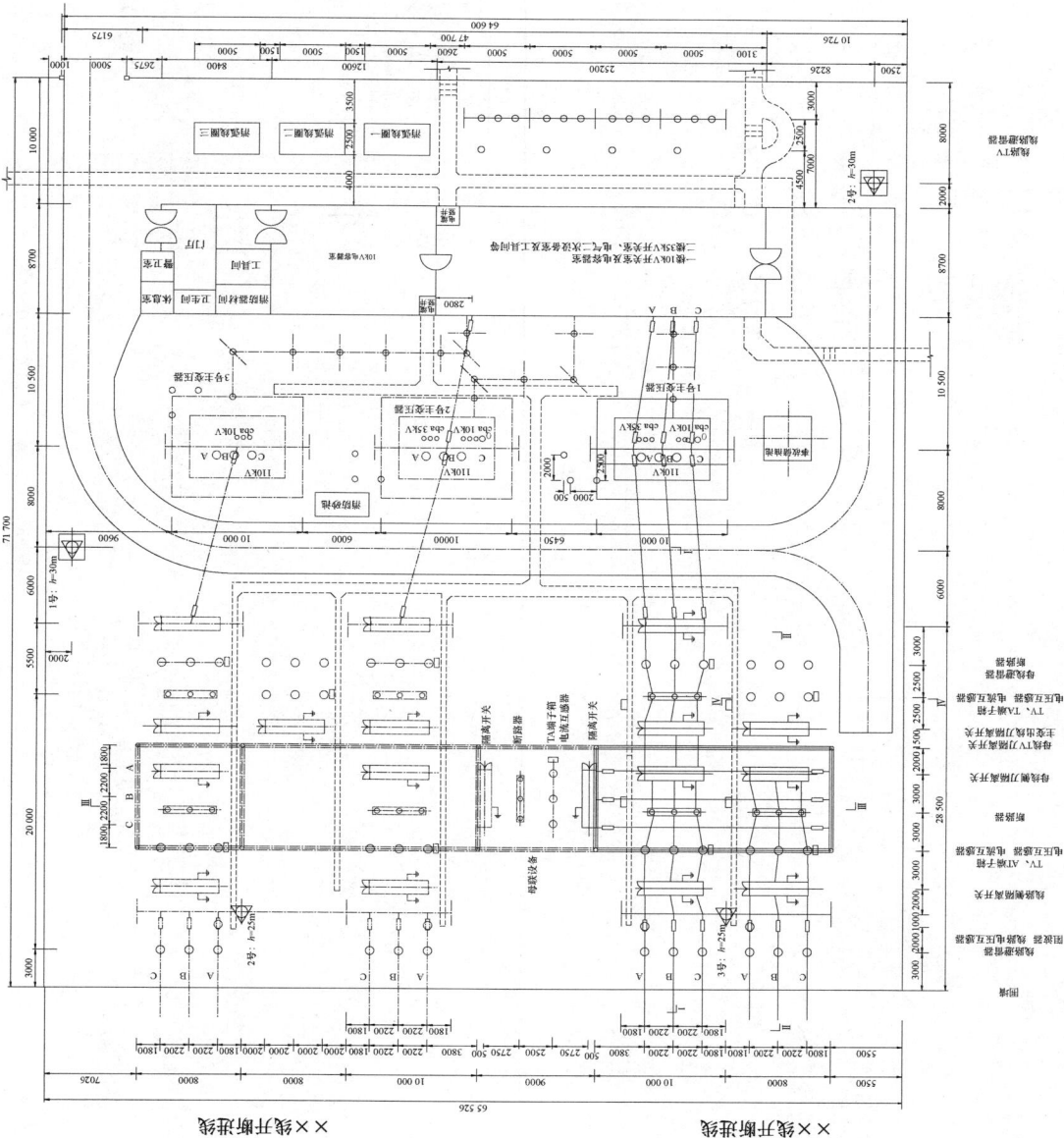

附图 A-2　电气总平面布置图

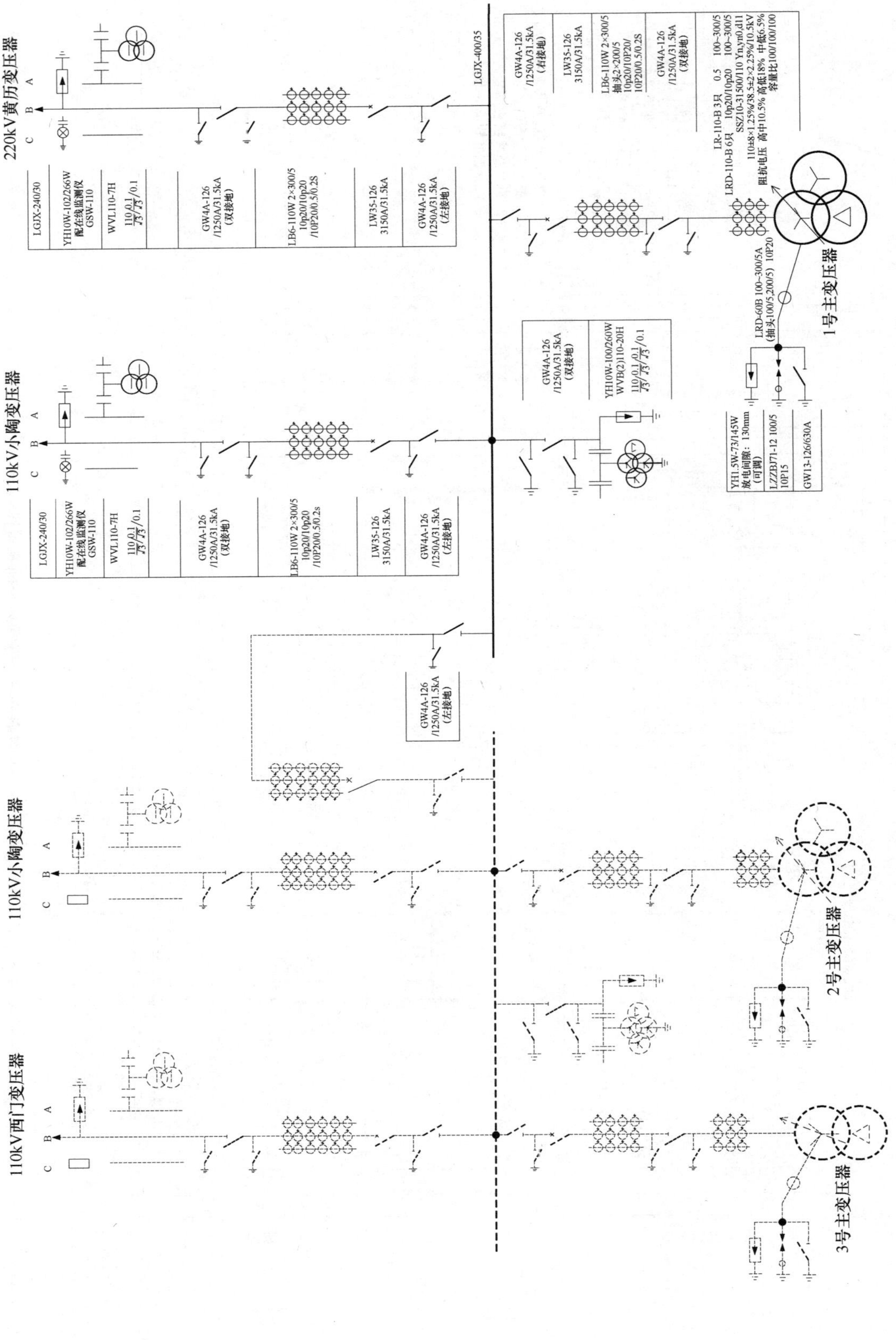

附图 A-3　110kV 侧电气主接线图

序号	名称	型号	单位	数量	备注
1	SF6断路器	LW35-126/3150A	台	1	
2	电流互感器	LB6-110W 2-300/5 10p20/10p20/10P20/0.5/0.2	台	3	双接地
3	隔离开关	GW4A-126 /1250A/31.5kA	组	2	
4	隔离开关	GW4A-126 /1250A/31.5kA	组	1	无接地
5	避雷器	YH10W-100/266W	只	3	
6	线路TV	WVL110-7H	台	1	
7	设备线夹	SY-240/30A	只	21	加宽型，宽度80
8	设备线夹	SY-240/30C	只	15	加宽型，宽度80
9	复合绝缘子串	FXBW4-110/100	串	6	
10	端子箱	DXW-2	只	2	加宽型，宽度100
11	铝过渡设备线夹	SY-240/30B	只	3	加宽型，宽度100
12	铝过渡设备线夹	SY-240/30A	只	3	
13	T型线夹	TY-240/30	只	18	
14	接地引下线	-60-6	m		总数材料表中统计 所有接地材料均应热镀锌
15	电缆保护管		m		长度土建预埋中统计
16	钢芯铝绞线	LGJX-240/30	m		总数材料表中统计
17	避雷器	YH10W-102/266W	只	6	
18	避雷器在线监测仪	JCQ-3	只	3	
19	铝过渡设备线夹	SY-240/30B	只	6	加宽型，宽度80
20	悬垂线夹子串	9-(XWP-70)	串	6	

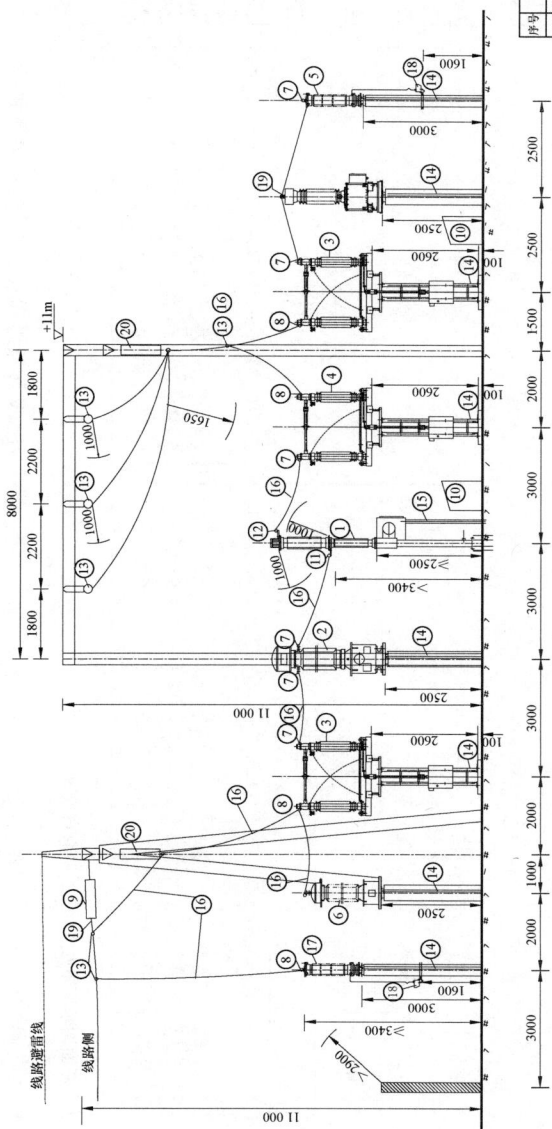

110kV 线路进线及母线设备间隔断面图（Ⅱ—Ⅱ）

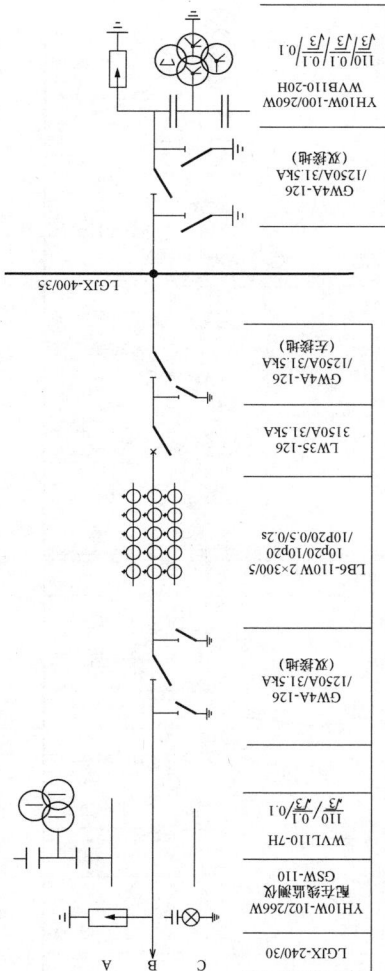

110kV 线路及母线设备间隔断面图

附图 A-4　110kV 线路进线及母线设备间隔断面图

注：断面图图示意详见《电气总平面布置图》。

序号	名称	型号	单位	数量	备注
1	SF₆断路器	LW35-126/3150A	台	2	
2	电流互感器	LB6-110W 2×300/5 10p20/10p20/10P20/0.5/0.2	台	6	
3	隔离开关	GW4A-126/1250A/31.5kA	组	2	双接地
4	隔离开关	GW4A-126/1250A/31.5kA	组	1	左接地
5	隔离开关	GW4A-126/1250A/31.5kA	组	1	右接地,
6	线路TV	WVL110-7H	台	1	
7	设备线夹	SY-240/30A	只	24	加宽型,宽度80
8	设备线夹	SY-240/30B	只	15	加宽型,宽度80
9	复合电缆子串	FXBW4-110/100	串	12	
10	端子箱	DXW-2	只	2	加宽型,宽度100
11	铝过渡设备线夹	SY-240/30B	只	6	加宽型,宽度100
12	铝过渡设备线夹	SY-240/30A	只	6	加宽型,宽度100
13	T型线夹	TY-240/30	只	24	
14	接地引下线	~60×6	m		总数材料表中统计
15	电缆保护管				所有接地材料均应热镀锌
16	钢芯铝绞线	LGJX-240/30	m		长度土建预算中统计
17	避雷器	YH10W-102/266W			总数材料表中统计
18	避雷器在线监测仪	JCQ-3	只	3	
19	耐张线夹	NY-400/25	只	3	
20	悬垂绝缘子串	9×(XWP-70)	串	6	

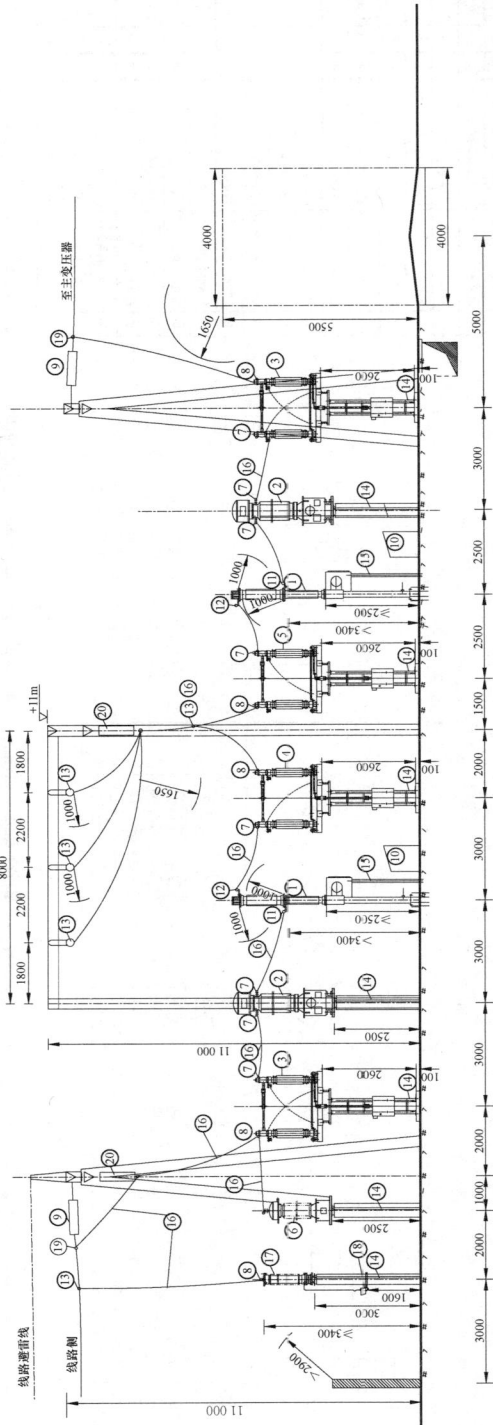

110kV线路及主变压器进线间隔断面图（Ⅰ—Ⅰ）

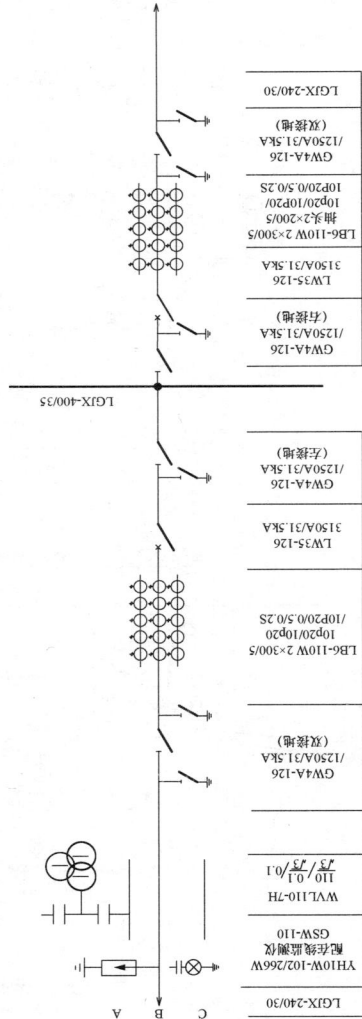

附图A-5 110kV线路进线及1号主变间隔面图

注：断面图示意详见《电气总平面布置图》。

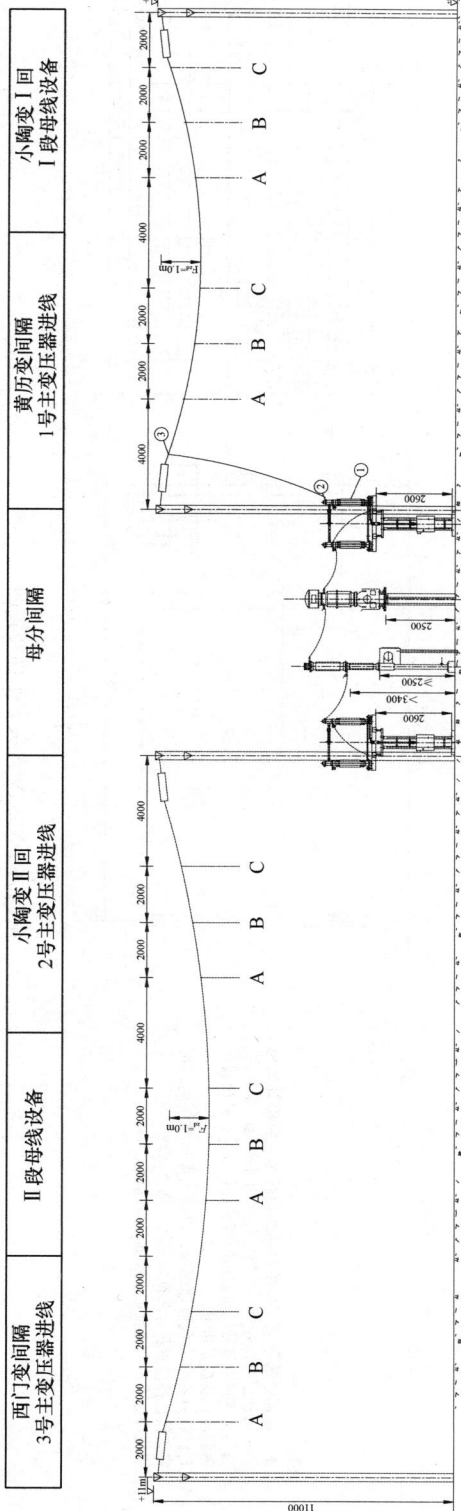

110kV母线及母分间隔断面图（Ⅲ—Ⅲ）

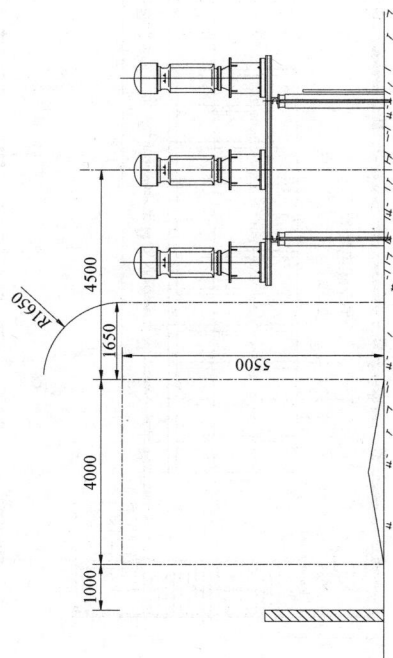

110kV母线TV断面图（Ⅳ—Ⅳ）

序号	名 称	型 号	单位	数量	备 注
1	隔离开关	GW4A-126/1250A/31.5kA	组	1	左接地
2	设备线夹	SY-240/30C	只	3	加宽型，宽度80
3	T型线夹	TY-240/30	只	3	

附图 A-6   110kV 母线及母分间隔断面图

注: 1. 断面图示意见《电气总平面布置图》。
    2. 实线为本期设备，虚线为远期设备。

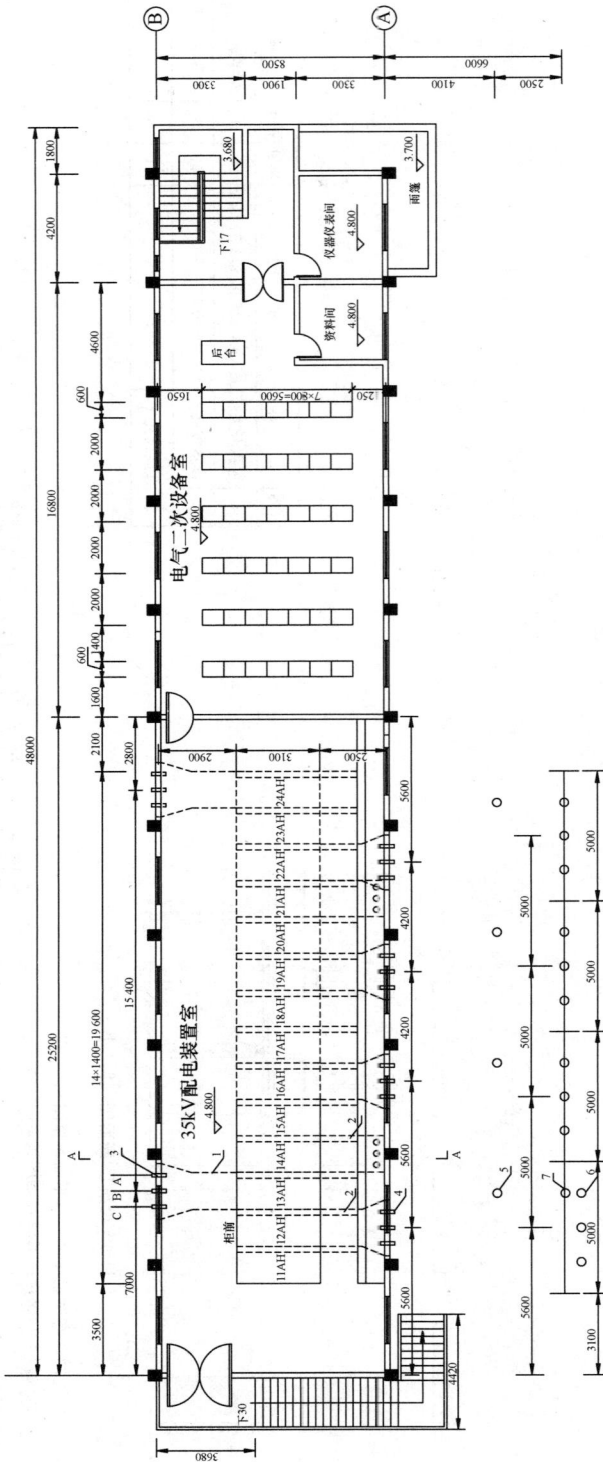

综合楼二层平面布置图 1:100

电气二次设备室 4.800

仪器仪表间 4.800

资料间 4.800

后台

雨蓬

F17

35kV配电装置室 4.800

柜顶

C | B | A

11AH 12AH 13AH 14AH 15AH 16AH 17AH 18AH 19AH 20AH 21AH 22AH 23AH 24AH

F30

设备材料表

序号	名　称	型号及规格	单位	数量	备注
11AH	母线TV柜	KYN61-40.5(Z)-117	面	1	
12AH	大电流出线柜	KYN61-40.5(Z)-29	面	1	
13AH	主变进线柜	KYN61-40.5(Z)-04	面	1	
14AH	半柱出线TV柜	KYN61-40.5(Z)-73	面	1	
15AH	半柱出线断器器柜	KYN61-40.5(Z)-29	面	1	
1	35kV主变压器桥架线架		座	2	
2	35kV出线桥架		座	3	
3	穿墙套管	CWWL-35/1000	只	3	
4	穿墙套管	CWWL-35/630	只	3	
5	电容式电压互感器	TYD35/√0.01HF	只	3	
6	避雷器	YH5W-51/134	只	3	
7	阻波器	XZK-630-1.0/20N	只	1	配在线监测仪

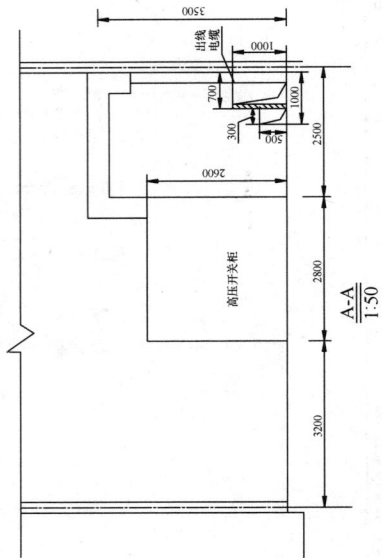

高压开关柜

出线电缆

A—A 1:50

附图 A-7　35kV 开关室平面布置图

说明:
1. 主变压器进线及架空出线封闭式绝缘母线桥由开关柜厂家负责配置,开关柜顶由主母排由开关柜厂家考虑。母线桥应按电气接线所示的容量进行设计,并配置必需的散热及观察功能。
2. 母线桥外壳应按电气接地螺栓,以便与变电站接地网可靠连接。母线材料计入防雷工程,与接地部分。
3. 实线部分为本期工程,虚线部分为远期工程。

10kV开关室平面布置图 1:100

设备材料表

序号	名　称	型号及规范	单位	数量	备注
101	馈线高压开关柜	KYN28-12(Z)/003	面	1	
102	馈线高压开关柜	KYN28-12(Z)/031	面	1	
103	馈线高压开关柜	KYN28-12(Z)/031	面	1	
104	电容出线高压开关柜	KYN28-12(Z)/006	面	1	
105	母线TV高压开关柜	KYN28-12(Z)/041	面	1	
106	主变进线高压开关柜	KYN28-12(Z)/028	面	1	
107	母联刀闸高压开关柜	KYN28-12(Z)/055	面	1	
108	馈线高压开关柜	KYN28-12(Z)/003	面	1	
109	馈线高压开关柜	KYN28-12(Z)/003	面	1	
110	馈线高压开关柜	KYN28-12(Z)/003	面	1	
111	馈线高压开关柜	KYN28-12(Z)/003	面	1	
112	所用变高压开关柜	KYN28-12(Z)/077	面	1	
113	馈线高压开关柜	KYN28-12(Z)/031	面	1	
1	10kV主变进线桥架	2500A	座	1	
2	10kV母线联络桥架	2500A	座	1	
3	母线穿墙套管	CWWL-10/2500	只	3	
4	10kV电容器组	TBB10-4800/200-AK	组	1	

附图 A-8　10kV 开关室平面布置图

说明：
1. 主变压器进线及母线联络之10kV封闭式绝缘母线桥由开关柜厂家负责配制；
   10kV母排（包括间隔母排）应加绝缘母排保护护套。封闭母线桥要求配置
   散热孔及观察窗10kV封闭式绝缘母线桥长度见主要设备材料汇总表。
2. 穿墙套管底座应以接地引下线与变电站接地网可靠连接，接地材料计入防雷
   与接地部分。
3. 实线部分为本期工程，虚线部分为远期工程。

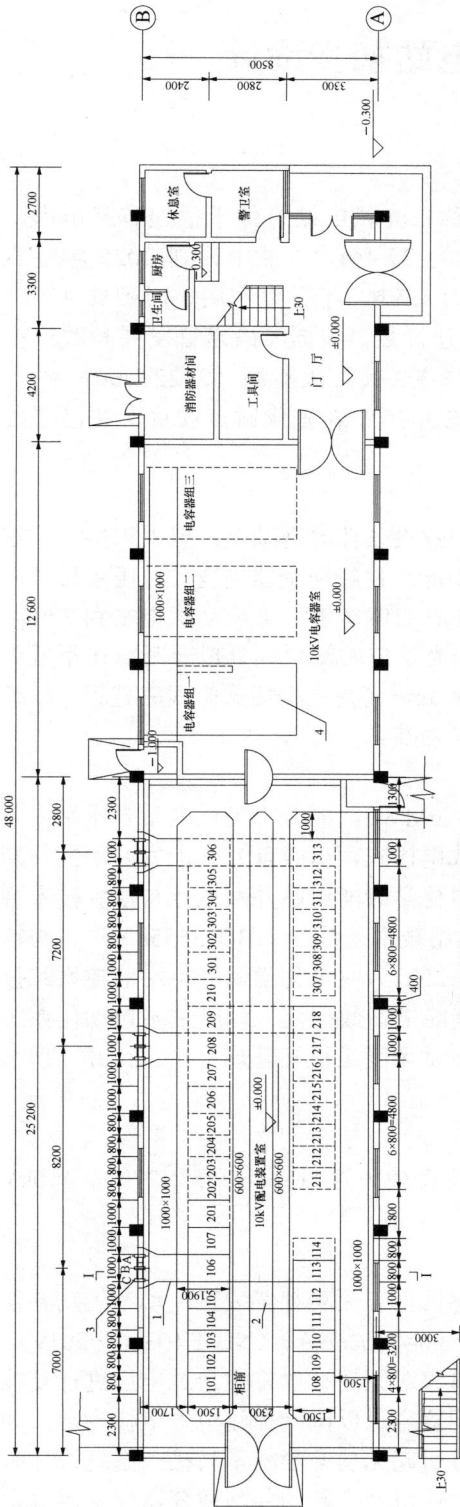

附录 B 110kV 某光伏电站初步设计

一、已知资料

某集团 30MW 渔光互补光伏发电项目（以下简称：光伏电站）位于福建省某市内，直流侧装机容量为 31.77MWp，等效交流侧装机容量为 27.4MW，业主计划 2025 年建成投产。项目 25 年使用期内平均年发电量约 3495.12 万 kWh，年发电利用小时数约 1276h（按交流侧折算），送电方向为电网。业主目前暂无扩建计划。根据《福建省发展和改革委员会关于公布 2022 年集中式光伏试点项目名单的通知》（闽发改能源〔2022〕602 号），本项目已由福建省发展和改革委员会列入福建省 2022 年集中式光伏试点项目，并已在发展和改革局进行备案。

二、接入系统

综合考虑项目周边的分布式光伏发展、电网规划和建设条件等基础上，拟采用接入系统方案为：即光伏电站项目设置 1 座 110kV 升压站，太阳能组件经逆变器逆变、升压系统升压至 110kV 后，本期以 1 回 110kV 线路接入 220kV 变电站 110kV 侧，形成光伏电站到 220kV 变线路。该方案本期新建线路长度约 12km；导线截面光伏电站侧至远景拟开断点按不低于 240mm² 考虑，220kV 变侧至远景拟开断点按不低于 300mm² 考虑；采用架空线路建设；线路长度、导线截面及架设方式等以线路工程可研论证结果为准。

三、储能装置

光伏电站配套的电化学储能装置装机容量为 3MW/6MWh，配置于光伏电站升压站内，并接入 35kV 侧。运行中原则上采取日间充电、夜间放电模式，以改善光伏出力波动性并减少逆调峰情况发生。配套的电化学储能装置应满足《电化学储能电站并网运行与控制技术规范》（DL/T 2246—2021）、《电力系统电化学储能系统通用技术条件》（GB/T 36558）、《参与辅助调频的电厂侧储能系统并网管理规范》（DL/T 2313—2021）、《电化学储能电站监控系统技术规范》（NB/T 42090）、《国调中心关于印发电化学储能电站数据接入调度主站自动化系统技术方案的通知》（调自〔2022〕81 号）、《新型储能电站调度运行管理规范（试行）》（调水〔2022〕71 号）的相应规定。

四、主变配置

光伏电站内设置 1 台 40MVA 的有载调压变压器，主变抽头为 115±8×1.25%/37kV，110kV 侧采用线变组接线。

五、无功补偿装置

光伏电站内配置不少于 5.2Mvar 容性和 0.3Mvar 感性动态无功补偿装置，动态无功补偿装置的性能标准应参照《风电场动态无功补偿装置并网性能测试规范》（NB/T 10316—2019）。光伏电站实际参数明确后，委托有资质的设计或咨询单位对无功补偿方案及过电压进行复核计算，并报送国网福建电力审核，无功补偿装置最终配置容量以国网福建电力审核为准。如因站内直流侧光伏容量、集电线路以及其他站内设备等引起无功补偿容量与接入系统设计时不一致的，以国网福建电力并网前的审核意见为准。光伏电站安装的并网逆变器应满足额定有功出力下功率因数在 0.95（滞相）～0.95（进相）范围内连续可调，应具备根据并网点电压水平调节无功输出、参与电网电压调节的能力。

六、功率调节及电能质量

光伏电站在有功功率调节、功率预测、无功功率调节及电压控制、低电压穿越、高电压穿越、运行适应性及其他涉网安全技术方面应满足《电网运行准则》（GB/T 31464—2022）、《光伏发电并网逆变器技术要求》（GB/T 37408—2019）、《并网电源一次调频技术规定及试验导则》（GB/T 40595—2021）以及国网公司企标《光伏发电站接入电网技术规定》（Q/GDW 1617—2015）的相应规定。光伏电站应配置功率预测系统，满足《调度侧风电或光伏功率预测系统技术要求》（GB/T 40607—2021）的要求，系统具有 0～12 个月长期电量预测、0～240h 中期功率预测、0～72h 短期功率预测以及 15min～4h 超短期功率预测、概率预测功能。

光伏电站应在并网后 6 个月内完成电能质量测试、有功功率控制能力（AGC）测试、无功/电压控制能力（AVC）测试、无功补偿装置并网性能测试、惯量响应和一次调频测试/评价、故障穿越能力仿真评价、电压频率适应能力评价、场站机电与电磁暂态建模与模型验证等涉网试验，相关测试结果需满足《光伏发电站接入系统技术规定》（GB/T 19964—2012）和《电力系统网源协调技术导则》（GB/T 40594—2021）的要求。

七、设计内容

1. 设计主接线方案。
2. 确定所用变台数及其备用方式。
3. 计算短路电流。
4. 选择电气设备。
5. 绘制主接线图。
6. 绘制电气总平面布置图。
7. 绘制屋外配电装置断面图。

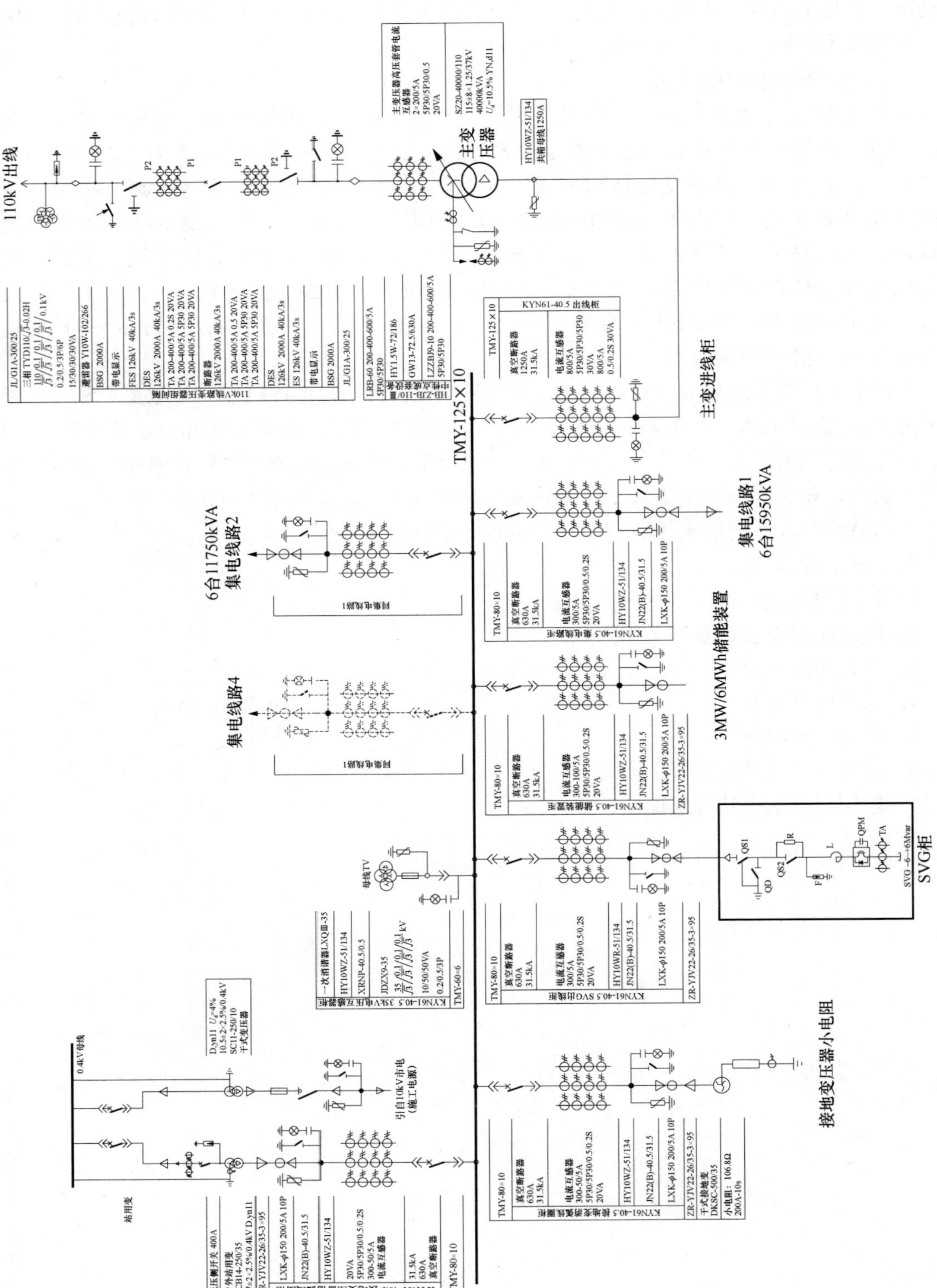

附图 B-1　升压站电气主接线图

	ZRC-YJV$_{22}$-26/35-3×95mm²
储能变流升压一体机	带电显示器DXN-35/Q
	避雷器HY5WZ-51/134
	隔离检修开关 630A 31.5kA
	带电显示器DXN-35/Q
	电流互感器 300/5A 10P30 150/5A 0.5
	ZRC-YJV22-26/35-3×95mm²
	S13-3150/35 38.5±2×2.5%/0.6kV D，y11，U_k=8%
	电流互感器 3000/5A 5P30 30VA
	3×3×（ZRC-YJV62-1.8/3-1×300mm²）
	储能变流器 额定功率：2×1500kW 直流工作电压：900~1500V 交流额定电压：690V
储能电池系统	磷酸铁锂储能电池 2×3MWh 持续充放电倍率≤0.5C

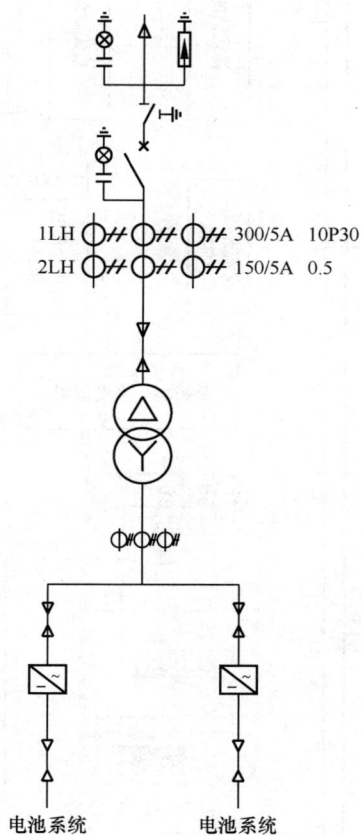

1LH　300/5A　10P30
2LH　150/5A　0.5

电池系统　　　电池系统

附图 B-2　储能区电气接线图

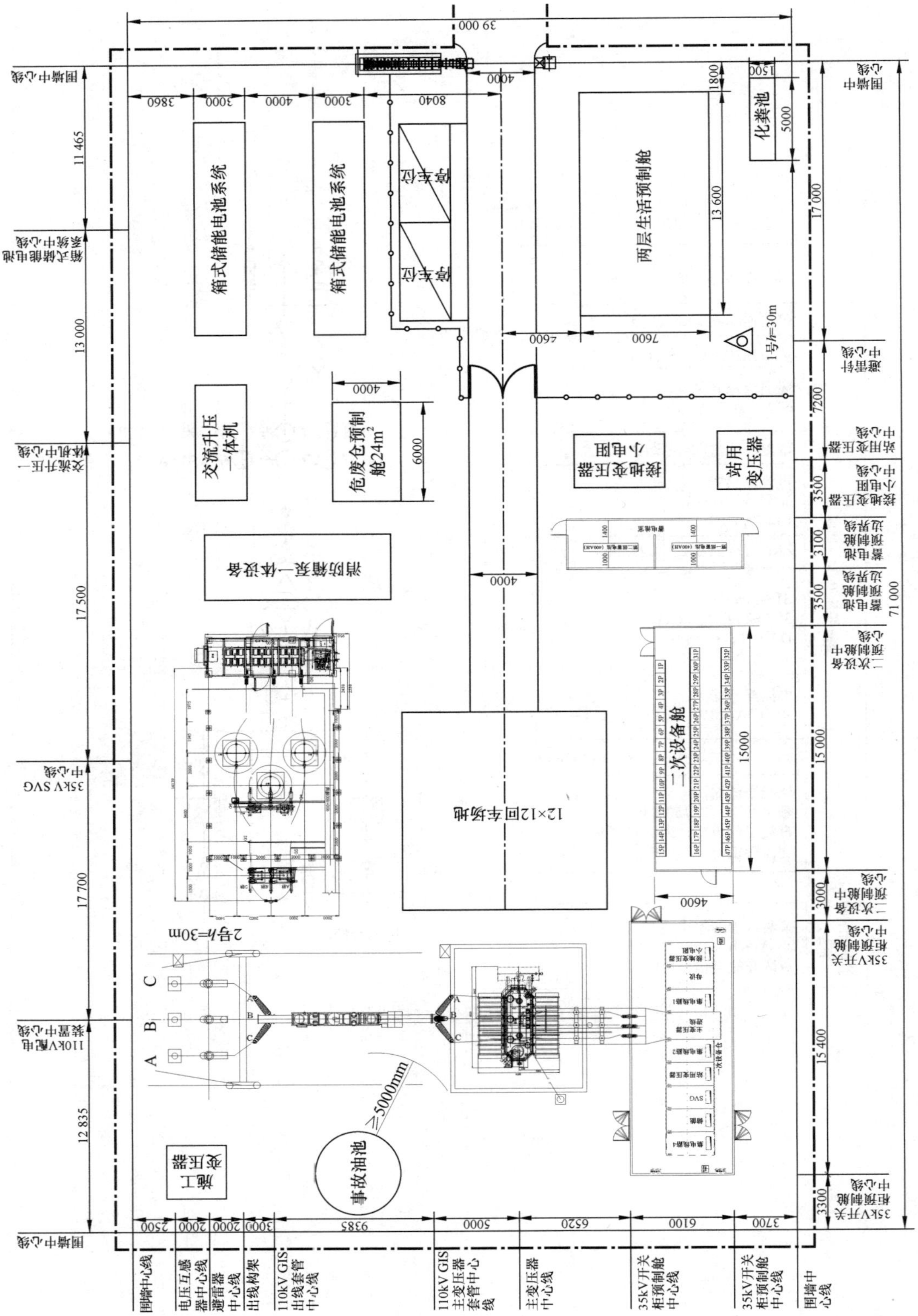

39 000

箱式储能电池系统

箱式储能电池系统

交流升压一体机

危废仓预制舱24m²

交流储能一体化设备

两层生活预制舱

化粪池

站用变压器

少油变压器储存围甲

二次设备舱

一次设备舱

12×12回专场地

35kV开关柜预制舱

35kV开关柜预制舱

主变压器

事故油池

≥5000mm

2号 h=30m

1号 h=30m

附图 B-3 升压站电气总平面布置图

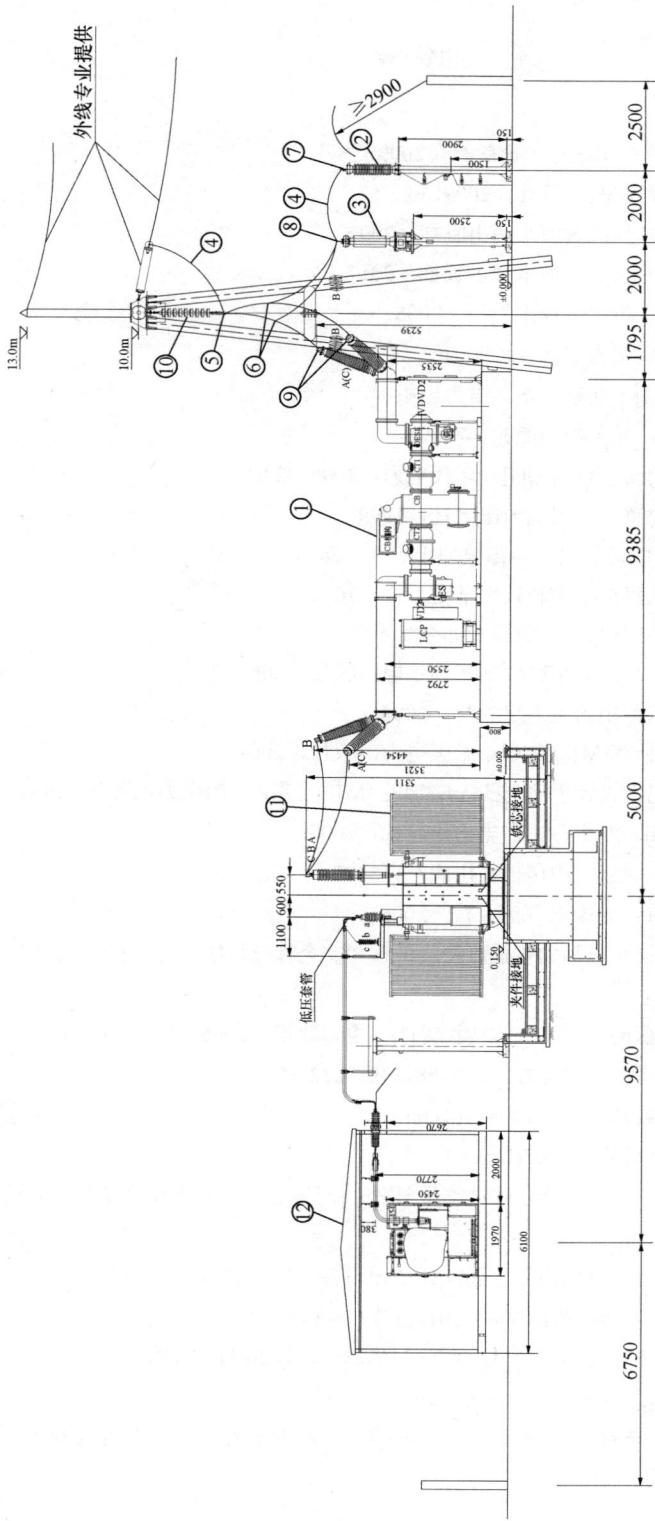

序号	名 称	型号及规格	单位	数量	备 注
1	110kV GIS线路变压器组间隔		套	1	
2	110kV避雷器	Y10W-102/266	台	3	
3	110kV电压互感器	TYD110/$\sqrt{3}$-0.02W3	台	3	
4	钢芯铝绞线	JL/G1A-300/25-48/7	m	60	
5	悬垂线夹	CGG-5	套	3	
6	单导线单引下T型线夹	TY-300/25	套	3	
7	设备线夹	SY-300/25C, $L×W$=140×110	套	3	
8	设备线夹	SY-300/25C, $L×W$=150×110	套	6	
9	设备线夹	SY-300/25A, $L×W$=180×110	套	3	
10	悬垂绝缘子串	11× (XWP3-70) 附全套金具	套	3	
11	主变压器	SZ20-40000/110, 115±8×1.25/37kV U_d=10.5%, YN,d11	套	3	
12	35kV预制舱		套	1	

附图 B-4 110kV 配电装置断面图

参 考 文 献

[1] 熊信银. 发电厂电气部分[M]. 4版. 北京：中国电力出版社，2009.

[2] 黄庆丰. 水电站电气设备[M]. 郑州：黄河水利出版社，2009.

[3] 谢珍贵，汪永华. 发电厂电气设备[M]. 郑州：黄河水利出版社，2009.

[4] 王春明，余海明. 发电厂电气设备[M]. 郑州：黄河水利出版社，2017.

[5] 惠晶. 新能源转换与控制技术[M]. 北京：机械工业出版社，2008.

[6] 阎维平. 洁净煤发电技术[M]. 北京：中国电力出版社，2002.

[7] 李惕先，季云，刘启钊. 抽水蓄能电站[M]. 北京：水利电力出版社，1995.

[8] 朱继洲. 压水堆核电厂的运行[M]. 北京：原子能出版社，2000.

[9] 欧阳予. 世界主要核电国家发展战略与我国核电规划[J]. 现代电力，2006，23(5):1-10.

[10] 文锋，马振兴. 现代发电厂概论[M]. 北京：中国电力出版社，1999.

[11] 涂光瑜. 汽轮发电机及电气设备[M]. 2版. 北京：中国电力出版社，2007.

[12] 熊信银，张步涵. 电气工程基础[M]. 武汉：华中科技大学出版社，2005.

[13] 姚春球. 发电厂电气部分[M]. 北京：中国电力出版社，2004.

[14] 丁德劭. 怎样读新标准电气一次接线图[M]. 北京：中国水利水电出版社，2001.

[15] 熊信银，唐巍. 电气工程概论[M]. 北京：中国电力出版社，2008.

[16] 傅知兰. 电力系统电气设备选择与实用计算[M]. 北京：中国电力出版社，2004.

[17] 水利电力部西北电力设计院. 电力工程电气设计手册·电气一次部分[M]. 北京：中国电力出版社，1989.

[18] 黄稚罗，黄树红. 发电设备状态检修[M]. 北京：中国电力出版社，2000.

[19] 宋志明，李洪战. 电气设备与运行[M]. 北京：中国电力出版社，2008.

[20] 刘振亚. 特高压输电知识问答[M]. 北京：中国电力出版社，2006.

[21] 孙昕，刘泽洪，印永华，等. 中国特高压同步电网的构建以及经济性和安全性分析[J]. 电力建设，2007，28(10):7-11.

[22] 陈洪利，郭伟. 厂用工作电源与备用电源的正常切换方式探讨[J]. 电力建设，2006，27(9):56-59.

[23] 章素华. 构造中国数字化电厂的技术思考[J]. 华电技术，2008，30(7):32-36.

[24] 刘宇穗. 全面数字化电厂构思[J]. 电力勘测设计，2008，(3):63-67.

[25] 杨明. 关于数字化变电站[J]. 供电企业管理，2007(1):39-41.

[26] 杨莉，许诺，王慧芳. 浙江大学《发电厂电气部分》教学改革探索[C]. 第七届全国高等学校电气工程及其自动化专业教学改革研讨会，2010.

[27] 邱明峰. 发电厂电气设备运行中常见故障问题的研究综述[J]. 中国设备工程，2021(8):52-53.

[28] 叶金凤，肖恩. 发电厂电气部分设计[J]. 科学技术创新，2018(33):176-177.

[29] 郑晓欢. 电力系统规划及发电厂电气部分设计与应用[J]. 科学与信息化，2020(3):87-89.

[30] 辛保安. 新型电力系统构建方法论研究[J]. 新型电力系统，2023(1):1-18.

[31] 刘吉臻，王庆华，胡阳，等. 新型电力系统的内涵、特征及关键技术[J]. 新型电力系统，2023(1):49-65.